龙马高新教育

◎ 编著

Windows 10
使用方法与技巧
从入门到精通（第2版）

U0300812

北京大学出版社
PEKING UNIVERSITY PRESS

内 容 提 要

本书通过精选案例引导读者深入学习，系统地介绍 Windows 10 系统的相关知识和应用方法。

本书分为 4 篇，共 16 章。第 1 篇为"快速入门篇"，主要介绍认识与安装 Windows 10 操作系统、轻松掌握 Windows 10 操作系统、个性化设置操作系统、输入法的认识和使用、管理电脑中的文件资源和软件的安装与管理等；第 2 篇为"上网娱乐篇"，主要介绍网络的连接与设置、开启网络之旅、网络的生活服务、多媒体和网络游戏及网络沟通和交流等；第 3 篇为"系统优化篇"，主要介绍电脑的优化与维护和系统备份与还原等；第 4 篇为"高手秘籍篇"，主要介绍电脑硬件的保养与维护、数据的维护与跨平台同步等。

在本书附赠的资源中，包含了 16 小时与图书内容同步的教学视频及所有案例的配套素材和结果文件。此外，还赠送了大量相关学习内容的教学视频及扩展学习电子书等。

本书不仅适合电脑初级、中级用户学习，也可以作为各类院校相关专业学生和电脑培训班学员的教材或辅导用书。

图书在版编目（CIP）数据

Windows 10 使用方法与技巧从入门到精通 / 龙马高新教育编著 .—2 版 . — 北京：北京大学出版社 ,2019.3
ISBN 978-7-301-30124-1

Ⅰ . ① W… Ⅱ . ①龙… Ⅲ . ① Windows 操作系统 Ⅳ . ① TP316.7

中国版本图书馆 CIP 数据核字 (2018) 第 277053 号

书　　　名	Windows 10 使用方法与技巧从入门到精通（第 2 版） WINDOWS 10 SHIYONG FANGFA YU JIQIAO CONG RUMEN DAO JINGTONG（DI 2 BAN）
著作责任者	龙马高新教育　编著
责 任 编 辑	吴晓月
标 准 书 号	ISBN 978-7-301-30124-1
出 版 发 行	北京大学出版社
地　　　址	北京市海淀区成府路 205 号　100871
网　　　址	http://www.pup.cn　　　新浪微博：@ 北京大学出版社
电 子 信 箱	pup7@ pup.cn
电　　　话	邮购部 010–62752015　发行部 010–62750672　编辑部 010–62570390
印 刷 者	三河市北燕印装有限公司
经 销 者	新华书店
	787 毫米 1092 毫米　16 开本　21.75 印张　341 千字 2016 年 7 月第 1 版 2019 年 3 月第 2 版　2021 年 4 月第 4 次印刷
印　　　数	6001—8000 册
定　　　价	69.00 元

未经许可，不得以任何方式复制或抄袭本书之部分或全部内容。
版权所有，侵权必究
举报电话：010–62752024　电子信箱：fd@pup.pku.edu.cn
图书如有印装质量问题，请与出版部联系，电话：010–62756370

手机办公
10
招就够

目录

Contents

第1招 把人脉信息"记"得滴水不漏

目前，人脉管理日益受到现代人的普遍关注和重视。随着移动办公的发展，越来越多的人脉数据会被记录在手机中，掌管好手机中的人脉信息就显得尤为重要。随着网络中的人脉管理应用越来越多，我们在面对繁杂的人脉管理工具时到底该如何选择实用的应用工具呢？

下面就介绍管理人脉信息的方法，包括名片管理与备份、永不丢失的通讯录、合并重复的联系人、记住客户邮箱、记住客户生日、记住客户的照片和公司门头，以及记住客户的地址、实现快速导航7个招式，让你轻轻松松把人脉信息记得滴水不漏。

第1式：名片管理与备份

名片管理在扩展及维护人脉资源的过程中起着非常重要的作用，下面为商务办公人士推荐一款简单、实用的手机名片管理应用——名片全能王。

名片全能王是一款基于智能手机的名片识别软件，它既能利用手机自带相机拍摄名片图像，快速扫描并读取名片图像上的所有联系信息，也能自动判别联系信息的类型，按照手机联系人格式标准存入电话本和名片中心。下面以 Android 版为例，介绍其使用方法。

下载地址如下。

Android 版扫码下载：

iOS 版 APP Store 下载：

1. 添加名片

添加名片是名片管理最常用的功能，名片全能王不仅提供了手动添加名片的功能，还可以扫描收到的名片，应用会自动读取并识别名片上的信息，便于用户快速存储名片信息。

❶ 安装并打开【名片全能王】应用，进入主界面，即可看到已经存储的名片，点击下方中间的 ⊙ 按钮。

❷ 进入拍照界面，将要存储的名片放在摄像头下，移动手机，使名片在正中间显示，点击【拍照】按钮 ⊙。

> **┃提示┃**
>
> （1）拍摄名片时，如果是其他语言名片，需要设置正确的识别语言（可以在【通用】界面中设置识别语言）。
>
> （2）保证光线充足，名片上不要有阴影和反光。
>
> （3）在对焦后进行拍摄，尽量避免抖动。
>
> （4）如果无法拍摄清晰的名片图像，可以使用系统相机拍摄识别。

❸ 拍摄完成，进入【核对名片信息】界面，在上方将显示拍摄的名片，在下方将显示识别的信息，如果识别不准确，可以手动修改内容。核对完成后点击【保存】按钮。

❹ 点击【完成】按钮，即可完成名片的添加。

❺ 进入【名片夹】界面，点击【分组】按钮。

❻ 进入【分组】界面，点击【新建分组】按钮。

❼ 弹出【新建分组】对话框，输入分组名称，点击【确认】按钮。

❽ 点击上步新建的【快递公司】组，即可进入【快递公司】组界面，点击右上角的【选项】按钮。

❾ 在弹出的下拉列表中选择【从名片夹中添加】选项。

❿ 选择要添加的名片，点击【添加】按钮，即可完成名片的分组。

2. 管理名片

添加名片后，重新编组名片、删除名片、修改名片信息等都是管理名片的常用操作。

❶在【名片夹】界面中点击【管理】按钮。

❷在弹出的界面中可以对选择的名片执行排序方式、批量操作及名片管理等操作。

第2式：永不丢失的通讯录

如果手机丢失或损坏，就不能正常获取通讯录中联系人的信息。可以在手机中下载"QQ同步助手"应用，将通讯录备份至网络，发生意外时，只需使用同一账号登录"QQ同步助手"，然后将通讯录恢复到新手机中，即可让你的通讯录永不丢失。

下载地址如下。

Android 版扫码下载：

iOS 版 APP Store 下载：

❶下载、安装并打开【QQ同步助手】主界面，选择登录方式，这里选择【QQ快速登录】选项。

❷在弹出的界面中点击【授权并登录】按钮。

❹即可开始备份通讯录中的联系人，并显示备份进度。

❸登录完成，返回【QQ 同步助手】主界面，点击上方的【同步】按钮。

❺备份完成,在电脑(或手机)中打开浏览器,在地址栏中输入网址"https://ic.qq.com",在页面完成验证后,单击【确定】按钮,即可查看到备份的通讯录联系人。

❻如果要恢复通讯录,只要再次使用同一账号登录"QQ同步助手",在主界面中点击【我的】按钮,在进入的界面中点击【号码找回】按钮。

❼ 在弹出的界面中选择【回收站】选项卡即可找回最近删除的联系人，选择【时光机】选项卡可以还原通讯录到某个时间点的状态。

| 提示 |::::::

　　使用"QQ同步助手"应用还可以将短信备份至网络中。

第3式：合并重复的联系人

　　有时通讯录中某些联系人会有多个电话号码，就会在通讯录中保存多个相同的姓名，有时同一个联系方式会对应多个联系人。这些情况会使通讯录变得臃肿杂乱，影响联系人的准确、快速查找。这时，使用QQ同步助手就可以将重复的联系人进行合并，解决通讯录中联系人重复的问题。

❶ 打开【QQ同步助手】主界面，点击【我的】→【通讯录管理】按钮。

❷ 打开【通讯录管理】界面，选择【合并重复联系人】选项。

❸ 打开【合并重复联系人】界面，即可看到联系人名称相同的姓名列表，点击下方的【自动合并】按钮。

❹ 即可将名称相同的联系人合

并在一起，点击【完成】按钮。

❺ 弹出【合并成功】界面，如果需要合并重复联系人的通讯录，则点击【立即同步】按钮，即可完成合并重复联系人的操作。否则，点击【下次再说】按钮。

第 4 式：记住客户邮箱

在手机通讯录中不仅可以记录客户的电话号码，还可以记录客户的邮箱。

❶ 在通讯录中打开要记录邮箱的联系人信息界面，点击下方的【编辑】按钮。

❷ 打开【编辑联系人】界面，在【工作】文本框中输入客户的邮箱地址，点击右上角的【确定】按钮。

❸ 返回联系人信息界面，即可看到保存的客户邮箱。

| 提示 |

除了将客户邮箱记录在通讯录外，还可以使用邮件应用记录客户的邮箱。

第5式：记住客户生日

记住客户的生日，并且在客户生日时给客户发送祝福，可以有效地增进与客户的关系。手机通讯录中可以添加生日项，用来记录客户的生日信息，具体操作步骤如下。

❶ 在通讯录中打开要记录生日的联系人信息界面，点击下方的【编辑】按钮，打开【编辑联系人】界面，点击下方的【添加更多项】按钮。

❷ 打开【添加更多项】列表，选择【生日】选项。

提示

如果要添加农历生日，可以执行相同的操作，选择【农历生日】选项，即可添加客户的农历生日。

❸ 在打开的选择界面中选择客户的生日，点击【确定】按钮。

❹ 返回客户信息界面，即可看到已经添加了客户的生日，软件系统将会在客户生日的前三天发出提醒。

第 6 式：记住客户的照片和公司门头

客户较多，特别是面对新客户时，如果记不住客户的长相或公司门头，特别是在客户面前称呼有误，就会影响在客户心中的形象，甚至会影响与客户建立的良好关系。通讯录提供了客户照片及公司的功能，可以为客户拍张照片保存在通讯录中。利用手机的通讯录功能记录客户照片和公司门头的具体操作步骤如下。

❶ 在通讯录中打开要记住照片和公司门头的联系人信息界面，点击下方的【编辑】按钮，打开【编辑联系人】界面，点击客户姓名左侧的【头像】按钮。

❷ 打开【头像】选择界面，可以通过拍摄获取客户照片，也可以从图库中选择客户照片。这里通过拍摄获取一张客户照片。

❸ 拍摄照片后，进入【编辑联系人头像】界面，在屏幕上拖曳选择框选择要显示的客户照片区域，选择完成后点击【应用】按钮。

❹ 返回联系人信息界面，即可看到记录的客户照片，点击该照片，还可以放大显示。

❺ 在头像右侧的【公司】文

本框中可以输入客户公司的门头。编辑完成后点击右上角的【确定】按钮，完成记住客户照片和公司门头的操作。

第7式：记住客户的地址、实现快速导航

当要去会见新客户时，如果担心记不住客户的地址，可以在通讯录中记录客户的地址，不仅方便导航，还能增加客户的好感。利用手机的通讯录功能记录客户地址信息的具体操作步骤如下。

❶ 在通讯录中打开要记录地址的联系人信息界面，点击下方

13

的【编辑】按钮，打开【编辑联系人】界面，点击下方的【添加更多项】按钮。

❷ 打开【添加更多项】界面，选择【地址】选项。

❸ 即可添加【地址】文本框，然后在文本框中输入客户的地址，点击【确定】按钮，即可完成记录客户地址的操作，然后就可以通过记录的地址实现快速导航。

第2招 用手机管理待办事项，保你不加班

在工作和生活中，会遇到很多需要解决的事项，一些事项需要在一个时间段内，或者在特定的时间点解决，而其他的事项则可以推迟。为了避免遗漏和延期待解决的事项，就需要对等待办理的事项进行规划。

下面就介绍几种管理待办事项的软件，可以使用这些软件将一段时间内需要办理的事项按先后缓急进行记录，然后有条不紊地逐个办理，在提高工作效率的同时，可以有效地防止待办事项的遗漏。这样，就能够在工作时间内完成任务，保你不加班。

第1式：随时记录一切——印象笔记

印象笔记既是一款多功能笔记类应用，也是一款优秀的跨平台的电子笔记应用。使用印象笔记不仅可以对平时工作和生活中的想法和知识记录在笔记内，还可以将需要按时完成的工作事项记录在笔记内，并设置事项的定时或预定位置提醒。同时笔记内容可以通过账户在多个设备之间进行同步，做到随时随地对笔记内容进行查看和记录。

下载地址如下。

Android 版扫码下载：

iOS 版 APP Store 下载：

1. 创建新笔记

使用印象笔记应用可以创建拍照、附件、工作群聊、提醒、手写、文字笔记等多种新笔记种类，下面介绍创建新笔记的操作。

❶下载、安装、打开并注册印象笔记，即可进入【印象笔记】主界面，点击下方的【点击创建新笔记】按钮 ➕。

❷显示可以创建的新笔记类型，这里选择【文字笔记】选项。

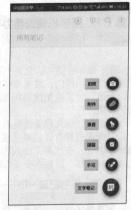

❸打开【添加笔记】界面，可以看到【笔记本】标志 📓，并显示此时的笔记本名称为 "我的第一个笔记本"，点击 📓 按钮。

❹ 弹出【移动 1 条笔记】界面，点击【新建笔记本】按钮。

❺ 弹出【新建笔记本】界面，输入新建笔记本的名称"工作笔记"，点击【好】按钮。

❻ 完成笔记本的创建，返回【添加笔记】界面，输入文字笔记内容。选择输入的内容，点击上方的 $A^=$ 按钮，可以在打开的编辑栏中设置文字的样式。

❼ 点击笔记本名称后的【提醒】按钮，选择【设置日期】选项。

❽ 弹出【添加提醒】界面，设置提醒时间，点击【保存】按钮。

❾ 返回【新建笔记】界面，点击左上角的【确定】按钮✓，完成笔记的新建及保存。

2. 新建、删除笔记本

使用印象笔记应用记录笔记时，为了避免笔记内容混乱，可以建立多个笔记本，如工作笔记、生活笔记、学习笔记等，方便对笔记进行分类管理，创

建新笔记时可以先选择笔记本，然后在笔记本中按照创建新笔记的方法新建笔记。

❶ 在【印象笔记】主界面中点击左上角的【设置】按钮☰，在打开的列表中选择【笔记本】选项。

❷ 即可进入【笔记本】界面，在下方显示所有的笔记本，长按要删除或重命名的笔记本。例如，这里长按【我的第一个笔记本】选项，打开【笔记本选项】界面，在其中即可执行共享、离线保存、重命名笔记本、移至新笔记本组、添加快捷方式及删除等操作，这里选择【删除】选项。

❺ 弹出【新建笔记本】界面，输入新笔记本的名称，点击【好】按钮。

❸ 弹出【删除：我的第一个笔记本】界面，在下方的横线上输入"删除"文本，点击【好】按钮，即可完成笔记本的删除。

❻ 完成笔记本的创建，使用同样的方法创建其他笔记本。然后打开笔记本，即可在笔记本中添加笔记。

❹ 删除笔记本后，点击【新建笔记本】按钮。

3. 搜索笔记

如果创建的笔记较多，可以使用印象笔记应用提供的搜

索功能快速搜索并显示笔记，
具体操作步骤如下。

❶ 打开【生活笔记】笔记本，
点击➕按钮，选择【提醒】选项。

❷ 创建一个生日提醒笔记，并
根据需要设置提醒时间。

❸ 返回【所有笔记】界面，点击
界面上方的【搜索】按钮🔍。

❹ 输入要搜索的笔记类型，即
可快速定位并在下方显示满足
条件的笔记。

第 2 式：让你有一个清晰
的计划——Any.DO

Any.DO 是一款优秀的专

门为记录待办事项而设计的应用，可以快速添加任务、记录时间、设定提醒，同时还可以对事件的优先级进行调节。

Any.DO 特色鲜明、操作便捷，UI 设计简洁，可以使用户更加快捷地添加和查看待办事项，将用户的任务计划记录得滴水不漏。

下载地址如下。

Android 版扫码下载：

iOS 版 APP Store 下载：

1. 选择整理项目

使用 Any.DO 管理任务时，首先要选择整理的项目，然后注册 Any.DO 账号，具体操作步骤如下。

❶ 下载、安装并打开 Any.DO 应用，在显示的界面中选择登录方式进行注册登录。

❷ 登录完成后，即可开始新建任务。

2. 添加任务

Any.DO 可以方便地添加任务，并根据需要设置任务提

21

醒及备注等。

❶在【Any.DO 应用】主界面
中点击要添加任务的项目类
型,这里点击【所有任务】按钮,
进入【所有任务】界面,可以
看到显示了【今日】【明日】【即
将来临】和【以后再说】4 个
时间项。点击右下角的【添加】
按钮⊕或时间项后的＋按钮,
这里点击【今日】后的＋按钮。

|提示 |

【所有任务】界面中显示
了所有的任务。

❷ 在打开的界面中输入任务的
内容,选择下方的【提醒我】
选项。

❸ 点击下方的【早上】【下午】
【晚间】【自定义】按钮来设
置事件时间。

❹ 返回【所有任务】界面,即
可看到添加的任务。

❺ 使用同样的方法，添加明日的任务，选择添加的任务。

❻ 在弹出的界面中点击【添加提醒】按钮。

❼ 打开【添加提醒】界面，在其中设置提醒时间，以及重复、位置等选项。

❽ 设置完成后，点击【保存】

按钮。

❾ 返回【所有任务】界面，即可看到为任务设置的提醒时间。

3. 管理任务

在 Any.DO 添加任务后，用户可以根据需要管理任务，如移动任务位置、删除任务、编辑任务及查看当前任务等。

❶ 在【所有任务】界面中点击顶部的 ▦ 按钮。

❷ 进入【我的列表】界面，即可看到默认的分组列表，选择【Personal】选项。

❸ 进入【Personal】界面，即可看到添加的任务。如果要将

其中的任务移动至其他的分组中，可选择一个任务，这里选择"小李生日，买礼物"任务。

❹ 在弹出的界面中点击【Personal】按钮。

❺ 在弹出的【选择列表】界面中选择【Work】选项。

❻ 打开【Work】界面，即可看到移动后的项目，而【Personal】界面移动过的任务已经不存在。

❼ 点击顶部的 ::: 按钮，进入【我的列表】界面，点击【所有任务】列表。

❽ 进入【所有任务】界面，选择要编辑的任务，并长按，即可进入任务的编辑状态，完成编辑后，在任意位置点击屏幕即可完成编辑操作。

❾ 如果任务中包含已过期的任务，可以摇动手机，自动将已经过期的任务标记为完成。如果要将其他任务标记为完成，可以向右滑动该任务。例如，在今天的任务上从左至右滑动，即可在该任务上方显示删除线，并且该任务会以灰色显示，表明此任务已完成。

|提示|::::::

再次从右向左滑动，可以重新将任务标记为未完成。

第 3 招 重要日程一个不落

日程管理无论是对个人还是对企业来说都是很重要的，做好日程管理，个人可以更好地规划自己的工作、生活，企业能确保各项工作及时有效推进，保证在规定时间内完成既定任务。做好日程管理可以借助一些日程管理软件，也可以使用手机自带的软件，下面就介绍如何使用手机自带的日历、闹钟、便签等应用进行重要日程提醒。

第 1 式：在日历中添加日程提醒

日历是工作、生活中使用非常频繁的手机自带应用之一，它

27

具有查看日期、记录备忘事件，以及定时提醒等人性化功能。下面就以安卓手机自带的日历应用为例，介绍在日历中添加日程提醒的具体操作步骤。

❶ 打开【日历】应用，点击底部的【新建】按钮 ⊕。

❷ 打开【日历】界面，在事件名称文本框内输入事件的名称，选择【开始时间】选项。

❸ 打开【开始时间】界面，选择事件的开始时间，点击【确定】按钮。

❹ 返回【日历】界面，选择【结束时间】选项，在【结束时间】

界面中设置事件的结束时间，并点击【确定】按钮。

❺返回【日历】界面，点击【更多选项】按钮，即可在该页面中根据需要对事件进行其他设置，这里选择【提醒】选项。

❻弹出【提醒】界面，选择提醒的开始时间为"5分钟前"。

❼返回【日历】界面，点击【确定】按钮，即可完成日程提醒的设置。

❽ 返回日历首界面，即可看到添加的日程提醒。

❾ 当到达提醒时间后，即可自动发出提醒，在通知栏即可看到提醒内容。

❿ 如果要在其他日期中创建提醒，只需选择要创建提醒的日期，点击【新建】按钮⊕，即可使用同样的方法添加其他提醒。

第 2 式：创建闹钟进行日程提醒

闹钟的作用就是提醒，如可以设置起床闹钟、事件闹钟，避免用户错过重要事件。使用闹钟对重要日程进行提醒的操作简单，效果显著，可以有效地避免错过重要事件的时间，使用闹钟进行日程提醒的操作步骤如下。

❶ 打开【闹钟】应用，点击【添加闹钟】按钮⊕。

❷ 弹出【设置闹钟】界面，选择【重复】选项。

❸ 在弹出的下拉列表中选择一种闹钟的重复方式，这里选择【只响一次】选项。

❹ 返回【设置闹钟】界面，选择【备注】选项，在弹出的【备注】对话框内输入需要提醒的内容，点击【确定】按钮。

❺ 返回【设置闹钟】界面，即可看到设置闹钟的详细内容，确认无误后点击【确定】按钮。

❻ 返回【闹钟】界面，在该界面可以看到已成功添加的闹钟。当到达闹钟设置的时间后，系统会发出闹钟提醒。

第3式：建立便签提醒

便签提醒的特点在于可以快速创建并对事件进行一些简单的描述，可以对工作中需要注意的问题、下一步的计划、待办的事项和重要的日程进行提醒。下面介绍使用便签创建提醒的具体操作步骤。

❶ 打开【便签】应用，点击【新建便签】按钮➕。

❷ 在弹出的便签编辑页面输入便签的内容，点击【更多】按钮⋯。

❸ 弹出更多选项界面，打开【提醒】选项后的开关，在弹出的【设置日期和时间】界面中设置提醒的时间，点击【确定】按钮。

❹ 在更多选项界面中选中任意一个颜色按钮，为便签设置一种颜色，点击【关闭】按钮 ⊗。

❺ 返回【便签】主界面，即可看到新添加的便签，并在便签后面看到设置的提醒时间。

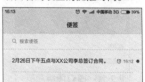

第 4 招 不用数据线，电脑与手机文件互传

　　将手机中的文件传到电脑中，传统的方法是使用数据线。随着手机应用软件的不断发展，手机应用市场出现了众多的应用，通过它们可以不使用数据线就实现电脑与手机文件的互传，下面介绍几款实用的传输文件应用。

第 1 式：使用 QQ 文件助手

　　QQ 软件使用十分广泛，而 QQ 文件助手是 QQ 软件的重要功能之一，因此使用 QQ 文件助手进行传输文件也十分便捷。使用 QQ 文件助手进行无数据线传输文件时，需要在手机和电脑中登录同一个 QQ 账号，最好能在同一 Wi-Fi 环境下进行文件传输，可以大大提高传输速度，具体操作步骤如下。

❶ 打开手机中的【QQ】应用，在应用的主界面中点击【联系人】按钮，进入【联系人】界面，选择【设备】选项卡下的【我的电脑】选项。

❷ 在弹出的【我的电脑】界面中，点击下方的【图片】按钮。

❸ 在弹出的【最近照片】界面中选择想要发送的图片，点击右下角的【发送】按钮。

❹ 即可完成在手机中发送图片文件的操作。

❺ 在电脑端即可接收图片文件，用户可以对图片进行保存等设置。

| 提示 | :::::
如果需要在电脑端发送文件到手机，可以直接将要发送的文件拖曳至设备窗口中即可在手机中接收到文件。

第2式：使用云盘

云盘是互联网存储工具，也是互联网云技术的产物，通过互联网为企业和个人提供信息的储存、读取、下载等服务，具有安全稳定、海量存储的特点。比较知名且好用的云盘服务商有百度网盘、天翼云、金山快盘、微云等。

云盘的特点如下。

(1) 安全保密：密码和手机绑定、空间访问信息随时告知。

(2) 超大存储空间：不限单个文件大小，支持大容量独享存储。

(3) 好友共享：通过提取码轻松分享。

使用云盘存储更方便，用户无须把储存重要资料的实体磁盘带在身上，同样可以通过互联网，轻松从云端读取自己所存储的信息。不仅可以防止成本失控，还能满足不断变化的业务重心及法规要求所形成的多样化需求。下面以百度网盘为例，介绍使用云盘在电脑和手机中互传文件的具体操作步骤。

　　下载地址如下。

Android 版扫码下载:

iOS 版 APP Store 下载:

❶ 打开并登录百度网盘应用,在弹出的主界面中点击右上角的 ✛ 按钮。

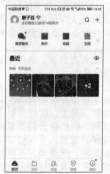

❷ 在弹出的【选择上传文件类型】界面中选择【上传图片】选项。

❸ 选择任一图片,点击右下角的【上传】按钮。

❹ 此时,即可将选中的图片上传至云盘。

图片,选择该图片,单击【下载】按钮。

❻ 弹出【设置下载存储路径】对话框,选择图片存储的位置,单击【下载】按钮,即可把图片下载到电脑中。

❺ 打开并登录电脑端的【百度网盘】应用,即可看到上传的

第 5 招 在哪都能找到你

现在的智能手机通过将多种位置数据结合分析,可以做到很精确的定位,通过软件即可将位置信息发送给朋友,下面就介绍几种发送位置信息的方式。

第 1 式:使用微信共享位置

需要将自己的位置信息告诉好友时,可以使用微信自带的位置共享功能将自己即时的位置信息发送给好友,帮助好友最快速地找到自己。
❶ 在微信中选择一个好友,进入与该好友的微信聊天界面,点击【添加】按钮 ⊕,在弹出的功能列表中选择【位置】选项。

❷ 在弹出的界面中选择【发送位置】选项。

❸ 弹出【位置】界面，选择需要发送的准确位置。

❹ 点击右上角的【发送】按钮，即可将位置信息发送给对方。

第2式：使用QQ发送位置信息

与微信的位置共享类似，使用QQ也可以将自己的即时位置发送给好友，具体操作步骤如下。

❶ 打开QQ应用，选择需要发送位置的好友，打开聊天界面，点击左下角的【添加】按钮⊕。

❷ 在弹出的功能列表中选择
【位置】选项。

❸ 弹出【选择位置】界面，选
择准确的位置信息，点击右上
角的【发送】按钮。

❹ 即可将位置信息发送给好友。

第6招 甩掉纸和笔，一字不差高效速记

在智能手机普及的今天，对信息的记录有越来越多的方式可
以选择，不带纸和笔也可以高效记录信息。

第1式：在通话中，使用电话录音功能

在通话过程中，可以使用手机的通话录音功能对通话语音进
行录制。如果手机没有通话录音功能，也可以下载【通话录音】
软件实现通话录音，下面就介绍通话录音的具体操作步骤。

❶ 安装并打开【通话录音】应用，然后拨打电话，这里拨打

10086 电话。

❷ 在拨打电话时即可开始电话录音。

❸ 电话完成后，打开【通话录

音】应用，在主界面中点击【通话录音】按钮。

❹ 弹出【通话录音】界面，即可查看录音的文件。

❺ 选择录音文件，即可打开该文件的详细信息，点击【播放】按钮，即可播放该电话录音内容。

第2式：在会议中，使用手机录音功能

在有些场合，如在会议中使用手机录音可以更高效地进行信息的记录，防止信息的遗漏。通过手机录音可以对语音和相应的气氛进行再现，对信息的还原度较高。使用手机进行录音非常方便，具体操作步骤如下。

❶ 打开手机中的【录音机】应用，在【录音机】主界面中点击【录制】按钮●。

❷ 即可开始录制语音，录制完成后，点击【停止录制】按钮⑩后再点击【完成】按钮。

41

❸ 即可完成录音并保存到手机中。

第 7 招 轻松搞定手机邮件收发

　　邮件作为使用最广泛的通信手段之一，在移动手机上也可以发挥巨大的作用。通过电子邮件可以发送文字、图像、声音等多种形式，同时也可以使用邮箱订阅免费的新闻等信息。

　　随着智能手机的发展，在手机端也可以实现邮件的绝大部分功能，更加方便了用户的使用，下面就以【网易邮箱大师】应用为例进行介绍。

　　下载地址如下。

　　Android 版扫码下载：

iOS 版 APP Store 下载：

第 1 式：配置你的手机邮箱

使用手机邮箱的第一步就是添加邮箱账户并配置邮箱信息，配置手机邮箱信息的具体操作步骤如下。

❶ 安装并打开【网易邮箱大师】应用，进入主界面，输入要添加的邮箱账户和密码，点击【添加】按钮。

❷ 邮箱添加完成后，可根据需要选择继续添加邮箱或点击【下一步】链接，这里点击【下一步】链接。

❸ 在弹出的界面中选择登录方式，登录完成后，在弹出的界面中点击【进入邮箱】链接，即可完成手机邮箱的配置。

❹ 进入邮箱主界面，此时即可完成手机邮箱的配置。

第2式：收发邮件

接收和发送电子邮件是邮箱最基本的功能，在手机邮箱内接收和发送邮件的具体操作步骤如下。

❶ 当邮箱接收到新邮件时，会在手机屏幕上弹出提示消息。点击屏幕上的提示，即可打开接收的邮件。

❷ 返回邮箱的【收件箱】界面，点击右上角的【添加】按钮╋，在弹出的下拉列表中选择【写邮件】选项。

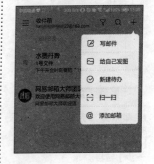

❸弹出【写邮件】界面，在【收件人】文本框中输入收件人的名称，在【主题】文本框中输入邮件的主题，在下方的文本框中输入"1号文件已复印20份，下午分发。"文本。

❹点击右上角的【发送】按钮，在弹出的【输入发件人名称】界面中输入发件人名称，点击【保存并发送】按钮，即可发送邮件。

第 3 式：查看已发送邮件

对于已发送的邮件，可以在发件箱内查看其发送状态，具体操作步骤如下。
❶ 在【网易邮箱大师】的主界面中，点击左上角的三按钮，在弹出的下拉列表中选择【已发送】选项。

❷ 打开【已发送】界面，即可查看已发送的邮件。

第 4 式：在手机上管理多个邮箱

有些邮箱客户端支持多个账户同时登录，可以同时接收和管理多个账户的邮件（如网易邮箱大师），具体操作步骤如下。

❶ 打开【网易邮箱大师】应用，进入主界面，点击左上角的三按钮，在弹出的下拉列表中选择【添加邮箱】选项。

❷ 弹出【添加邮箱】界面，在界面中输入用户名与密码，并点击【添加】按钮。

❸ 在弹出的界面中点击【进入

邮箱】链接。

❹ 即可进入该邮箱的主界面。

❺ 点击界面左上角的≡按钮，

在弹出的下拉列表中，可以查看已登录的账户，并看到当前账户为新添加的账户。

❻ 选中另一个账户。

❼ 即可更改邮箱的当前状态，

并进入当前邮箱的主界面。

第 8 招 给数据插上翅膀——妙用云存储

　　将数据存放在云端，可以节省手机空间，防止数据丢失，使用时下载至手机即可。下面以百度网盘为例，介绍使用云存储的方法。

第 1 式：下载百度网盘上已有的文件

　　使用手机上的百度网盘应用，可以下载存储在百度网盘上的文件。

❶ 打开并登录百度网盘应用，在弹出的主界面中点击右上角的＋按钮。

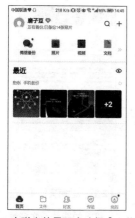

❷ 在弹出的界面中选择【上传文档】选项。

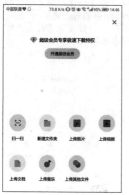

❸ 弹出【选择文档】界面，选择其中任一文档，点击【上传】按钮。

❹ 上传完成后，返回首页，点击【文档】按钮。

❺ 即可看到上传的文档，选择该文档。

❻ 弹出【选择打开的方式】界面,选择一种应用,点击【确定】按钮。

❼ 即可打开该文档。

第2式:上传文件

手机上的图片、文档等,也可以上传至百度网盘保存。
❶ 返回【百度网盘】应用的主界面,点击右上角的 ➕ 按钮,在弹出的界面中选择【上传文档】选项。

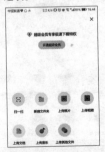

❷ 在弹出的【选择文档】界面中，选择任一文档，并点击左下角的【我的百度网盘】按钮，为文档选择保存位置。

❸ 弹出【选择上传位置】界面，点击右上角的【新建文件夹】按钮。

❹ 在弹出的【新建文件夹】界面中，输入"PPT 文件"文本，点击【创建】按钮，即可完成新建文件夹的创建。

❺ 文件夹创建完成后，点击【上传至：PPT 文件】按钮，即可开始上传文档至指定文件夹。

❻ 上传完成后，打开文件夹，即可查看上传的文件。

第 9 招 在手机中查看办公文档疑难解答

目前，人脉管理日益受到现代人的普遍关注和重视。随着移动办公的发展，越来越多的人脉数据会被记录。但是在用手机进行移动办公时，可能会出现文件打不开，或者文档打开后出现乱码等情况。当出现类似情况时，可以尝试使用下述的方法。

第 1 式：Word/Excel/PPT 打不开怎么办

在手机中打开 Word/Excel/PPT 文档时，需要下载 Office 软件，安装完成后，即可打开 Word/Excel/PPT 文档。下面以 WPS Office 为例进行介绍。

下载地址如下。

Android 版扫码下载:

iOS 版 APP Store 下载:

❶ 安装"WPS Office"软件,并进行设置与登录。然后在"WPS Office"主界面中点击【打开】按钮。

❷ 在弹出的界面中选择一个

需要打开的文件,这里选择【DOC】选项。

❸ 进入【所有文档】界面,选择要打开的文档。

❹ 即可打开该文档。

第 2 式：文档显示乱码怎么办

　　在查看各种类型的文档时，如果使用不合适的应用，就会出现打开的文档显示为乱码的问题，因此应选择合适的应用查看特定格式的文档。

　　1. TXT 文档

　　查看 TXT 格式的文档时，为了避免文档显示乱码，可以下载、安装阅读 TXT 文档的软件，如 Anyview 阅读器等。

　　下载地址如下。

　　Android 版扫码下载：

iOS 版 APP Store 下载

❶ 在"应用宝"中搜索"Anyview阅读"并进入安装界面，点击【安装】按钮即可进行安装。

❷ 应用安装完成后，点击【打开】按钮进入该应用，即可查看 TXT 格式的文档。

2. PDF 文档

在手机上阅读 PDF 文档时，为了避免文档显示混乱，可以使用 PDF 阅读器，如 Adobe Acrobat DC。

下载地址如下。

Android 版扫码下载：

iOS 版 APP Store 下载：

❶ 在"应用宝"应用中搜索"Adobe Acrobat DC"并进入安装界面，点击【允许】按钮。

❷ 即可开始安装该应用。

❸ 应用安装完成后，点击【打开】按钮。

❹ 进入【Adobe Acrobat DC】应用后即可显示主界面，在【最近】选项卡下显示最近打开的 PDF 文档，在【本地】选项卡下将显示本地手机中存储的 PDF 文件。

❺ 只需点击 PDF 文件即可打开该文件，这里点击【最近】选项卡下的"快速入门.pdf"文件，即可显示该 PDF 文档的内容。

第 3 式：压缩文件打不开怎么办

在"应用宝"应用中下载解/压缩软件，如 ZArchiver 等，就可以在手机上解压或压缩软件了。

下载地址如下。

Android 版扫码下载：

iOS 版 APP Store 下载：

❶ 下载、安装并打开 ZArchiver 应用，进入主界面。

❷ 在手机的文件管理中找到压缩文件，选择要解压的文件，在弹出的快捷菜单中选择【解压到 ./< 压缩文档名称 >./】选项。

❸ 即可解压该文档，解压后即可查看该文档。

第 10 招 随时随地召开多人视频会议

相较于传统会议来说，视频会议不仅节省了出差费用，还避免了旅途劳累，在数据交流和保密性方面也有很大的提高，只要有电脑和电话就可以随时随地召开多人视频会议。具体来讲，多人视频会议具有以下优点。

(1) 无须出行，只需坐在会议室或笔记本电脑前就能实现远程异地开会，减少旅途劳累，环保节约。

(2) 多人视频会议可以实现高效的办公沟通，能快速有效地促进交流。

(3) 优化企业管理体系。多人视频会议可以根据公司组织架构实现不同管理层及不同部门间的交流管理。

❶ 安装并打开【QQ】应用，进入主界面，单击界面右上角的 ✛ 按钮。

❷ 在弹出的下拉列表中选择【创建群聊】选项。

❸ 弹出【创建群聊】界面，选择需要加入的好友，点击【立即创建】按钮。

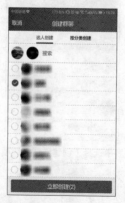

❹ 即可创建一个讨论组。

❺ 点击界面右下角的【添加】按钮⊕，在弹出的下拉列表中选择【视频电话】选项。

❻ 即可将讨论组的成员添加到视频通话中，邀请的成员加入后，点击【摄像头】按钮，即可开始进行视频会议。

|提示|

　在视频通话过程中，点击【通话成员】按钮，在弹出的界面中即可添加新成员。

前言

Windows 10 很神秘吗？

不神秘！

学习 Windows 10 难吗？

不难！

阅读本书能掌握 Windows 10 的使用方法吗？

能！

为什么要阅读本书

如今，电脑已成为人们日常工作、学习和生活中必不可少的工具之一，它不仅大大地提高了工作效率，而且给人们的生活带来了极大的便利。本书从实用的角度出发，结合实际应用案例，模拟真实的系统环境，介绍 Windows 10 的使用方法与技巧，旨在帮助读者全面、系统地掌握 Windows 10 操作系统的应用。

本书内容导读

本书分为 4 篇，共 16 章，内容如下。

第 0 章　共 1 段教学视频，主要介绍新手学电脑的最佳学习方法。读者可以在正式阅读本书之前对学电脑有一个初步了解。

第 1 篇（第 1 ～ 6 章）为快速入门篇，共 40 段教学视频，主要介绍电脑的各种操作。通过对该篇内容的学习，读者可以学习认识与安装 Windows 10 操作系统、轻松掌握 Windows 10 操作系统、个性化设置操作系统、输入法的认识和使用、管理电脑中的文件资源及软件的安装与管理等操作。

第 2 篇（第 7 ～ 11 章）为上网娱乐篇，共 32 段教学视频，主要介绍上网娱乐。通过对该篇内容的学习，读者可以掌握网络的连接与设置、网络的生活服务、多媒体和网络游戏及网络沟通和交流等。

第 3 篇（第 12 ～ 13 章）为系统优化篇，共 12 段教学视频，主要介绍电脑的优化与维护和系统备份与还原等。

第 4 篇（第 14 ～ 15 章）为高手秘籍篇，共 9 段教学视频，主要介绍电脑硬件的保养与维护、数据的维护与跨平台同步等。

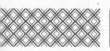

选择本书的 N 个理由

❶ 简单易学，案例为主

以案例为主线，贯穿知识点，实操性强，与读者的需求紧密吻合，模拟真实的工作环境，帮助读者解决在工作中遇到的问题。

❷ 高手支招，高效实用

本书的"高手支招"板块提供了大量实用技巧，既能满足读者的阅读需求，也能解决在工作、学习中遇到的一些常见问题。

❸ 举一反三，巩固提高

本书的"举一反三"板块提供与本章知识点有关或类型相似的综合案例，帮助读者巩固和提高所学内容。

❹ 海量资源，实用至上

赠送大量的实用模板、实用技巧及学习辅助资料等，便于读者结合赠送资料学习。另外，本书赠送《手机办公 10 招就够》手册，在强化读者学习的同时，也可为其在工作中提供便利。

配套资源

❶ 11 小时名师视频指导

教学视频涵盖本书所有知识点，详细讲解每个案例的操作过程和关键点。读者可以更轻松地掌握 Windows 10 操作系统的使用方法和技巧，扩展性讲解部分可使读者获得更多的知识。

❷ 超多、超值资源大奉送

随书奉送视频教学录像、通过互联网获取学习资源和解题方法、办公类手机 APP 索引、办公类网络资源索引、Office 十大实战应用技巧、电脑常见故障维护查询手册、电脑常用技巧查询手册、200 个 Office 常用技巧汇总、1000 个 Office 常用模板、Windows 10 安装指导教学视频、《手机办公 10 招就够》手册、《微信高手技巧随身查》电子书、《QQ 高手技巧随身查》电子书等超值资源，以方便读者扩展学习。

配套资源下载

为了方便读者学习，本书配备了多种学习方式，供读者选择。

❶ 下载地址

（1）扫描下方二维码，关注微信公众号"博雅读书社"，找到资源下载模块，根据提

示即可下载本书配套资源。

资源下载

（2）扫描下方二维码或在浏览器中输入下载链接：http://v.51pcbook.cn/download/ 30124.html，即可下载本书配套学习资源。

❷ 扫描二维码观看同步视频

使用微信"扫一扫"功能，扫描每节中对应的二维码，根据提示进行操作，关注"千聊" 公众号，点击"购买系列课￥0"按钮，支付成功后返回视频页面，即可观看相应的教学视频。

本书读者对象

1．没有任何 Windows 10 操作系统基础的初学者。

2．有一定电脑基础，想精通 Windows 10 操作系统的人员。

3．有一定电脑基础，没有实战经验的人员。

4．大专院校及培训学校的老师和学生。

创作者说

本书由龙马高新教育策划，左琨任主编，李震、赵源源任副主编，为读者精心呈现。 读者读完本书后，会惊奇地发现"我已经是 Windows 10 操作系统达人了"，这也是让编 者最欣慰的结果。

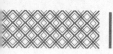
　　本书编写过程中，我们竭尽所能地为读者呈现最好、最全的实用功能，但仍难免有疏漏和不妥之处，敬请广大读者不吝指正。若读者在学习过程中产生疑问，或有任何建议，可以通过 E-mail 与我们联系。

　　读者邮箱：2751801073@qq.com

　　投稿邮箱：pup7@pup.cn

目 录
CONTENTS

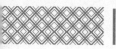
高手支招

第 3 章 个性定制——个性化设置操作系统

📹 本章 5 段教学视频

作为新一代的操作系统，Windows 10 进行了重大的变革，不仅延续了 Windows 家族的传统，而且带来了更多新的体验。本章主要介绍电脑的显示设置、系统桌面的个性化设置、用户账户的设置等。

高手支招

第 4 章 电脑打字——输入法的认识和使用

📹 本章 7 段教学视频

学会输入汉字和英文是使用电脑的第一步，对于输入英文字符，只要直接用键盘输入字母就可以了，而汉字不能像英文字母那样直接用键盘输入电脑中，需要使用英文字母和数字对汉字进行编码，然后通过输入编码得到所需汉字，这就是汉字输入法。本章主要介绍输入法的管理、拼音打字、五笔打字等。

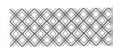

第 5 章 文件管理——管理电脑中的文件资源

本章 7 段教学视频

电脑中的文件资源是 Windows 10 操作系统资源的重要组成部分，只有管理好电脑中的文件资源，才能很好地运用操作系统完成工作和学习。本章主要介绍 Windows 10 中文件资源的基本管理操作。

第 6 章 程序管理——软件的安装与管理

本章 9 段教学视频

一台完整的电脑包括硬件和软件，而软件是电脑的管家，用户要借助软件来完成各项工作。在安装完操作系统后，用户首要考虑的就是安装软件，通过安装各种需要的软件，可以大大提高电脑的性能。本章主要介绍软件的安装、升级、卸载和组件的添加 / 删除、硬件的管理等基本操作。

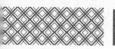

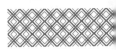

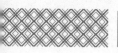
第 10 章　影音娱乐——多媒体和网络游戏

🎬 本章 6 段教学视频

　　网络将人们带进了一个更为广阔的影音娱乐世界，丰富的网上资源给网络增加了无穷的魅力。无论是谁，都可以在网络中找到自己喜欢的音乐、电影和网络游戏，并能充分体验音频与视频带来的听觉、视觉上的享受。

🍶 高手支招

第 11 章　通信社交——网络沟通和交流

🎬 本章 6 段教学视频

　　随着网络技术的发展，目前网络通信社交工具有很多，常用的包括 QQ、微博、微信、电子邮件等，本章就来介绍这些网络通信工具的使用方法与技巧。

🍶 高手支招

第 3 篇　系统优化篇

第 12 章　安全优化——电脑的优化与维护

🎬 本章 6 段教学视频

　　电脑的不断使用，会造成很多空间被浪费，用户需要及时优化和管理系统，包括电脑进程的管理与优化、电脑磁盘的管理与优化、清除系统垃圾文件、查杀病毒等，从而提高计算机的性能。本章就为读者介绍电脑系统安全与优化的方法。

第 13 章 高手进阶——系统的备份 与还原

本章 6 段教学视频

电脑用久了，总会出现这样或者那样的问题，例如，系统遭受病毒与木马的攻击，系统文件丢失，或者有时会不小心删除系统文件等，都有可能导致系统崩溃或无法进入操作系统，这时用户就不得不重装系统。但是如果系统进行了备份，那么就可以直接将其还原，以节省时间。本章就来介绍如何对系统进行备份、还原和重装。

第 4 篇 高手秘籍篇

第 14 章 电脑硬件的保养与维护

本章 5 段教学视频

电脑在使用一段时间后，显示器表面和主机内部都会积附一些灰尘或污垢，这些灰尘或污垢不仅不美观，还会对敏感的元器件造成损害，特别是灰尘或污垢中包含的金属元素，甚至可能对电脑零件造成永久性伤害。因此，需要定期为电脑硬件做清洁保养的工作，以延长电脑的使用寿命。

第 15 章　数据的维护与跨平台同步

📽 本章 4 段教学视频

　　加密电脑中的数据可以有效地保护个人隐私不被侵犯，也能保证重要文档数据不被窃取。此外，用户还可以使用 Windows 10 操作系统自带的 OneDrive，甚至使用第三方——云盘同步电脑中的重要数据。本章就来介绍电脑中数据的维护与跨平台同步数据的方法。

🎬 高手支招

第0章
新手学电脑最佳学习方法

本章导读

电脑已经成为办公必不可少的工具，而操作系统是实现人和计算机软件交互的桥梁。因此，掌握操作系统的使用方法和技巧就显得尤为重要。Windows 10 操作系统是微软公司最新推出的新一代跨平台及设备应用的操作系统，涵盖台式电脑、平板电脑、手机、Xbox 和服务器端，本章就来介绍 Windows 10 操作系统的使用方法与技巧。

思维导图

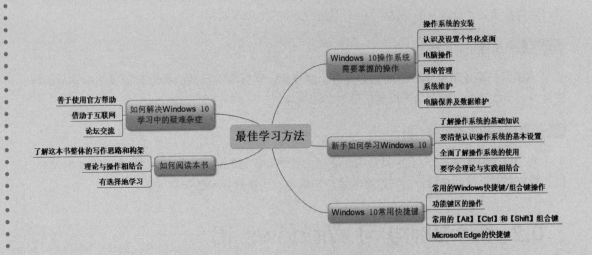

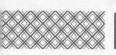

0.1 Windows 10 操作系统需要掌握的操作

Windows 10 操作系统结合了 Windows 7 和 Windows 8 操作系统的优点，更符合用户的操作体验，学习 Windows 10 操作系统需要掌握以下几个操作。

1. 操作系统的安装

Windows 10 操作系统包含 32 位和 64 位两个版本，简单来讲，64 位操作系统可以支持更专业的操作，但对电脑的配置要求更高，用户可以根据需要选择安装的版本。选择安装版本后，就可以从各种途径获取安装软件进行操作系统的安装。

2. 认识及设置个性化桌面

认识 Windows 10 操作系统桌面的组成以及桌面的基本操作和设置是掌握 Windows 10 操作系统的关键，如掌握窗口的操作、"开始"屏幕的操作、电脑显示设置、个性化设置及账户设置等。

3. 电脑操作

电脑操作，如熟练打字、管理办公文件及文件夹、安装程序等，只有掌握电脑的基本操作，才能使工作、学习、娱乐井然有序。

4. 网络管理

连接网络是用户上网冲浪必不可少的操作，用户需要掌握网络连接与设置、浏览器的使用、通过网络搜索各类资源、多媒体的使用、社交软件的使用等操作。

5. 系统维护

电脑维护是成为电脑办公高手必不可少的技能，掌握电脑维护的操作可以提高电脑的运行速度并减少故障的发生，从而提高工作效率和速度。

6. 电脑保养及数据维护

要想成为电脑高手，就必须具备电脑硬件的维护知识，如台式电脑、笔记本、办公设备的保养，以及数据的安全及共享操作，如数据的加密与解密、同步数据和备份数据等。

0.2 新手如何学习 Windows 10

作为一名新手，在学习 Windows 10 操作系统的过程中，一定要有一个明确的学习思路和准则，这样才能提高学习效率，在最短的时间成为一名 Windows 10 操作系统使用高手。

首先，新手一定要先去了解操作系统的基础知识。不少初学者在学习操作系统的过程中，

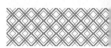

总是先拿着一本类似操作指南的资料去练习系统的操作方法和技巧，如需要了解 Windows 10 操作系统的新功能，以及如何安装或升级到 Windows 10 操作系统，仅靠书本上的知识，是不会深刻理解操作系统是如何使用的。

其次，要清楚认识操作系统的基本设置。通过对操作系统的基本设置的学习，用户可以根据需要定制个性化的桌面，以及管理电脑中的文件及数据。

再次，全面了解操作系统的使用。操作系统是人机交互的接口，因此全面掌握网络应用及系统优化的操作，是学习 Windows 10 操作系统的重要部分。这样才能使操作系统更好地为用户服务，满足用户工作、学习、休闲娱乐的需求。

最后，要学会理论与实践相结合。Windows 10 操作系统的学习一定不能离开电脑，仅看学习资料是远远不够的，要有计划地进行上机操作，反复练习，才能提高 Windows 10 操作水平。

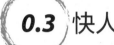 快人一步：Windows 10 常用快捷键

Windows 10 操作中包含很多快捷键，掌握 Windows 10 操作中的快捷键，可以提高操作效率，快人一步精通 Windows 10 的使用方法与技巧。

1. 常用的 Windows 快捷键 / 组合键操作

快捷键 / 组合键	功能	功能描述
Windows	桌面操作	桌面与【开始】菜单切换按键
Windows+，	桌面操作	临时查看桌面
Windows+B	桌面操作	鼠标指针移至通知区域
Windows+Ctrl+D	桌面操作	创建新的虚拟桌面
Windows+Ctrl+F4	桌面操作	关闭当前虚拟桌面
Windows+Ctrl+ ← / →	桌面操作	切换虚拟桌面
Windows+D	桌面操作	显示桌面，第二次按此组合键恢复桌面（不恢复开始屏幕应用）
Windows+L	桌面操作	锁定 Windows 桌面
Windows+T	桌面操作	切换任务栏上的程序
Windows+P	窗口操作	多显示器的切换
Windows+M	窗口操作	最小化所有窗口
Windows+Home	窗口操作	最小化所有窗口，第二次按此组合键恢复窗口（不恢复开始屏幕应用）
Windows+ ←	窗口操作	最大化窗口到左侧的屏幕上（与开始屏幕应用无关）
Windows+ →	窗口操作	最大化窗口到右侧的屏幕上
Windows+A	打开功能	打开操作中心
Windows+Alt+Enter	打开功能	打开【任务栏和"开始"菜单属性】对话框
Windows+Break	打开功能	显示【系统属性】对话框
Windows+C	打开功能	唤醒 Cortana 至迷你版聆听状态
Windows+E	打开功能	打开此电脑
Windows+H	打开功能	打开共享栏
Windows+I	打开功能	快速打开【设置】对话框

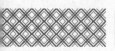

续表

快捷键／组合键	功能	功能描述
Windows+K	打开功能	打开连接栏
Windows+Q	打开功能	快速打开搜索框
Windows+R	打开功能	打开【运行】对话框
Windows+S	打开功能	打开 Cortana 主页
Windows+Tab	打开功能	打开任务视图
Windows+U	打开功能	打开【轻松使用设置中心】对话框
Windows+X	打开功能	打开开始快捷菜单
Windows+Enter	打开功能	打开"讲述人"
Windows+Space	输入法切换	切换输入语言和键盘布局
Windows+ –	放大镜操作	缩小（放大镜）
Windows+ +	放大镜操作	放大（放大镜）
Windows+Esc	放大镜操作	关闭（放大镜）

2. 功能键区的操作

快捷键	功能描述
Esc	撤销某项操作、退出当前环境或返回原菜单
F1	搜索"在 Windows 10 中获取帮助"
F2	重命名选定项目
F3	搜索文件或文件夹
F4	在 Windows 资源管理器中显示地址栏列表
F5	刷新活动窗口
F6	在窗口中或桌面上循环切换屏幕元素

3. 常用的【Alt】【Ctrl】和【Shift】组合键

快捷键／组合键	功能描述
Alt+D	选择地址栏
Alt+Enter	显示所选项的属性
Alt+Esc	以项目打开的顺序循环切换项目
Alt+F4	关闭活动项目或者退出活动程序
Alt+P	显示 / 关闭预览窗格
Alt+Tab	切换桌面窗口
Alt+Space	为活动窗口打开快捷方式菜单
Ctrl+A	选择文档或窗口中的所有项目
Ctrl+Alt+Tab	使用箭头键在打开的项目之间切换
Ctrl+D	删除所选项目并将其移动到"回收站"
Ctrl+E	选择搜索框
Ctrl+Esc	桌面与【开始】菜单切换按键
Ctrl+F	选择搜索框
Ctrl+F4	关闭活动文档

续表

快捷键／组合键	功能描述
Ctrl+N	打开新窗口
Ctrl+Shift	在启用多个键盘布局时切换键盘布局
Ctrl+Shift	加某个箭头键选择一块文本
Ctrl+Shift+E	显示所选文件夹上面的所有文件夹
Ctrl+Shift+Esc	打开任务管理器
Ctrl+Shift+N	新建文件夹
Ctrl+Shift+Tab	在选项卡上向前移动
Ctrl+Tab	在选项卡上向后移动
Ctrl+W	关闭当前窗口
Ctrl+C	复制选择的项目
Ctrl+X	剪切选择的项目
Ctrl+V	粘贴选择的项目
Ctrl+Z	撤销操作
Ctrl+Y	重新执行某项操作
Ctrl+ 鼠标滚轮	更改桌面上的图标大小
Ctrl+ ↑	将光标移动到上一个段落的起始处
Ctrl+ ↓	将光标移动到下一个段落的起始处
Ctrl+ →	将光标移动到下一个字词的起始处
Ctrl+ ←	将光标移动到上一个字词的起始处
Shift+Tab	在选项上向后移动
Shift+Delete	将所选项目直接删除
Shift+F10	选中项目的右菜单

4. Microsoft Edge 的快捷键

快捷键／组合键	功能描述
Alt+ →	前进到下一页面
Ctrl+0	重置页面缩放级别，恢复 100%
Ctrl+1，2，3…8	切换到指定序号的标签
Ctrl+9	切换到最后一个标签
Ctrl+D	将当前页面添加到收藏夹或阅读列表
Ctrl+E	在地址栏中执行搜索查询
Ctrl+F	在页面上查找
Ctrl+G	打开阅读列表面板
Ctrl+H	打开历史记录面板
Ctrl+J	打开下载列表页面
Ctrl+K	重复打开当前标签页
Ctrl+L/Alt+D 或 F4	选中地址栏内容
Ctrl+N	新建窗口
Ctrl+P	打印当前页面

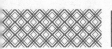
续表

快捷键／组合键	功能描述
Ctrl+R 或 F5	刷新当前页
Ctrl+Shift+P	新建 InPrivate(隐私) 浏览窗口
Ctrl+Shift+R	进入阅读模式
Ctrl+Shift+Tab	切换到上一个标签
Ctrl+Shift+ 左击	在新标签页中打开链接，并导航至新标签页
Ctrl+T	新建标签页
Ctrl+Tab	切换到下一个标签
Ctrl+W	关闭当前标签页
Ctrl+ 加号 (+)	页面缩放比例增加 25%
Ctrl+ 减号 (−)	页面缩放比例减小 25%
Ctrl+ 左击	在新标签中打开链接
Esc	停止加载页面

0.4 如何解决 Windows 10 学习中的疑难杂症

特别对于新手而言，在学习 Windows 10 操作系统的过程中，难免遇到各种各样的疑难杂症，这时不要慌乱，沉稳面对困难。只要有一套合理的解决思路，大部分疑难问题都可以轻松解决。

1. 善于使用官方帮助

读者在实际操作的过程中，可以在搜索框中输入问题或者关键字，从 Microsoft、Web 和 Cortana 获取解答，如下图所示。

用户也可以使用"使用技巧"应用提供的使用技巧，帮助充分了解和使用电脑。单击【开始】按钮，输入"使用技巧"，然后

选择结果列表顶部的"使用技巧"，即可打开【使用技巧】应用，如下图所示。

在【使用技巧】应用中，用户可以在"推荐"或"集锦"中选择使用技巧类别，也可以在右上角的搜索框中搜索使用技巧，如下图所示。在浏览技巧时，每个使用技巧都有一个按钮，只需单击即可查看内容。

用户还可以在下图所示的"support.microsoft.com/windows"页面中查看更加复杂问题的答案、浏览不同类别的支持内容，对熟练操作 Windows 10 有很大帮助。

另外，Windows 10 为用户提供了一些常见的疑难问题，在使用中如果遇到这些常见的系统问题，可以借助"疑难解答"，自动修复存在的问题。其启用方法是：按【Windows+I】组合键，打开【设置】界面，选择【更新和安全】→【疑难解答】选项，选择要解决的问题，在其右下侧，单击【运行疑难解答】按钮，即可进行检测和修复，如下图所示。

0.5 如何阅读本书

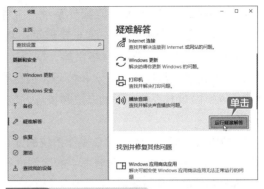

2. 借助于互联网

如果官方指导方案中没有相关的解决方法，此时可以使用网络查找解决方法。使用百度搜索引擎，读者只需要组织好关键词，百度将会提供相关的解决方法。例如，当电脑桌面中的声音小图标不存在时，可以在百度中搜索，即可看到如下图所示的很多解决方案。

3. 论坛交流

读者要学会在论坛中交流经验。有些问题出现的概率很低，所以可能网上没有相关的解决方法，这时读者可以在电脑学习方面的论坛中把问题描述清楚，寻求电脑高手的帮助。

读者在没有学习这本书之前，需要先了解这本书整体的写作思路和构架。这本书首先从 Windows 10 操作系统中最基础的电脑操作系统知识讲起，包括认识与安装 Windows 10 操作

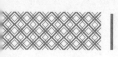

系统、轻松掌握 Windows 10 操作系统、个性化设置操作系统、输入法的认识和使用、管理电脑中的文件资源及软件的安装与管理等；其次讲解 Windows 10 操作系统的网络应用，包括网络的连接与设置、开启网络之旅、网络的生活服务、多媒体和网络游戏、网络沟通和交流等；再次讲述系统优化的方法和技巧，包括电脑的优化与维护、备份和还原等；最后讲述成为 Windows 10 操作系统高手的方法和技巧，包括电脑硬件的保养与维护、数据的维护与跨平台同步等。

  如果读者对 Windows 10 操作系统的知识一无所知，建议读者从头开始学习，按照章节的规划，一步步去学习，多跟着书中的案例进行实战演练，在实际操作的过程中去理解 Windows 10 操作系统的应用技能。

  如果读者对操作系统有了初步的掌握，只是还没有用过最新的 Windows10 操作系统，建议读者有选择地进行学习，重点学习 Windows10 操作系统的新功能，特别是与以往操作系统相比改进的地方。最后就是掌握好系统的优化和安全等方面的知识，尽快成为一名 Windows 10 操作系统的高手。

第1篇

快速入门篇

　　本篇主要介绍电脑基础知识，通过本篇内容的学习，读者可以全面认识电脑、掌握 Windows 10 操作系统、个性化设置操作系统、学习输入法的知识、管理电脑中的文件资源、安装与管理软件。

第1章
全新开始——认识与安装 Windows 10 操作系统

📖 本章导读

在使用 Windows 10 操作系统之前，首先要对 Windows 操作系统的发展有一定的了解，然后掌握 Windows 10 操作系统的新增功能，以及升级和安装 Windows 10 的方法。

✈ 思维导图

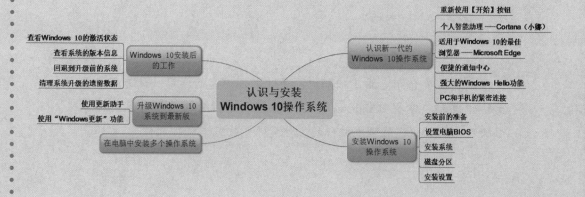

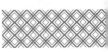

1.1 认识新一代的 Windows 10 操作系统

Windows 10 是 2015 年 7 月 29 日推出的一款新一代操作系统，经过了多次版本的更迭，目前最新版本为 2019 年 10 月更新版，版本号为 1909。Windows 10 操作系统在不断地更新中，力求为用户带来更好的视觉感受和使用体验。

1. 重新使用【开始】按钮

Windows 10 重新使用了【开始】按钮，但采用全新的【开始】菜单，在菜单右侧增加了 Modern 风格的区域，改进的传统风格与新的现代风格有机地结合在一起。既照顾了 Windows 7 等老版本用户的使用习惯，同时又考虑到 Windows 8、Windows 8.1 用户的习惯，下图所示为 Windows 10 开始屏幕。

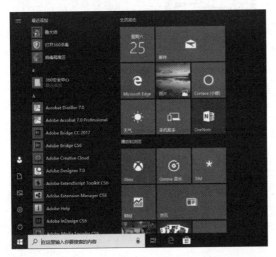

2. 个人智能助理——Cortana（小娜）

在 Windows 10 中，增加了个人智能助理——Cortana（小娜）。它能够了解用户的喜好和习惯、帮助用户进行日程安排、回答问题、查找文件、与用户聊天、推送资讯等，还可以记录用户的行为和使用习惯，实现人机交互，下图所示为 Cortana 查询的天气情况。

3. 适用于 Windows 10 的最佳浏览器——Microsoft Edge

Windows 10 提供了一种新的上网方式——Microsoft Edge，它是一款新推出的 Windows 浏览器，用户可以更方便地浏览网页、阅读、分享、做笔记等，而且适配 Windows 10、iOS 和 Android 设备，为用户提供统一、无缝的浏览体验，如下图所示。

4. 便捷的通知中心

在 Windows 10 操作系统中提供了通知中心功能，可以显示信息、更新内容、电子邮件和日历等推送信息。在任务栏中，单击【通知】图标，即可打开通知栏，如下图所示。

5. 强大的 Windows Hello 功能

Windows 10 新增了 Windows Hello 功能，可以使用户快速登录 Windows 设备，比使用密码要快得多。启动 Windows Hello 功能后，可以使用摄像头来识别面部或者使用指纹读取器识别指纹信息，快速安全地登录笔记本电脑、平板、应用及网站等，而且还可以进行应用程序的购买。另外，用户可以使用智能手环、智能手表、手机及其他配套设备快速解锁 Windows 电脑，无须使用密码。

6. PC 和手机的紧密连接

Windows 10 每次更新，都强化了对手机的支持，加强了手机和 PC 的协作，如可以使用 Microsoft Launcher 应用，在手机上轻松访问资讯、活动和 Microsoft 应用等；使用"在电脑上继续任务"应用，可以将手机中的网站、搜索和文章转发到 PC，以便在更大的屏幕上查看和编辑；使用微软验证应用，可以快速安全地联机验证所有账户身份，如下图所示。

此外，Windows 10 操作系统中还新增了设置界面、3D 应用、Windows Defender 安全防护、专注助手、时间线、就近共享、墨迹书写、人脉等多种新功能，可以带给用户更好的操作体验。

实战 1：安装 Windows 10 操作系统

Windows 10 主要有专业版、加强版，用户根据需要选择版本后，可以根据以下的方法进行系统安装。

1.2.1 安装前的准备

Windows 10 操作系统对电脑的配置要求并不高，能够安装 Windows 7 和 Windows 8 操作系统的电脑都能够安装 Windows 10，硬件配置要求具体如下表所示。

处理器	1GHz 或更快的处理器或 SoC
内存	1GB（32 位）或 2GB（64 位）
硬盘空间	16GB（32 位操作系统）或 20GB（64 位操作系统）
显卡	Direct X9 或更高版本（包含 WDDM 1.0 驱动程序）
显示器	800×600 分辨率

1.2.2 重点：设置电脑 BIOS

使用光盘或 U 盘安装 Windows 10 操作系统之前首先需要将电脑的第一启动设置为光驱启动，可以通过设置 BIOS，将电脑的第一启动顺序设置为光驱启动。设置电脑 BIOS 的具体操作步骤如下。

第 1 步 按主机箱的开机键，在首界面按【Delete】键，进入 BIOS 设置界面。选择【BIOS 功能】选项，在下方【选择启动优先顺序】列表中单击【启动优先权 #1】后面的 SCSIDIS... 按钮，如下图所示。

第 2 步 弹出【启动优先权 #1】对话框，在列表中选择要优先启动的介质，这里选择【TSSTcorpCDDVDW SN-208AB LA02】选项，设置 DVD 光驱为第一启动，如下图所示。

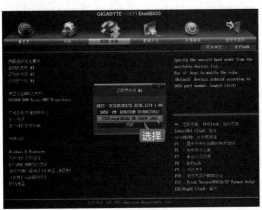

> **提示**
>
> 如果是 DVD 光盘，则设置 DVD 光驱为第一启动；如果是 U 盘，则设置 U 盘为第一启动。选项中包含"DVD"字样，则是 DVD 光驱，选项中包含 U 盘的名称，则是 U 盘项。

第 3 步 设置完毕后，按【F10】键，弹出【储存并离开 BIOS 设定】对话框，单击【是】按钮，完成 BIOS 设置，此时就完成了将光驱设置为第一启动的操作，再次启动电脑时将从光驱启动，如下图所示。

1.2.3 重点：安装系统

设置 BIOS 启动项之后，就可以开始使用光驱安装 Windows 10 操作系统，具体操作步骤如下。

第1步 将 Windows 10 操作系统的安装光盘放入光驱中，重新启动计算机，出现"Press any key to boot from CD or DVD……"提示后，按任意键开始从光盘启动安装，如下图所示。

> **提示**
>
> 如果是 U 盘安装介质，将 U 盘插入电脑 USB 接口，并设置 U 盘为第一启动后，打开电脑电源键，屏幕中出现"Start booting from USB device…"提示，并自动加载安装程序。

第2步 开始加载 Windows 10 安装程序，加载进入启动界面，此时用户不需要执行任何操作，如下图所示。

第3步 启动完成后，将会弹出【Windows 安装程序】界面，以保持默认，单击【下一步】

按钮，如下图所示。

第4步 显示【现在安装】按钮，如果要立即安装 Windows 10，则单击【现在安装】按钮；如果要修复系统错误，则单击【修复计算机】选项，这里单击【现在安装】按钮，如下图所示。

第5步 进入【激活 Windows】界面，输入购买 Windows 10 系统时微软公司提供的密钥，单击【下一步】按钮，如下图所示。

| 提示 |

密钥一般在产品包装背面或者电子邮件中。

第6步 进入【适用的声明和许可条款】界面，选中【我接受许可条款】复选项，单击【下一步】按钮，如下图所示。

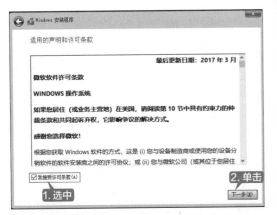

第7步 进入【你想执行哪种类型的安装？】界面，如果要采用升级的方式安装 Windows 10 操作系统，可以单击【升级】选项。这里选择【自定义：仅安装 Windows（高级）】选项，如下图所示。

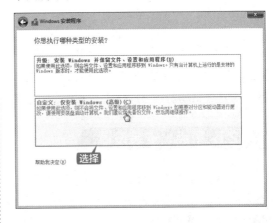

1.2.4 重点：磁盘分区

在安装 Windows 10 系统的过程中通常需要选择安装位置，默认情况下系统是安装在 C 盘中的，当然，用户也可以自定义安装到其他硬盘分区中，如果其他硬盘分区中有其他文件，还需要将分区格式化处理。如果是没有分区的硬盘，则首先需要将硬盘分区，然后选择系统盘——C 盘，具体操作步骤如下。

第1步 进入【你想将 Windows 安装在哪里？】界面，此时的硬盘是没有分区的新硬盘，首先要进行分区操作。如果是已经分区的硬盘，只需要选择要安装的硬盘分区，单击【下一步】按钮即可。这里单击【新建】按钮，如下图所示。

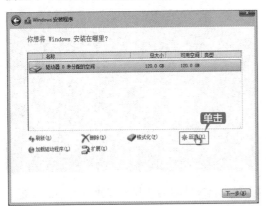

按钮，再单击【下一步】按钮，如下图所示。

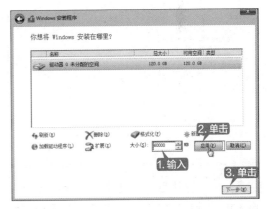

| 提示 |

安装 Windows 10 操作系统时，建议系统盘容量在 50GB 以上。

第2步 在下方显示用于设置分区大小的参数，在【大小】文本框中输入"60000"，单击【应用】

第3步 弹出信息提示框，提示用户"若要确保 Windows 的所有功能都能正常使用，

Windows 可能要为系统文件创建额外的分区"。单击【确定】按钮，如下图所示。

一步】按钮，如下图所示。

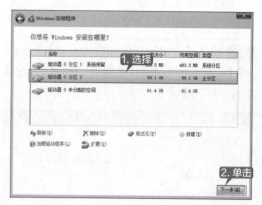

第4步 可看到新建的分区，选择需要安装系统的分区【驱动器 0 分区 2】选项，单击【下

1.2.5 重点：安装设置

选择系统安装位置后，就可以开始安装 Windows 10 操作系统。安装完成后，还需要进行系统的设置才能进入 Windows 10 桌面，具体操作步骤如下。

第1步 接上一节操作，单击【下一步】按钮之后，即可打开【正在安装 Windows】界面，自动开始执行复制 Windows 文件、准备安装的文件、安装功能、安装更新、正在完成等操作，此时，用户只需等待自动安装即可，如下图所示。

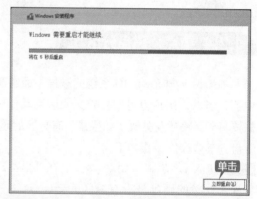

第3步 电脑重启后，需要等待系统进一步安装设置，此时，也不需要用户执行任何操作，如下图所示。

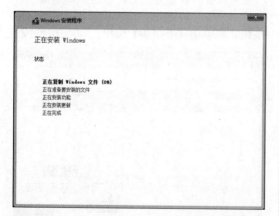

第2步 安装完毕后，弹出【Windows 需要重启才能继续】对话框，单击【立即重启】按钮或者等待系统 10 秒后自动重启，如下图所示。

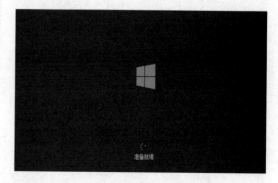

第4步 准备就绪后将显示【快速上手】界面，系统提示用户可进行的自定义设置。可以单击【自定义设置】按钮，了解详细信息，也

可以单击【使用快速设置】按钮。这里单击【使用快速设置】按钮，如下图所示。

第 5 步 此时，系统则会自动获取关键更新。并打开【谁是这台电脑的所有者？】界面，选择【我拥有它】选项，并单击【下一步】按钮，如下图所示。

第 6 步 进入【个性化设置】界面，用户可以输入 Microsoft 账户，如果没有可单击【创建一个】超链接进行创建，如果没有网络可以单击【跳过此步骤】链接，这里单击【跳过此步骤】链接，如下图所示。

第 7 步 进入【为这台电脑创建一个账户】界面，输入要创建的用户名、密码和提示内容，单击【下一步】按钮，如下图所示。

第 8 步 进入 Windows 10 桌面，并显示【网络】窗口，提示用户是否启用网络发现协议，单击【是】按钮，如下图所示。

第 9 步 完成安装后设置，至此，就完成了使用光驱安装 Windows 10 操作系统的操作，可显示 Windows 10 系统桌面，如下图所示。

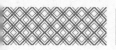

1.3 实战 2：Windows 10 安装后的工作

升级或安装 Windows 10 操作系统后，可以查看 Windows 10 的激活状态，如果不希望使用 Windows 10 系统，还可以回退到升级前的系统，本节介绍安装 Windows 10 系统后的操作。

1.3.1 查看 Windows 10 的激活状态

升级或安装 Windows 10 操作系统后，可以查看 Windows 10 是否已经激活，如果没有激活，将会影响操作系统的正常使用，需要用户根据提示进行激活操作。查看 Windows 10 激活状态的具体操作步骤如下。

第 1 步 按【Windows+I】组合键，打开【设置】面板，选择【更新和安全】选项，如下图所示。

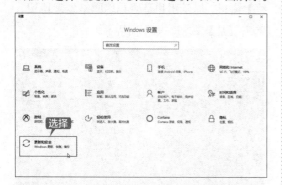

第 2 步 进入【设置 - 更新和安全】面板，单

击【激活】选项，在右侧显示 Windows 10 操作系统的激活状态。如果显示"激活"，则表示安装的 Windows 10 操作系统处于激活状态，如下图所示。

1.3.2 新功能：查看系统的版本信息

Windows 10 操作系统包含了很多版本，如创意者更新版、秋季版、四月正式版等，用户可以查看当前系统的版本号，也可以方便以后选择是否升级最新的版本。具体操作步骤如下。

第 1 步 单击桌面的【此电脑】图标或者按【Windows+E】组合键进入【文件资源管理器】窗口，如下图所示。

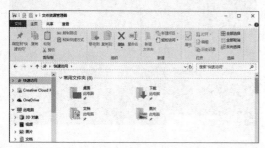

第 2 步 选择【文件】选项卡，在弹出的列表中选择【帮助】→【关于 Windows】选项，如下图所示。

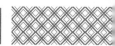

第 3 步 弹出如下对话框，可以看到显示的当前版本为 1809，如下图所示。

另外，也可以在【设置】面板中查看版本号信息。打开【设置 – 系统】面板，选择【关于】选项卡，在右侧【Windows 规格】区域中，可看到版本信息，如下图所示。

1.3.3 回退到升级前的系统

使用 Windows 7 或以上系统升级到 Windows 10 之后，如果对升级后的系统不满意，还可以回退到升级前的系统。回退后的系统仍然保持激活状态。

1. 回退需要满足的条件

如果要回退到升级前的系统，要满足以下条件。

（1）升级到 Windows 10 操作系统时产生的 "$Windows~BT" 和 "Windows.old" 文件夹没有被删除，如果这两个文件夹已删除，则不能执行回退操作。

（2）在升级到 Windows 10 操作系统后，回退功能有效期为一个月，因此，只能在升级后一个月内执行回退操作。

2. 回退操作

Windows 10 操作系统提供了回退功能，方便将升级后的系统回退到升级前的版本。具体操作步骤如下。

第 1 步 按【Windows+I】组合键，打开【设置】面板，选择【更新和安全】选项，如下图所示。

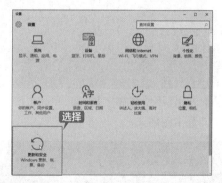

第 2 步 进入【设置 – 更新和安全】面板，选择【恢复】选项卡，在右侧【回退到 Windows 7】区域中单击【开始】按钮，如下图所示。

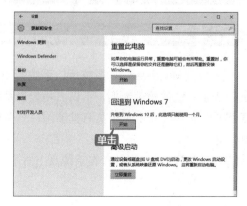

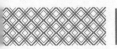

第3步 弹出【你为何要回退？】界面，单击选中要回退的原因，单击【下一步】按钮，如下图所示。

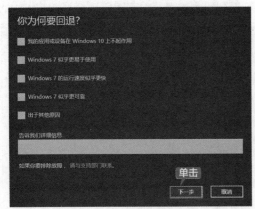

第4步 弹出【你需要了解的内容】界面，单击【下一步】按钮，如下图所示。

第5步 弹出【不要被锁定】界面，单击【下一步】按钮，如下图所示。

第6步 弹出【感谢试用 Windows 10】界面，单击【回退到 Windows 7】按钮，如下图所示。

提示

回退的全过程需要有稳定的电源支持，否则将回退失败，因此笔记本和平板电脑需要在接入电源线的状态下执行回退操作，电池模式不允许回退。

第7步 系统将会自动重启，并开始回退操作。回退结束后，可重新进入 Windows 7 系统，如下图所示。

1.3.4 重点：清理系统升级的遗留数据

升级到 Windwos 10 系统后，系统盘下会产生一个"Windows.old"文件夹，该文件夹保留了之前系统的相关数据，不仅占用大量系统盘容量，而且无法直接删除，如果不需要执行回退操作，可以使用磁盘工具将其清除，节省磁盘空间，清理系统升级遗留数据的具体操作步骤如下。

第1步 打开【此电脑】窗口，在系统盘上右击，在弹出的快捷菜单中选择【属性】选项，如下图所示。

第2步 弹出【属性】对话框，单击【常规】选项卡下的【磁盘清理】按钮，如下图所示。

第3步 弹出【磁盘清理】对话框，系统将开始扫描系统盘，如下图所示。

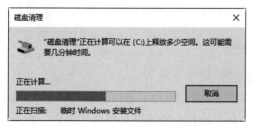

第4步 扫描完成后，弹出【磁盘清理】对话框，单击【清理系统文件】按钮，如下图所示。

第5步 再次扫描系统完成后，在【要删除的文件】列表中选中【以前的 Windows 安装】复选框，并单击【确定】按钮，如下图所示。在弹出的【磁盘清理】提示框中，单击【确定】按钮，即可进行清理。

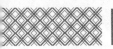

1.4 实战 3（重点）：升级 Windows 10
系统到最新版本

如果 Windows 10 推出了新版本，用户可以自己手动进行更新，这样可以确保自己第一时间体验新功能。更新最新版本的方法有以下两种。

1. 使用更新助手

微软公司为了方便用户更新系统，提供了"更新助手"工具，用户可以在微软官方网站下载该工具，并进行系统更新，具体操作步骤如下。

第1步 打开微软软件下载页面（https://www.microsoft.com/zh-cn/software-download/windows10），单击页面中的【立即更新】超链接，如下图所示。

第2步 在页面下方弹出的对话框中，单击【运行】按钮，下载并运行更新助手工具，如下图所示。

第3步 在弹出的【微软 Windows 10 易升】软件对话框中，单击【立即更新】按钮，如下图所示。

第4步 软件检测电脑的兼容性后，如果 CPU、内存及磁盘空间正常的话，则可直接单击【下一步】按钮，如下图所示。如果检测不满足条件，则根据提示进行操作，如释放磁盘空间。

第5步 软件下载 Windows 10 更新，并显示进度。如果当前电脑有其他操作，可单击【最小化】按钮，将其缩小到通知栏中，如下图所示。

第6步 软件下载并配置成功后，单击【立即重新启动】按钮，如下图所示。

第7步 电脑会自动重启并开始更新程序，此时可以等待更新，无须任何操作，如下图所示。

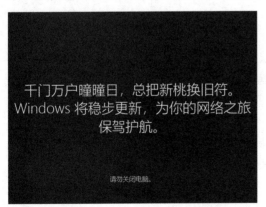

第8步 更新完成后，进入系统桌面，看到如下图所示的提示。单击【退出】按钮，完成系统升级。

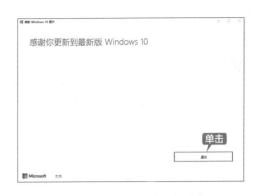

2. 使用"Windows 更新"功能

用户可以使用"Windows 更新"功能，检查更新以获取最新的信息，具体操作步骤如下。

第1步 按【Windows+I】组合键，打开【设置】面板，然后选择【更新和安全】选项，如下图所示。

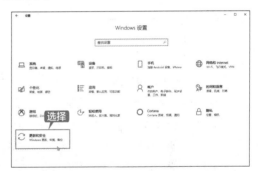

第2步 进入【设置－更新和安全】面板，选择【Windows 更新】选项，在右侧区域中单击【检查更新】按钮，进行系统检查，并根据提示升级，如下图所示。

在电脑中安装多个操作系统

虽然 Windows 10 是目前最新的操作系统，给用户带来了很好的体验。不过有的用户既希望保留原有的系统，也希望体验新系统的强大和便利，此时，可以给电脑安装多个操作系统，如 Windows 7 和 Windows 10 双系统。

1. 多系统的安装原则

在计算机中安装多操作系统时，容易造成系统无法运行，所以安装多操作系统应遵循以下原则，避免安装和使用时出现问题。

（1）保持系统盘的清洁

在系统盘中减少存储资料，这样不仅可以减轻系统盘的负担，而且在系统崩溃或要格式化系统盘时，也不用担心会丢失重要资料。

（2）多系统安装在不同的分区中

由于 Windows 系统有很多相同的目录结构，在启动系统时无法判断正在启动哪一个操作系统，因此安装多系统时应当将每个操作系统单独存在于一个分区之中，避免发生文件的冲突。

（3）安装不同的操作系统

在安装多操作系统时，应该安装不同的操作系统，这样安装会比较容易和安全。

（4）由低到高原则安装

安装多操作系统时一般按照从低到高的顺序安装，先安装较低版本的系统，如 Windows 7 与 Windows 8 操作系统共存时，先安装 Windows 7 操作系统，然后安装 Windows 8 操作系统，按照这种方式安装操作系统可以避免文件的冲突。

（5）指定操作系统安装位置原则

在已有操作系统中安装其他操作系统时，可以指定新装操作系统的安装位置，如果在 DOS 中安装多操作系统，某些系统将被默认安装在 C 盘中，C 盘中原有的文件将被覆盖，从而无法安装多操作系统。

（6）安装多系统的流程

安装多系统有全新安装和在原有系统的基础上安装两种方法，全新安装主要是系统需要从低版本到高版本进行安装，在原系统的基础上安装，需要在安装完成后对系统引导设置进行更改。

全新安装操作系统流程，如下图所示。

在原有系统的基础上安装操作系统流程，如下图所示。

2. 安装多系统的方法

下面以在已经安装 Windows 7 操作系统的电脑中安装 Windows 10 操作系统为例介绍下多系统的安装操作步骤，具体操作步骤如下。

第1步 安装 Windows 7 系统并进入，在【计算机】窗口选择磁盘作为 Windows 10 的系统盘，由于这里有两个磁盘，而且 C 盘是 Windows 7 的系统盘，因此"本地磁盘 D"就作为 Windows 10 系统的系统盘，在选择安装磁盘时必须是空白磁盘，因为在安装过程中磁盘的文件会丢失，如下图所示。

第2步 弹出【Windows 安装程序】对话框，保持默认设置，单击【下一步】按钮，如下图所示。

第3步 在弹出的对话框中，单击【现在安装】按钮，如下图所示。

第4步 稍后进入【激活 Windows】界面，需要在此界面中输入 Windows 10 操作系统的产品密钥，然后单击【下一步】按钮，如下图所示。

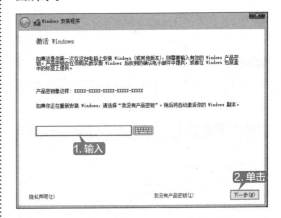

第5步 稍后进入【适用的声明和许可条款】界面，在此页面选中【我接受许可条款】复选框，并单击【下一步】按钮，如下图所示。

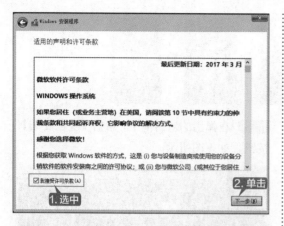

第6步 接下来进入【你想执行哪种类型的安装？】界面，这里选择【自定义：仅安装 Windows（高级）】选项，如下图所示。

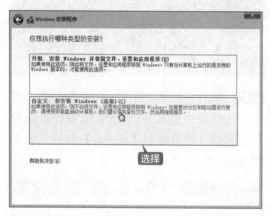

第7步 弹出【你想将 Windows 安装在哪里？】对话框，在列表中选择安装位置，在这里选择【驱动器 0 分区 3】选项，如下图所示。

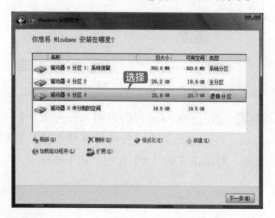

第8步 开始安装 Windows 10 操作系统，进入【正在安装 Windows】界面，显示安装进度，

等待系统安装即可，如下图所示。

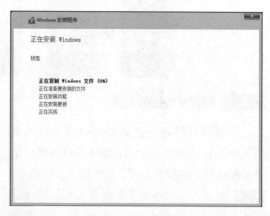

第9步 安装完成后，电脑在启动过程中可以选择需要使用的系统，如选择【Windows 10】，如下图所示。

第10步 进入 Windows 10 系统桌面，如下图所示。

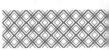

◇ 在 32 位系统下安装 64 位系统

如果当前系统为 32 位系统，但是想在电脑上安装 64 位系统，使用常规的方法将会提示无法安装，这时，可以使用 NT6 HDD Installer 硬盘安装器在 32 位系统下安装 64 位的系统，具体操作步骤如下。

第1步 将 Windows 10 光盘中的所有文件复制到非系统盘的根目录下，如下图所示。

| 提示 |

如果是 ISO 镜像文件，可以使用虚拟光驱软件复制安装文件，或者将其直接解压到非系统盘根目录中。

第2步 下载并运行 NT6 HDD Installer 软件，在弹出的窗口中选择【1. 安装 —— nt6 hdd installer 模式 1】选项，如下图所示。

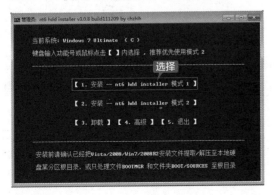

第3步 程序自动安装，安装完成之后单击【2. 重启】按钮，如下图所示。

第4步 此时，电脑会自动重启，在开机过程中使用方向键选择【nt6 hdd installer mode 1】选项。进入 Windows 10 安装界面，进行系统安装，如下图所示。具体安装步骤和 1.2 节的安装方法一致，这里不再赘述。

◇ 设置系统默认启动系统

电脑安装多系统后，每次启动电脑首先都会进入启动菜单管理页面，需要选择系统，如果超过选择设置时间，这时会进入默认操作系统，本节主要介绍在 Windows 10 下设置默认启动项，具体操作步骤如下。

第1步 按【Windows+Pause】组合键，打开【系统】面板，单击左侧的【高级系统设置】链接，如下图所示。

第 2 步 弹出【系统属性】对话框，默认选择【高级】选项卡。在【启动和故障恢复】栏中单击【设置】按钮，如下图所示。

第 4 步 选中【显示操作系统列表的时间】复选框后可设置默认时间，设置完成后单击【确定】按钮，系统默认设置启动顺序设置完成，如下图所示。如果取消选中【显示操作系统列表的时间】复选框，可直接跳过系统选择列表，直接进入默认操作系统。

第 3 步 弹出【启动和故障恢复】对话框，单击【默认操作系统】后的下拉按钮，可以看到当前电脑的操作系统列表，选择要设置的默认操作系统，如选择"Windows 10"，如下图所示。

第2章
快速入门——轻松掌握 Windows 10 操作系统

⊜ 本章导读

　　Windows 10 是美国微软公司研发的新一代跨平台及设备应用的操作系统，在正式版本发布一年内，所有符合条件的 Windows 7、Windows 8 的用户都将可以免费升级到 Windows 10。本章就来认识一下 Windows 10 操作系统。

● 思维导图

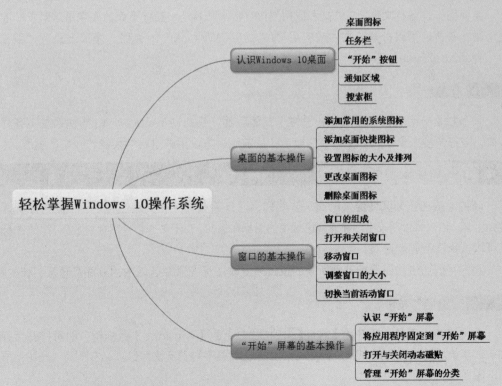

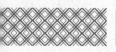

2.1 认识 Windows 10 桌面

电脑启动后，屏幕上显示的画面就是桌面，Windows 10 将屏幕模拟成桌面，放置了不同的小图标，将程序都集中在"开始"菜单中，如下图所示，即为 Windows 10 的桌面。

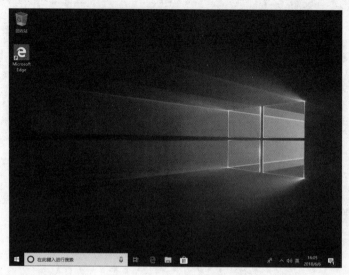

1. 桌面图标

桌面图标是各种文件、文件夹和应用程序等的桌面标志，图标下面的文字是该对象的名称，使用鼠标双击，可以打开该文件或应用程序。初装 Windows 10 系统，桌面上只有"回收站"和"Microsoft Edge"两个桌面图标。

2. 任务栏

任务栏是一个长条形区域，一般位于桌面底部，是启动 Windows 10 操作系统下各程序的入口，当打开多个窗口时，任务栏会显示在最前面，方便用户进行切换操作，如下图所示。

新的电脑在通知区域经常已有一些图标，而且某些程序在安装过程中会自动将图标添加到通知区域。用户可以更改出现在通知区域中的图标和通知，对于某些特殊图标（称为"系统图标"），还可以选择是否显示它们。

用户可以通过将图标拖动到所需的位置来更改图标在通知区域中的顺序及隐藏图标的顺序。

3. "开始"按钮

单击桌面左下角的【开始】按钮█或按键盘上的【Windows】徽标键，即可打开"开始"菜单，菜单左侧依次为用户账户头像、常用的应用程序列表及快捷选项，右侧为"开始"屏幕，如下图所示。

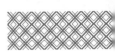

4. 通知区域

通知区域一般位于任务栏的右侧。它包含一些程序图标，这些程序图标提供网络连接、声音等事项的状态和通知。安装新程序时，可以将此程序的图标添加到通知区域，如下图所示。

新的电脑在通知区域经常已有一些图标，

而且某些程序在安装过程中会自动将图标添加到通知区域。用户可以更改出现在通知区域中的图标和通知，对于某些特殊图标（称为"系统图标"），还可以选择是否显示它们。

用户可以通过将图标拖动到所需的位置来更改图标在通知区域中的顺序及隐藏图标的顺序。

5. 搜索框

在 Windows 10 操作系统中，搜索框和 Cortana 高度集成，在搜索框中可以直接输入关键词或打开"开始"菜单输入关键词，即可搜索相关的桌面程序、网页、我的资料，单击结果即可查看，如下图所示。

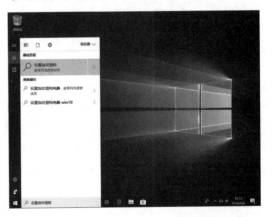

2.2 实战 1：桌面的基本操作

在 Windows 操作系统中，所有的文件、文件夹及应用程序都由形象化的图标表示，在桌面上的图标称为桌面图标，双击桌面图标可以快速打开相应的文件、文件夹或应用程序。

2.2.1 重点：添加常用的系统图标

刚装好 Windows 10 操作系统时，桌面上只有【回收站】和【Microsoft Edge】两个桌面图标，用户可以添加【网络】和【控制面板】等系统图标，具体操作步骤如下。

第1步 桌面空白处右击，在弹出的快捷菜单中选择【个性化】选项，如下图所示。

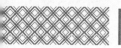

第2步 弹出【设置－个性化】面板，在其中选择【主题】选项卡，如下图所示。

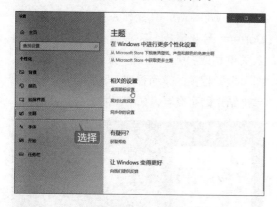

第4步 返回桌面，选择的图标即可在桌面上添加，如下图所示。

第3步 在【主题】面板内，找到【相关的设置】区域，单击【桌面图标设置】链接，弹出【桌面图标设置】对话框，在其中选中需要添加的系统图标复选框，并单击【确定】按钮，如下图所示。

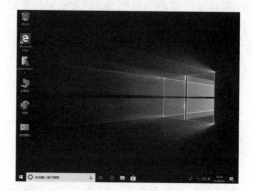

2.2.2 添加桌面快捷图标

为了方便使用，用户可以将文件、文件夹和应用程序的图标添加到桌面上。

1. 添加文件或文件夹图标

添加文件或文件夹图标的具体操作步骤如下。

第1步 右击需要添加的文件夹，在弹出的快捷菜单中选择【发送到】→【桌面快捷方式】选项，如下图所示。

第2步 此文件夹图标就添加到桌面了，如下图所示。

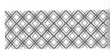

2. 添加应用程序桌面图标

用户也可以添加程序的快捷方式放置在桌面上，下面以添加【记事本】为例进行讲解，具体操作步骤如下。

第1步 单击【开始】按钮，在弹出的快捷菜单中选择【所有应用】→【Windows 附件】→【记事本】选项，如下图所示。

第2步 选择【记事本】选项，按住鼠标左键不放，将其拖曳到桌面上，如下图所示。

第3步 返回桌面，可以看到桌面上已经添加了一个【记事本】图标，如下图所示。

2.2.3 重点：设置图标的大小及排列

如果桌面上的图标比较多，会显得很乱，这时可以通过设置桌面图标的大小和排列方式等来整理桌面，具体操作步骤如下。

第1步 在桌面的空白处右击，在弹出的快捷菜单中选择【查看】选项，在弹出的子菜单中显示 3 种图标大小，包括大图标、中等图标和小图标，本实例选择【小图标】选项，如下图所示。

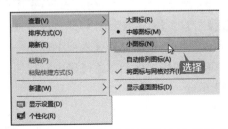

第2步 返回桌面，此时桌面图标已经以小图

标的方式显示，如下图所示。

第3步 在桌面的空白处右击，然后在弹出的快捷菜单中选择【排列方式】选项，弹出的

子菜单中有 4 种排列方式，分别为名称、大小、项目类型和修改日期，本实例选择【名称】选项，如下图所示。

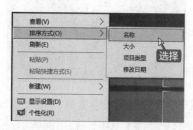

第4步 返回桌面，图标的排列方式将按【名称】

进行排列，如下图所示。

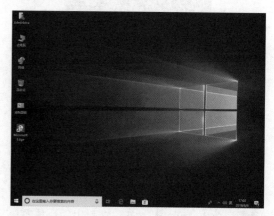

2.2.4 更改桌面图标

根据需要，用户还可以更改桌面图标的名称和标识等，具体操作步骤如下。

第1步 选择需要修改名称的图标并右击，在弹出的快捷菜单中选择【重命名】选项，如下图所示。

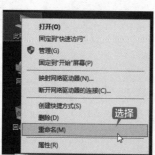

第2步 进入图标的编辑状态，直接输入名称，如下图所示。

第3步 按【Enter】键确认名称的重命名，如下图所示。

第4步 打开【桌面图标设置】对话框，在【桌面图标】选项卡中选择要更改标识的桌面图标，本实例选中【计算机】复选框，然后单击【更改图标】按钮，如下图所示。

第5步 弹出【更改图标】对话框，从【从以下列表选择一个图标】列表框中选择一个自己喜欢的图标，然后单击【确定】按钮，如下图所示。

第 6 步 返回桌面，可以看出【计算机】图标已经发生了变化，如下图所示。

2.2.5 删除桌面图标

对于不常用的桌面图标，可以将其删除，这样有利用管理，同时使桌面看起来更简洁美观。

1. 使用【删除】命令

这里以删除【记事本】图标为例进行讲解，具体操作步骤如下。

第 1 步 在桌面上选择【记事本】图标并右击，在弹出的快捷菜单中选择【删除】选项，如下图所示。

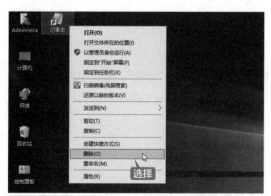

第 2 步 即可将桌面图标删除。删除的图标被放在【回收站】中，用户还可以将其还原，如下图所示。

2. 利用快捷键删除

选择需要删除的桌面图标，按【Delete】键，即可将图标删除。如果想彻底删除桌面图标，按【Delete】键的同时按【Shift】键，此时会弹出【删除快捷方式】对话框，提示"你确定要永久删除此快捷方式吗？"，单击【是】按钮，如下图所示。

3. 直接拖曳到"回收站"中

选择要删除的桌面图表，按住鼠标左键，直接拖曳至"回收站"图标中即可将其从桌面删除，如下图所示。

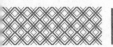

2.3 实战2：窗口的基本操作

在 Windows 10 操作系统中，窗口是用户界面中最重要的组成部分，对窗口的操作是最基本的操作。

2.3.1 窗口的组成

在 Windows10 操作系统中，显示屏幕被划分成许多框，即为窗口，每个窗口负责显示和处理某一类信息，用户可在任意窗口上工作，并在各窗口间交换信息。操作系统中有专门的窗口管理软件来管理窗口操作，窗口是屏幕上与一个应用程序相对应的矩形区域，是用户与产生该窗口的应用程序之间的可视界面。

下图所示是【此电脑】窗口，由标题栏、地址栏、工具栏、导航窗格、内容窗口、搜索框和状态栏等部分组成。

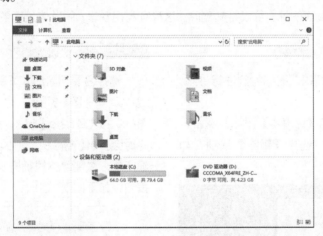

每当用户开始运行一个应用程序时，应用程序就创建并显示一个窗口；当用户操作窗口中的对象时，程序会做出相应的反应。用户通过关闭一个窗口来终止一个程序的运行，通过选择相应的应用程序窗口来选择相应的应用程序。

2.3.2 打开和关闭窗口

打开窗口的常见方法有两种，即利用【开始】菜单和桌面快捷图标。下面以打开【画图】窗口为例，讲述如何利用【开始】菜单打开窗口，具体操作步骤如下。

第1步 单击【开始】按钮，在弹出的菜单中选择【所有应用】→【Windows 附件】→【画图】选项，如下图所示。

第2步 打开【画图】窗口，如下图所示。

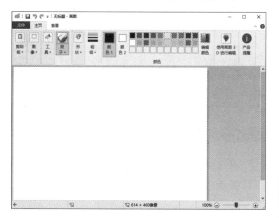

通过双击桌面上的【画图】图标，或者在【画图】图标上右击，在弹出的快捷菜单中选择【打开】选项，可以打开该软件的窗口，如下图所示。

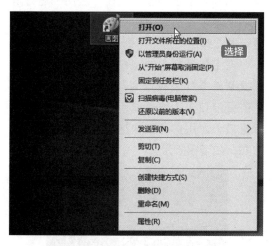

窗口使用完后，用户可以将其关闭。常见的关闭窗口的方法有以下几种。下面以关闭【画图】窗口为例来讲述。

1. 利用菜单命令

在【画图】窗口中选择【文件】选项卡，在弹出的菜单中选择【退出】选项，如下图所示。

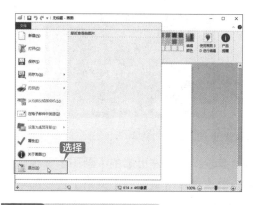

2. 利用【关闭】按钮

单击【画图】窗口右上角的【关闭】按钮，即可关闭窗口，如下图所示。

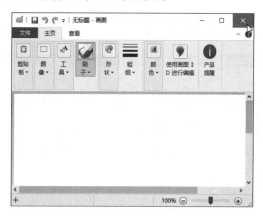

3. 利用【标题栏】

在标题栏上右击，在弹出的快捷菜单中选择【关闭】选项即可，如下图所示。

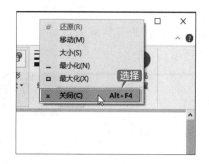

4. 利用任务栏

在任务栏上选择【画图】程序并右击，在弹出的快捷菜单中选择【关闭窗口】选项，如下图所示。

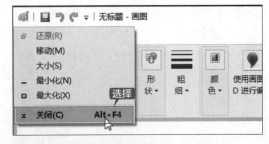

5. 利用软件图标

单击窗口最左上端的【画图】图标，在弹出的快捷菜单中选择【关闭】选项即可，如下图所示。

6. 利用键盘组合键

在【画图】窗口上按【Alt+F4】组合键，即可关闭窗口。

2.3.3 移动窗口

默认情况下，在 Windows 10 操作系统中，窗口是有一定透明性的，如果打开多个窗口，会出现多个窗口重叠的现象，对此，用户可以将窗口移动到合适的位置。具体操作步骤如下。

第1步 将鼠标放在需要移动位置的窗口的标题栏上，鼠标指针此时为 形状，如下图所示。

第2步 按住鼠标不放，将其拖曳到需要的位置，松开鼠标，即可完成窗口位置的移动，如下图所示。

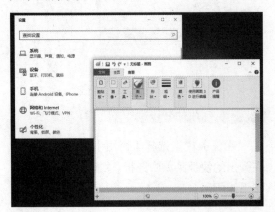

如果桌面上的窗口很多，运用上述方法移动很麻烦，此时用户可以通过设置窗口的显示形式对窗口进行排列。

在【任务栏】的空白处右击，在弹出的快捷菜单中有 3 种排列形式供选择，分别为【层叠窗口】【堆叠显示窗口】和【并排显示窗口】，用户可以根据需要选择一种排列方式，如下图所示。

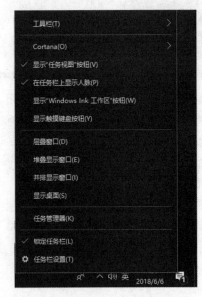

2.3.4 重点：调整窗口的大小

默认情况下，打开的窗口大小和上次关闭时的大小一样。用户可以根据需要调整窗口的大小，下面以设置【画图】软件的窗口为例，讲述设置窗口大小的方法。

1. 利用窗口按钮设置窗口大小

【画图】窗口右上角的按钮包括【最大化】【最小化】和【还原】3 个按钮。单击【最大化】按钮 □，则【画图】窗口将扩展到整个屏幕，显示所有的窗口内容，此时最大化窗口变成【还原】按钮 ❐，单击该按钮，即可将窗口还原到原来的大小。

单击【最小化】按钮 －，则【画图】窗口会最小化到【任务栏】栏上，用户要想显示窗口，需要单击【任务栏】上的程序图标，如下图所示。

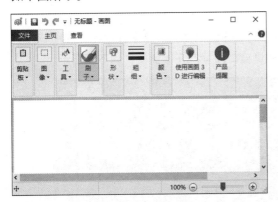

2. 手动调整窗口的大小

除了使用最大化和最小化按钮，还可以使用鼠标拖曳窗口的边框，任意调整窗口的大小。用户将鼠标指针移动到窗口的边缘，鼠标指针变为 ↕ 或 ↔ 形状时，可上下或左右移动边框以纵向或横向改变窗口大小。鼠标指针移动到窗口的四个角时，鼠标指针变为 ↖ 或 ↗ 形状时，拖曳鼠标，可沿水平和垂直两个方向等比例放大或缩小窗口。

第1步 在窗口的四个角拖曳鼠标，可以调整窗口的宽和高。例如，将鼠标放在窗口的右下角，鼠标指针变为 ↖ 形状，如下图所示。

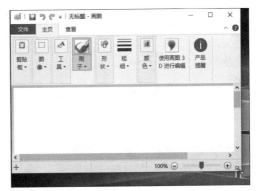

第2步 调整到合适大小，松开鼠标即可，如下图所示。

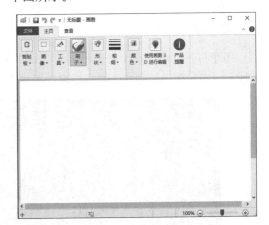

> **| 提示 |**
>
> 当调整窗口大小时，如果将窗口调整太小，以至于没有足够空间显示窗格时，窗格的内容就会自动"隐藏"起来，只需把窗口再调整大一点即可。

3. 滚动条

在调整窗口大小时，如果窗口缩得太小，而窗口中的内容超出了当前窗口显示的范围，窗口右侧或底端会出现滚动条，如下图所示。当窗口可以显示所有的内容，窗口中的滚动条会消失。

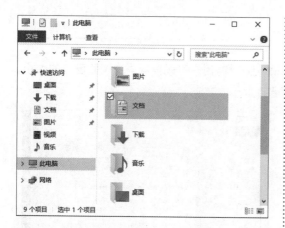

提示

当【滑块】按钮很长时，表示当前窗口文件内容不多；当【滑块】按钮很短时，则表示文件内容很多。

2.3.5 切换当前活动窗口

虽然在 Windows 7 操作系统中可以同时打开多个窗口，但是当前窗口只有一个。根据需要，用户需要在各个窗口之间进行切换操作。

1. 利用程序按钮区

每个打开的程序在【任务栏】都有一个相对应的程序图标按钮。将鼠标放在程序图标按钮区域上，即可弹出打开软件的预览窗口，单击该预览窗口即可打开该窗口，如下图所示。

2. 按【Alt+Tab】组合键

按【Alt+Tab】组合键可以快速实现各个窗口的快速切换。弹出窗口缩略图图标，按住【Alt】键不放，然后按【Tab】键可以在不同的窗口之间进行切换，选择需要的窗口后，松开按键，可打开相应的窗口，如下图所示。

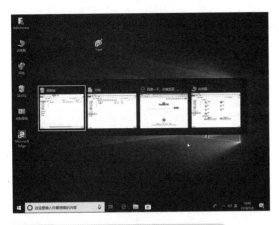

3. 按【Alt+Esc】组合键

按【Alt+Esc】组合键，可在各个程序窗口之间依次切换，系统按照从左到右的顺序，依次进行选择，这种方法和上个方法相比，比较耗费时间。

4. 使用【任务视图】按钮

在 Windows 10 中为了方便桌面管理，增加了任务视图（也称虚拟桌面），可以在

系统中拥有多个桌面，大大提高了使用效率，同时也可以用于切换活动窗口。

> **提示**
>
> 虚拟桌面的使用，在本节的"举一反三"中将具体介绍。

单击任务栏中的【任务视图】按钮，可以将缩略图的形式显示在当前所有程序的窗口中，在缩略图中单击任意窗口，即可切换至该窗口，如下图所示。

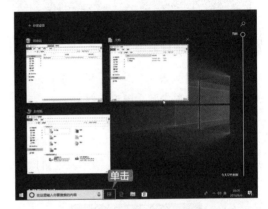

2.4 实战 3:"开始"屏幕的基本操作

在 Windows 10 操作系统中，"开始"屏幕（Start Screen）取代了原来的"开始"菜单，实际使用起来，"开始"屏幕相对"开始"菜单具有很大的优势，因为"开始"屏幕照顾到了台式电脑和平板电脑用户。

2.4.1 新功能:认识"开始"屏幕

单击桌面左下角的【开始】按钮，即可弹出【"开始"屏幕】工作界面。它主要由【展开/开始】按钮、固定项目列表、应用列表和【动态磁贴】面板等组成，如下图所示。

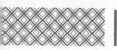
1. 【展开／开始】按钮

单击【展开】按钮 ☰，可以展开显示所有固定项目的名称。当单击【展开】按钮 ☰ 后，该按钮变为【开始】按钮，如下图所示。

2. 固定项目列表

固定项目列表中包含了【用户】【文档】【图片】【设置】及【电源】按钮。

（1）【用户】按钮 ⑧。

单击【用户】按钮，弹出如下图所示菜单，用户可以进行更改账户设置、锁定及注销操作，如下图所示。

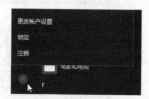

（2）【文档】按钮 🗋。

单击【文档】按钮 🗋，打开【文档】窗口，在其中可以查看电脑的文档文件夹中的资源，如下图所示。

（3）【图片】按钮 ⊠。

单击【图片】按钮 ⊠，打开【图片】窗口，

在其中可以查看"图片"文件夹内的图片文件，如下图所示。

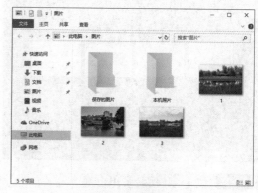

（4）【设置】按钮 ⚙。

单击【设置】按钮 ⚙，可以打开【设置】窗口，在其中可以选择相关的功能，对系统的设置、账户、时间和语言等内容进行设置，如下图所示。

（5）【电源】按钮 ⏻。

单击【电源】按钮，主要是用来关闭操作系统，包括【睡眠】【关机】【重启】3个选项，如下图所示。

3. 应用列表

在应用列表中，显示了电脑中所有的安装应用，通过鼠标滚轮，可以浏览列表，如下图所示。

4. 动态磁贴面板

Windows 10 的磁贴，有图片、文字，还是动态的，应用程序需要更新的时候可以通过这些磁贴直接反映出来，而无须运行它们，如下图所示。

2.4.2 新功能：将应用程序固定到"开始"屏幕

在 Windows 10 操作系统中，用户可以将常用的应用程序或文档固定到"开始"屏幕中，以方便快速查找与打开。将应用程序固定到"开始"屏幕的具体操作步骤如下。

第1步 打开程序列表，选中需要固定到"开始"屏幕中的程序图标，然后右击该图标，在弹出的快捷菜单中选择【固定到"开始"屏幕】选项，如下图所示。

第3步 如果想要将某个程序从"开始"屏幕中删除，可以先选择该程序图标，然后右击图标，在弹出的快捷菜单中选择【从"开始"屏幕取消固定】选项即可，如下图所示。

第2步 随即将该程序固定到"开始"屏幕中，如下图所示。

2.4.3 新功能：打开与关闭动态磁贴

动态磁贴功能可以说是 Windows 10 操作系统的一大亮点，只要将应用程序的动态磁贴功能开启，就可以及时了解应用的更新信息与最新动态。例如，"天气"应用可以在"开始"屏幕中实时显示天气情况。

打开与关闭动态磁贴的具体操作步骤如下。

第 1 步 单击【开始】按钮，打开【"开始"屏幕】界面，如下图所示。

第 3 步 如果想要再次开启某个应用程序的动态磁贴功能，可以右击【"开始"屏幕】面板中的应用程序图标，在弹出的快捷菜单中选择【更多】→【打开动态磁贴】选项，如下图所示。

第 2 步 如果想要关闭某个应用程序的动态磁贴功能，可以右击【"开始"屏幕】面板中的应用程序图标，在弹出的快捷菜单中选择【更多】→【关闭动态磁贴】选项，如下图所示。

2.4.4 新功能：管理"开始"屏幕的分类

在 Windows 10 操作系统中，用户可以对"开始"屏幕进行分类管理，具体操作步骤如下。

第 1 步 单击【开始】按钮，打开"开始"屏幕，将鼠标指针放置在"娱乐"右侧，激活右侧的■按钮，可以对屏幕分类进行重命名操作，这里将其命名为"影音游戏"，如下图所示。

第 2 步 选择"开始"屏幕中的【照片】图标，按住鼠标左键不放进行拖曳，可以将其拖曳到其他的分类模块中，如下图所示。

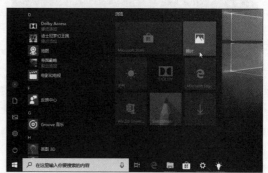

第3步 松开鼠标，可以看到【照片】工具被放置到【浏览】模块中，如下图所示。

提示

如果在设置电脑时"开始"屏幕上的应用未打开，或显示下载图标 ↓，则可能是应用正在安装或更新，待进展完成后，即可使用。

第4步 将其他应用图标固定到"开始"屏幕中，将其放置在一个模块中，移动鼠标指针至该模块的顶部，可以看到【命名组】信息提示，如下图所示。

第5步 单击【命名组】右侧的 ━ 按钮或者双击组名，可以为其进行命名操作，如这里输入"混合现实"，完成后的操作如下图所示。

举一
反三

使用虚拟桌面（多桌面）

Windows 10 比较有特色的虚拟桌面（多桌面），可以把程序放在不同的桌面上从而让用户的工作更加有条理，对于办公室人员是比较实用的，如可以办公一个桌面、娱乐一个桌面。通过虚拟桌面功能，可以为一台电脑创建多个桌面，下面以创建一个办公桌面和一个娱乐桌面为例，来介绍多桌面的使用方法与技巧，最终的显示效果如下图所示。

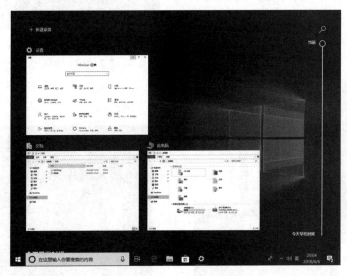

使用虚拟桌面创建办公桌面与娱乐桌面的具体操作步骤如下。

第1步 单击系统桌面上的【任务视图】按钮 ，进入虚拟桌面操作界面，如下图所示。

第2步 单击【新建桌面】按钮，可新建一个桌面，系统会自动为其命名为"桌面 2"，如下图所示。

第3步 进入"桌面 1"操作界面，在其中右击任意一个窗口图标，在弹出的快捷菜单中选择【移动到】→【桌面 2】选项，即可将"桌面 1"的内容移动到"桌面 2"之中，如下图所示。

第4步 使用相同的方法，将其他的文件夹窗口图标移至"桌面 2"中，如下图所示。

第5步 当鼠标指针移至"桌面 2"时，可进入"桌面 2"缩略图，可以看到移动之后的文件窗口，这样即可将办公与娱乐分在两个桌面中，单击"桌面 2"即可进入该桌面，如下图所示。

第6步 如果想要删除桌面，可以单击桌面右上角的【删除】按钮，将选中的桌面删除，桌面上的文件窗口则自动移至"桌面 1"中，如下图所示。

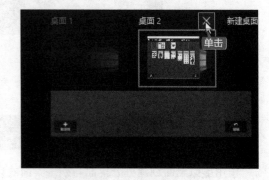

◇ 添加"桌面"到工具栏

将"桌面"图标添加到工具栏，可以通过单击该图标，快速打开桌面上的应用程序功能，将"桌面"图标添加到工具栏的具体操作步骤如下。

第1步 右击 Windows 10 操作系统的任务栏，在弹出的快捷菜单中选择【工具栏】→【桌面】选项，如下图所示。

第2步 可将"桌面"图标添加到"工具栏"中，如下图所示。

第3步 单击【桌面】图标右侧的按钮 **»**，在弹出的下拉列表中通过选择相关选项，可以快速打开桌面上的功能，如下图所示。

◇ 将"开始"菜单全屏幕显示

默认情况下，Windows 10 操作系统的"开始"屏幕是和"开始"菜单一起显示的，那么如何才能将"开始"菜单全屏幕显示呢，具体操作步骤如下。

第1步 在系统桌面上右击，在弹出的快捷菜单中选择【个性化】选项，如下图所示。

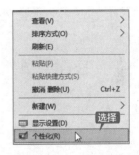

第2步 打开【设置－个性化】面板，在其中选择【开始】选项，在右侧的面板中将【使用全屏"开始"屏幕】下方的按钮设置为"开"，然后单击【关闭】按钮关闭【设置】窗口，如下图所示。

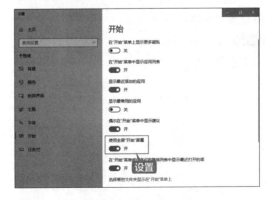

第3步 单击【开始】按钮，可以看到"开始"菜单全屏幕显示。此时，在左侧的列表中多了【已固定磁贴】和【所有应用】按钮。打开后，默认显示【已固定磁贴】页面，如下图所示。

第4步 单击【所有应用】按钮 ▤，即可以全屏的形式显示所有程序列表，如下图所示。

◇ 让桌面字体变得更大

通过对显示的设置，可以让桌面字体变得更大，具体操作步骤如下。

第1步 在系统桌面上右击，在弹出的快捷菜单中选择【显示设置】选项，如下图所示。

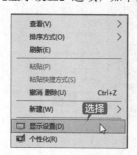

第2步 打开【设置 − 显示】面板，如下图所示。

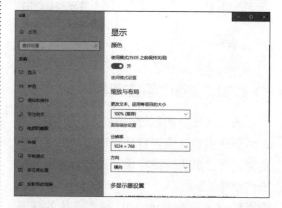

第3步 单击【更改文本、应用等项目的大小】区域下的下方列表，系统默认值为"100%"，如果增大其百分比，可以选择"125%"，如下图所示。

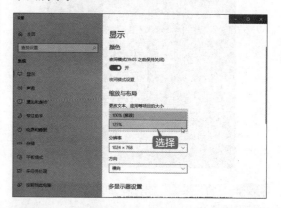

第4步 即可更改桌面字体的大小，如下图所示。

第3章
个性定制——个性化设置操作系统

本章导读

作为新一代的操作系统，Windows 10 进行了重大的变革，不仅延续了 Windows 家族的传统，而且带来了更多新的体验。本章主要介绍电脑的显示设置、系统桌面的个性化设置、用户账户的设置等。

思维导图

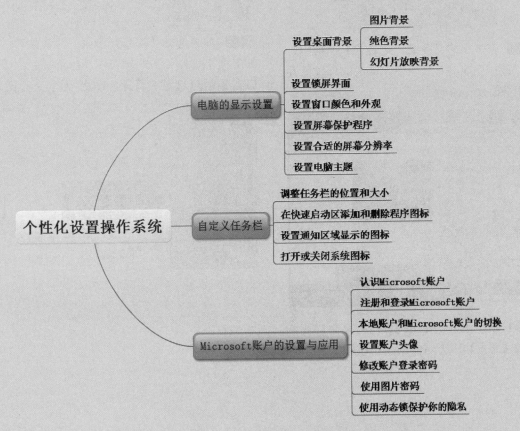

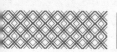

 3.1 实战 1：电脑的显示设置

对于电脑的显示效果，用户可以进行个性化操作，如设置电脑屏幕的分辨率、添加或删除通知区域中显示的图标类型、启动或关闭系统图标等。

3.1.1 重点：设置桌面背景

桌面背景可以是个人收集的数字图片、Windows 提供的图片、纯色或带有颜色框架的图片，也可以显示幻灯片图片。设置桌面背景的具体操作步骤如下。

第 1 步 在桌面的空白处右击，在弹出的快捷菜单中选择【个性化】选项，如下图所示。

第 2 步 在弹出的【设置－个性化】面板中，可以选择喜欢的背景图案，单击即可预览并应用该图片，如下图所示。

第 3 步 用户还可以使用纯色作为桌面背景。单击【背景】下方右侧的下拉按钮，在弹出

的下拉列表中可以对背景的样式进行设置，包括图片、纯色和幻灯片放映，如下图所示。

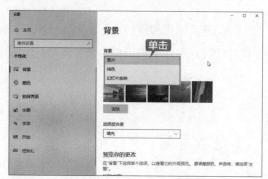

第 4 步 如果选择【纯色】选项，可以在下方的界面中选择相关的颜色，选择完毕后，可以在【预览】区域查看背景效果，如下图所示。

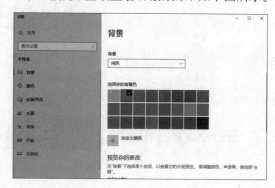

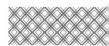

|提示|::::::::::::::

　　如果希望自定义更多的颜色，可以单击
【自定义颜色】按钮，在弹出的【选取背景
颜色】对话框中，拖曳鼠标设置喜欢的颜色。
也可以在对话框中，单击【更多】按钮。在
文本框中输入要设置的颜色值，进行预览查
看，确定后，单击【已完成】按钮即可，如
下图所示。

第5步　如果用户想以幻灯片的形式，动态地
显示背景，可以选择【幻灯片放映】选项，
在下方的界面中设置幻灯片图片的播放频率、
播放顺序等信息。也可以单击下方界面中的
【选择契合度】右侧的下拉按钮，在弹出的
下拉列表中选择图片契合度，包括填充、适应、
拉伸等选项，如下图所示。

第6步　如果用户希望将喜欢的图片作为背景。
将"背景"类型设置为"图片"，然后打开【打
开】对话框，选择图片文件所在的文件夹并
进行设置，如下图所示。

第7步　单击【选择图片】按钮，返回到【设置－
背景】面板中，可以在【预览】区域中查看
预览效果，如下图所示。

3.1.2 重点：设置锁屏界面

　　Windows 10 操作系统的锁屏功能主要用于保护电脑的隐私安全，还可以保证在不关机的
情况下省电，其锁屏所用的图片被称为锁屏界面。设置锁屏界面的具体操作步骤如下。

第1步 在桌面的空白处右击，在弹出的快捷菜单中选择【个性化】选项，打开【设置 - 个性化】面板，在其中选择【锁屏界面】选项，如下图所示。

第2步 单击【背景】下方【图片】右侧的下拉按钮，在弹出的下拉列表中可以设置用于锁屏的背景，包括图片、Windows 聚焦和幻灯片放映 3 种类型，如选择【Windows 聚焦】选项，可以在预览区查看新的锁屏界面效果，如下图所示。

| 提示 |

也可以单击【浏览】按钮，将电脑本地磁盘中的图片设置为锁屏界面。

第3步 另外，也可以按【Windows+L】组合键，就可以进入系统锁屏状态，可看到锁屏界面效果，如下图所示。

第4步 用户可以选择显示详细状态和快速状态应用的任意组合，方便显示即将到来的日历事件、社交网络更新，以及其他应用和系统通知。单击【选择要显示快速状态的应用】按钮 +，可在弹出的列表中进行选择并添加，如下图所示。

3.1.3 设置窗口的颜色和外观

Windows 10 系统自带了丰富的主题颜色和各种效果，用户可以根据喜好进行设置，本节介绍如何设置窗口的颜色和外观。

第1步 在桌面的空白处右击，在弹出的快捷菜单中选择【个性化】选项，如下图所示。

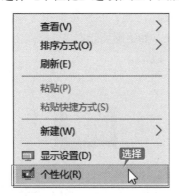

第2步 弹出【设置－个性化】面板，在左侧设置列表中，选择【颜色】选项，并在右侧区域中选择喜欢的主题颜色，如下图所示。

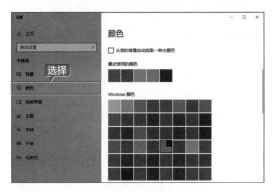

第3步 在【更多选项】区域下，选中【"开始"菜单、任务栏和操作中心】和【标题栏】复选框，如下图所示。

第4步 打开"开始"屏幕，即可看到设置后的效果，如下图所示。

3.1.4 设置屏幕保护程序

当在指定的一段时间内没有使用鼠标或键盘，屏幕保护程序就会出现在计算机的屏幕上，此程序为移动的图片或图案，屏幕保护程序最初用于保护较旧的单色显示器免遭损坏，但现在它们主要是个性化计算机或通过提供密码保护来增强计算机安全性的一种方式。设置屏幕保护的具体操作步骤如下。

第1步 在桌面的空白处右击，在弹出的快捷菜单中选择【个性化】选项，打开【设置－个性化】面板，在其中选择【锁屏界面】选项，如下图所示。

第2步 在【锁屏界面】设置面板中单击【屏幕超时设置】超链接，弹出【电源和睡眠】设置界面，在其中可以设置屏幕关闭和睡眠的时间，如下图所示。

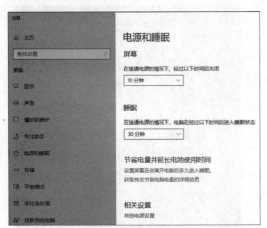

第3步 在【锁屏界面】设置面板中单击【屏幕保护程序设置】超链接，弹出【屏幕保护程序设置】对话框，选中【在恢复时显示登录屏幕】复选框，如下图所示。

第4步 在【屏幕保护程序】下拉列表中选择系统自带的屏幕保护程序，本实例选择【气泡】选项，此时在上方的预览框中可以看到设置后的效果，如下图所示。

第5步 在【等待】微调框中设置等待的时间，本实例设置为"3"分钟，设置完成后，单击【确定】按钮，如下图所示。

第6步 如果用户在3分钟内没有对电脑进行任何操作，系统会自动启动屏幕保护程序，如下图所示。

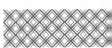

3.1.5 重点：设置合适的屏幕分辨率

屏幕分辨率是指屏幕上显示的文本和图像的清晰度。分辨率越高，项目越清楚。同时屏幕上的项目越小，屏幕可以容纳的项目越多。分辨率越低，在屏幕上显示的项目越少，但尺寸越大。设置适当的分辨率，有助于提高屏幕上图像的清晰度。具体操作步骤如下。

第1步 在桌面上的空白处右击，在弹出的快捷菜单中选择【显示设置】选项，如下图所示。

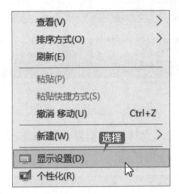

第2步 弹出【设置－显示】面板，进入显示设置界面，如下图所示。

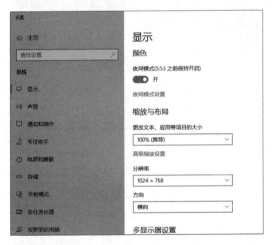

第3步 单击【分辨率】右侧的下拉按钮，在弹出的列表中选择需要设置的分辨率即可，如下图所示。

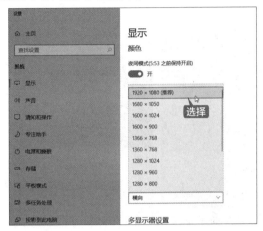

| 提示 |

更改屏幕分辨率会影响登录到此计算机上的所有用户。如果将监视器设置为它不支持的屏幕分辨率，那么该屏幕在几秒钟内将变为黑色，监视器则还原至原始分辨率。

第4步 系统提示用户是否使用当前的分辨率，单击【保留更改】按钮，确认设置即可，如下图所示。

3.1.6 新功能：设置电脑主题

主题是桌面背景图片、窗口颜色和声音的组合，用户可对主题进行设置，具体操作步骤如下。

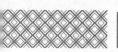

第 1 步 在桌面的空白处右击，在弹出的快捷菜单中选择【个性化】选项，弹出【设置 - 个性化】面板，在其中选择【主题】选项，会显示当前主题效果，单击下方的【背景】【颜色】【声音】和【鼠标光标】选项可逐个更改设置。

第 2 步 向下拖曳鼠标指针浏览，可以看到应用主题列表，单击选择喜欢的主题，即可快速应用，如下图所示。

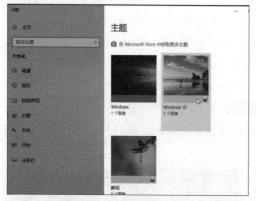

第 3 步 返回桌面，即可看到新的主题应用效果，如下图所示。

第 4 步 另外，用户可以单击【应用主题】区域下的【在 Microsoft Store 中获取更多主题】链接，转入【Microsoft Store】应用中的【Windows Themes】界面，可以看到更多的主题效果，单击选择喜欢的主题，如下图所示。

第 5 步 进入选择的主题界面，单击【获取】按钮，如下图所示。

| 提示 |

　　如果要获取【Microsoft Store】中的主题，需要登录 Microsoft 账户，才能下载，账户的具体注册方法详见本章的 3.3 节。

第 6 步 即可购买并下载该主题，如下图所示。

第 7 步 主题下载完成后，单击【启动】按钮，如下图所示。

第 8 步 该主题即可添加到应用主题列表中，并跳转到【设置 - 主题】面板中，显示主题添加情况，如下图所示。

第 9 步 单击该主题，返回桌面即可看到添加后的效果，如下图所示。

第 10 步 如果要删除购买的主题，可以在【设置 - 主题】面板中，右击要删除的主题，然后单击弹出的【删除】命令，即可删除，如下图所示。

3.2 实战 2：自定义任务栏

用户在使用电脑过程中，可以根据需要对任务栏进行自定义设置，如任务栏的位置和大小、在快速启动区中添加程序图标及任务栏上的通知区域等。

3.2.1 新功能：调整任务栏的位置和大小

默认的任务栏位于屏幕的最下方，用户可以根据需要，自行调整任务栏的位置，如顶部、左侧或右侧位置。另外，也可以根据需求调整任务栏的大小，以方便显示更多的内容。

1. 调整任务栏的位置

第 1 步 在任务栏空白处右击，在弹出的快捷菜单中选择【任务栏设置】选项，如下图所示。

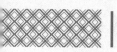

第2步 弹出【设置－任务栏】面板，单击【任务栏在屏幕上的位置】的下拉按钮，在弹出的列表中，选择要显示的位置，如这里选择【靠右】选项，如下图所示。

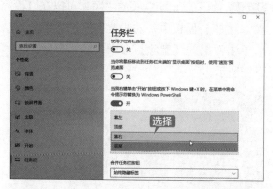

第3步 任务栏则被固定在了屏幕的最右侧，如下图所示。

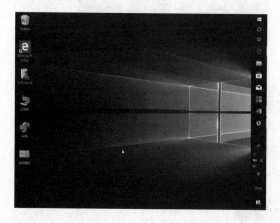

2. 调整任务栏的大小

第1步 在任务栏空白处右击，在弹出的快捷菜单中，看任务栏是否被锁定，如果锁定，则选择【锁定任务栏】选项，即可取消，如

下图所示。

第2步 将鼠标指针移动到任务栏边框上，待鼠标指针变为双向箭头 ↕，向上拖动鼠标指针即可调整任务栏的大小，如下图所示。

| 提示 |

如果不希望任务栏太大，但是希望更多地显示内容，可以使用小任务栏按钮。在【设置－任务栏】面板中，将【使用小任务栏按钮】设置为"开"，返回桌面即可看到设置后的效果，如下图所示。

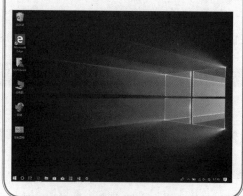

3.2.2 在快速启动区添加和删除程序图标

系统初始状态下，快速启动区包含了任务视图、Microsoft Edge、文件资源管理器、Microsoft Store、Mail 和 Microsoft 账户 6 个图标，用户可以根据使用习惯，将常用的程序图标固定在快速启动区内，不使用的则可取消。

第1步　单击【开始】按钮，在打开的列表中选择【计算器】程序并右击，在弹出的快捷菜单中选择【更多】→【固定到任务栏】选项，如下图所示。

第2步　此时在任务栏中的快速启动区内可以看到添加的【计算器】程序图标，单击该图标即可快速启动计算器，如下图所示。

第3步　如果要删除不常用的程序图标，可右击该程序图标，在弹出的快捷菜单中，选择【从任务栏取消固定】选项，如下图所示。

第4步　即可删除该图标，另外拖曳程序图标，可以调整在该区的显示位置，如下图所示。

3.2.3 设置通知区域显示的图标

在任务栏上显示的图标，用户可以根据自己的需要进行显示或隐藏操作。具体操作步骤如下。

第1步　在桌面上的空白处右击，在弹出的快捷菜单中选择【显示设置】选项，弹出【设置】面板，选择【任务栏】选项卡，单击【选择哪些图标显示在任务栏上】超链接，如下图所示。

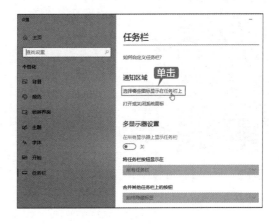

第2步 弹出【选择哪些图标显示在任务栏上】窗口，单击要显示图标右侧的【开／关】按钮，即可将该图标显示／隐藏在通知区域中，如这里单击【Windows Denfender notification icon】右侧的【开／关】按钮，如下图所示。

第3步 该按钮即可被设置为"开"状态，如下图所示。

第4步 返回系统桌面中，可以看到通知区域中显示出了 Windows Denfender 的图标 ，如下图所示。

｜提示｜

如果想要删除通知区域的某个图标，可以将其显示状态设置为"关"即可。

3.2.4 打开或关闭系统图标

用户可以根据自己的需要启动或关闭任务栏中显示的系统图标，具体操作步骤如下。

第1步 打开【设置－任务栏】面板，单击【打开或关闭系统图标】超链接，如下图所示。

第2步 进入【打开或关闭系统图标】界面，如下图所示。

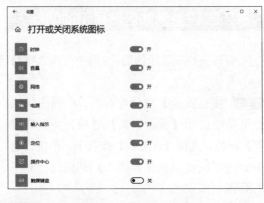

第3步 如果想要关闭某个系统图标，需要将其状态设置为"关"，如这里单击【电源】右侧的【开／关】按钮，将其状态设置为"关"，如下图所示。

第4步 返回到系统桌面，可以看到电源系统图标在通知区域中不显示了，如下图所示。

第5步 如果想要启动某个系统图标，则可以将其状态设置为"开"，如这里单击【Windows Ink 工作区】图标右侧的【开／关】按钮，

将其状态设置为"开"，如下图所示。

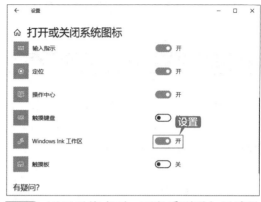

第6步 返回系统桌面，可以看到通知区域显示出了 Windows Ink 工作区图标，如下图所示。

3.3 实战 3：Microsoft 账户的设置与应用

Microsoft 账户是用于登录 Windows 的电子邮件地址和密码，本节来介绍 Microsoft 账户的设置与应用。

3.3.1 认识 Microsoft 账户

Microsoft 账户是免费且易于设置的系统账户，用户可以使用自己所选的任何电子邮件地址完成该账户的注册与登记操作。在使用 Microsoft 账户时，可以始终在设备上同步所需的一切内容，如使用 Office Online、Outlook、Skype、One Note、OneDrive 等。

当用户使用 Microsoft 账户登录自己的电脑或设备时，可从 Windows 应用商店中获取应用，使用免费云存储备份自己的所有重要数据和文件，并使自己的所有常用内容，如设备、照片、好友、游戏、设置、音乐等，保持更新和同步。

3.3.2 重点：注册和登录 Microsoft 账户

要想使用 Microsoft 账户管理此设备，首先需要做的就是在此设备上注册和登录 Microsoft 账户。注册与登录 Microsoft 账户的具体操作步骤如下。

第1步 单击【开始】按钮，在弹出的【"开始"屏幕】中单击【账户】按钮，在弹出的下拉列表中选择【更改账户设置】选项，如下图所示。

第2步 弹出【设置-账户】面板，在其中选择【账户信息】选项卡，单击【改用 Microsoft 账户登录】超链接，如下图所示。

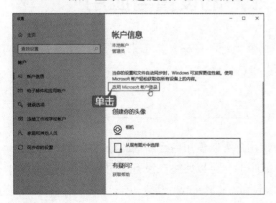

第3步 弹出【个性化设置】对话框，输入 Microsoft 账户和密码，单击【登录】按钮。如果没有 Microsoft 账户，单击【创建一个】超链接。这里单击【创建一个!】超链接，如下图所示。

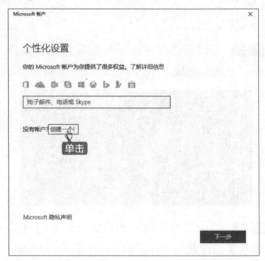

第4步 弹出【让我们来创建你的账户】对话框，在信息文本框中输入邮箱账号，然后设置系统登录的密码，单击【下一步】按钮，如下图所示。

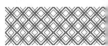
| 提示 |

此处设置的密码为系统登录密码，而非邮箱密码。

第5步 弹出【查看与你相关度最高的内容】对话框，单击【下一步】按钮即可，如下图所示。

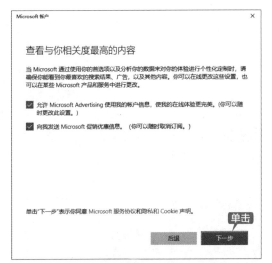

第6步 弹出【使用 Microsoft 账户登录此计算机】对话框，在文本框中输入当前电脑的登录密码。如无密码，则直接单击【下一步】按钮，如下图所示。

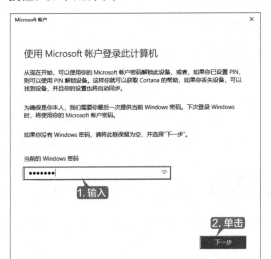

第7步 弹出【创建PIN】对话框，单击【下一步】按钮，如下图所示。

| 提示 |

PIN 码是可以替代登录密码的一组数据，当用户登录到 Windows 及其应用和服务时，系统会要求用户输入 PIN 码。

第8步 在弹出的【设置 PIN】对话框中，输入新PIN码，并再次输入确认PIN码，单击【确定】按钮，如下图所示。

| 提示 |

PIN 码最少为 4 位数字字符，如果要包含字母和符号，请选中【包括字母和符号】复选框，Windows 10 最多支持 32 位字符。

第9步 设置完成后，即可在【账户信息】下看到登录的账户信息。微软为了确保用户账户使用安全，需要对注册的邮箱或手机号进行验证，此时请单击【验证】超链接，如下图所示。

| 提示 |

默认情况下，用于注册 Microsoft 账户的电子邮件地址或电话号码将视为主要别名。如果需要更改别名，可以单击【管理我的 Microsoft 账户】超链接，在弹出的网页上进行修改，如下图所示。

第 10 步 弹出【验证你的电子邮件】对话框，首先登录使用的电子邮箱，查看邮箱内收到的安全码。如果没有收到，请单击【立即重新发送】链接，如果还未收到请核实邮箱地址是否准确。输入安全码后，单击【下一步】

按钮，如下图所示。

第 11 步 返回【账户信息】界面，即可看到【验证】超链接已消失，表示已完成设置，如下图所示。

| 提示 |

Microsoft 账户注册成功后，再次登录电脑时，则需输入 Microsoft 账户的密码。进入电脑桌面时，OneDrive 也会被激活。

3.3.3 本地账户和 Microsoft 账户的切换

本地账户和 Microsoft 账户的切换包括两种情况，本地账户切换到 Microsoft 账户和 Microsoft 账户切换到本地账户，下面分别对其进行介绍。

1. 本地账户切换到 Microsoft 账户

第 1 步 在【设置 - 账户】面板中选择【账户信息】选项，单击【改用 Microsoft 账户登录】超链接，如下图所示。

第2步 弹出【个性化设置】面板，在其中输入 Microsoft 账户的电子邮件账户，并单击【下一步】按钮，如下图所示。

第3步 弹出【输入密码】对话框，在其中输入 Windows 登录密码，单击【登录】按钮，如下图所示。

第4步 弹出【使用 Microsoft 账户登录此计算

机】对话框，输入当前 Windows 密码，如无密码则直接单击【下一步】按钮，如下图所示。

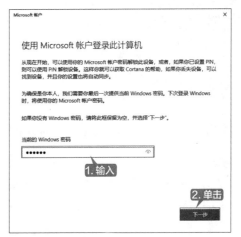

第5步 弹出【创建 PIN】对话框，单击【下一步】按钮，如下图所示。

第6步 弹出【设置 PIN】对话框，输入账户的 PIN 码，系统会自动验证并跳转，如下图所示。

第7步 返回【账户信息】界面，即可看到切换后的 Microsoft 账户信息，如需要验证账户安全，单击【验证】超链接，进行验证即可，如下图所示。

2. Microsoft 账户切换到本地账户

第1步 Microsoft 账户登录此设备后，在弹出的【设置－账户】面板中选择【账户信息】选项，在打开的界面中单击【改用本地账户登录】超链接，如下图所示。

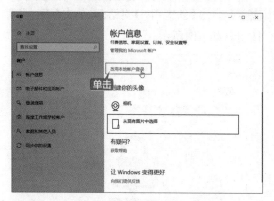

第2步 弹出【切换到本地账户】对话框，在其中输入 Microsoft 账户的登录密码，并单击【下一步】按钮，如下图所示。

第3步 弹出【切换到本地账户】对话框，在

其中输入本地账户的用户名、密码和密码提示等信息，如下图所示。

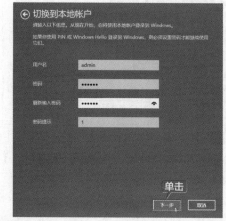

第4步 单击【下一步】按钮，弹出【切换到本地账户】对话框，提示用户所有的操作即将完成，单击【注销并完成】按钮，如下图所示。

第5步 即可将 Microsoft 切换到本地账户中，如下图所示。

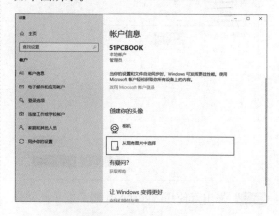

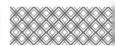

3.3.4 设置账户头像

不管是本地账户或者是 Microsoft 账户，对于账户的头像，用户可以自行设置，而且操作方法一样。设置账户头像的具体操作步骤如下。

第1步 打开【设置－账户】面板，在其中选择【账户信息】选项卡，在打开的界面中选择【创建你的头像】下方的【从现有图片中选择】选项，如下图所示。

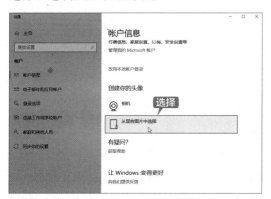

| 提示 |

选择【相机】选项，可以启动电脑上的摄像头，进行拍摄并保存为头像。

第2步 打开【打开】对话框，在其中选择想要作为头像的图片，单击【选择图片】按钮，如下图所示。

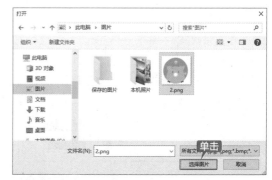

第3步 返回【设置－账户】面板中，可以看到设置头像后的效果，如下图所示。

3.3.5 更改账户登录密码

如果需要更改账户登录密码，可以按照以下具体操作步骤。

第1步 选择【设置－账户】面板中的【登录选项】选项卡，进入【登录选项】设置界面，并单击【密码】区域下方的【更改】按钮，如下图所示。

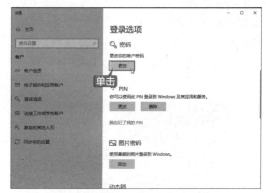

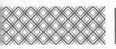

第2步 弹出【更改密码】对话框，在其中输入当前密码和新密码，并单击【下一步】按钮，如下图所示。

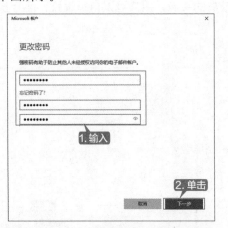

第3步 即可完成 Microsoft 账户登录密码的更改操作，最后单击【完成】按钮，如下图所示。

3.3.6 新功能：使用图片密码

图片密码是一种帮助用户保护触摸屏电脑的全新方法，要想使用图片密码，用户需要选择图片并在图片上画出各种手势，以此来创建独一无二的图片密码。创建图片密码的具体操作步骤如下。

第1步 在【登录选项】工作界面中单击【图片密码】下方的【添加】按钮，如下图所示。

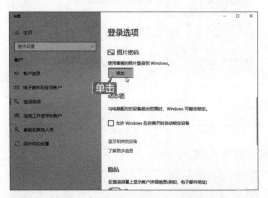

第2步 弹出【创建图片密码】对话框，在其中输入账户登录密码，单击【确定】按钮，如下图所示。

第3步 进入【图片密码】窗口，单击【选择图片】按钮，如下图所示。

第4步 打开【打开】对话框，在其中选择用于创建图片密码的图片，单击【打开】按钮，如下图所示。

第5步 返回【图片密码】窗口，在其中可以看到添加的图片，单击【使用此图片】按钮，如下图所示。

第6步 进入【设置你的手势】窗口，在其中通过拖曳鼠标绘制手势，如下图所示。

第7步 手势绘制完毕后，进入【确认你的手势】窗口，在其中确认上一步绘制的手势，如下图所示。

第8步 手势确认完毕后，进入【恭喜！】窗口，提示用户图片密码创建完成，单击【完成】按钮，如下图所示。

第9步 返回【登录选项】工作界面，【添加】按钮已经不存在，说明图片密码添加完成，如下图所示。

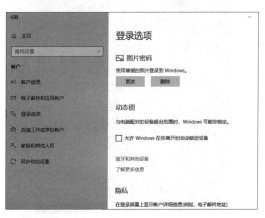

｜提示｜:::::::

如果想要更改图片密码可以通过单击【更改】按钮来操作，如果想要删除图片密码，则单击【删除】按钮即可。

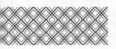

3.3.7 新功能：使用动态锁保护你的隐私

动态锁是 Windows 10 新版本中更新的一个功能，它可以通过电脑上的蓝牙和蓝牙设备（如手机、手环）配对，当离开电脑时带上蓝牙设备，走出蓝牙覆盖范围约 1 分钟后，将会自动锁定你的电脑，具体操作步骤如下。

第 1 步 首先确保电脑支持蓝牙，并打开手机的蓝牙功能。选择【设置】→【设备】→【蓝牙和其他设备】选项，将"蓝牙"设置为"开"，并单击右侧界面中的【添加蓝牙或其他设备】按钮，如下图所示。

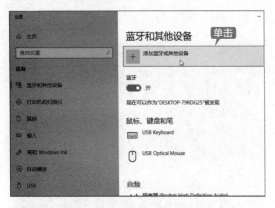

第 2 步 在弹出的【添加设备】对话框中，选择【蓝牙】选项，如下图所示。

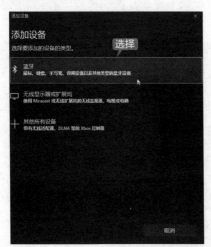

第 3 步 在可连接的设备列表中，选择要连接的设备，如这里选择连接手机，如下图所示。

第 4 步 在弹出匹配信息时，单击对话框中的【连接】按钮，如下图所示。

第 5 步 在手机中，单击【配对】按钮，即可进行连接，如下图所示。

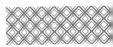

第6步 如果提示配对成功，则单击【已完成】按钮，如下图所示。

第7步 选择【设置】→【账户】→【登录选

项】选项，在"动态锁"下，选中【允许 Windows 在你离开时自动锁定设备】复选框即可完成设置，如下图所示。

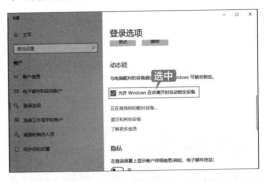

此时，走出蓝牙覆盖范围后不久，Windows Hello 便可以通过已与你的设备配对的手机进行自动锁定。

使用时间线简化你的工作流

举一反三

Windows 10 新版本中推出了时间线功能，它是一个基于时间的新任务视图。开启时间线后，可以跟踪用户在 Windows 10 上所做的事情，例如，访问的文件、浏览器、文件夹、文档、应用程序等，就像历史记录一样，可以保留用户浏览的任何记录，并且可以立即跳回到特定的文件、网页或浏览器中，这样用户再也不用为自己是否保存工作而担心。

不过时间线并不是所有活动都可以跟踪，仅适用于商店中的 Microsoft 产品或应用程序。如果其他浏览器作为默认浏览器，则时间线就无法准确跟踪它的记录。

1. 查看时间线

使用过早期 Windows 10 版本的人可以发现，时间线并不是一个全新的功能，而是任务视图的升级，在新版本中任务视图的图标也发生了改变，类似时间轴的图标样式。时间线的打开方法和任务视图的打开方法一样，具体操作步骤如下。

第1步 单击任务栏中的【任务视图】按钮，如下图所示。

第2步 即可快速打开任务视图，在桌面上侧显示了当前已开启的应用程序和所有活动的卡片式缩略图，如下图所示。

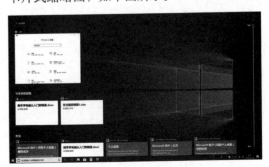

| 提示 |

也可以按【Windows+Tab】组合键，快速进入任务视图界面。

第3步 拖动右侧的滚动条或者向下滚动鼠标滑轮，即可浏览时间轴上的历史活动。如果要查看某个历史活动，单击缩略图即可。这里单击 Word 的历史记录，如下图所示。

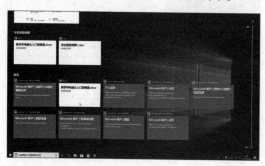

| 提示 |

当时间线中有超过 6 项活动记录时，时间线上会显示一个链接，该链接将被标记为"查看全部 × 项活动"。单击该链接，会展开一个详细的时间线，并且显示每小时的活动。

第4步 即可启动 Word，并打开该文档，如下图所示。

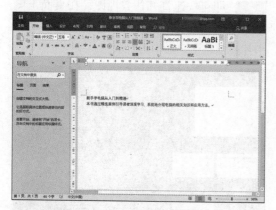

2. 清除时间线上的记录

时间线上的记录如浏览器中的历史记录

一样，也可以被管理，用户可以对上面的活动记录进行删除处理，具体操作步骤如下。

第1步 在时间线窗口中，选择要删除的活动记录，并右击，在弹出的快捷菜单中选择【删除】选项，如下图所示。

| 提示 |

使用 Microsoft Edge 时，浏览历史记录将包含在活动历史记录中。使用 InPrivate 标签页或窗口浏览时，将不会保存活动历史记录。InPrivate 的使用方法参见本书 8.2.6 小节内容。

第2步 即可删除该活动记录，如下图所示。

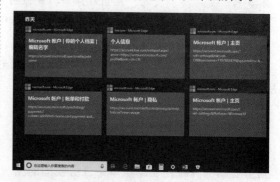

第3步 如果要清空当天记录，则可右击当天的任意活动记录，在弹出的快捷菜单中，选择【清除从昨天起的所有内容】选项，如下图所示。

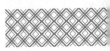

第4步 在弹出的提示框中，单击【是】按钮，如下图所示。

第5步 即可清除所选当天的活动记录，如下图所示。

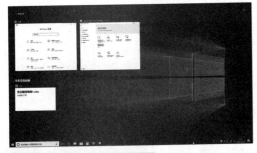

3. 关闭时间线功能

一般情况下，时间线给用户提供了高效的操作便利，如果用户不想让时间线记住自己的电脑操作活动，访问的文档及网页，也不想同步到同一账户下的其他电脑中，此时可以选择关闭时间线功能，保护隐私，具体操作步骤如下。

第1步 按【Windows+I】组合键，打开【设置】面板，并选择【隐私】选项，如下图所示。

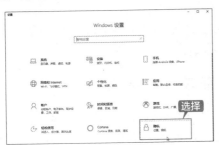

第2步 在弹出的【设置－隐私】面板中，选择左侧列表中的【活动历史记录】选项，并在显示的右侧区域中，将【显示账户活动】下的按钮，设置为"关"，如下图所示。

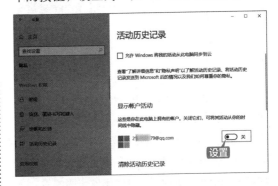

| **提示** |::::::::

若要停止在本地保存活动历史记录，取消选中【允许 Windows 从此电脑中收集我的活动】复选框。如果关闭此功能，则无法使用依赖活动历史记录的任何设备上功能，例如时间线或 Cortana 的"继续中断的工作"功能，但用户仍可以在 Microsoft Edge 中查看你的浏览历史记录。

若要停止向 Microsoft 发送活动历史记录。取消选中【允许 Windows 将我的活动从此电脑同步到云】复选框。如果关闭同步功能，则无法使用完整30天的时间线，也无法使用跨设备活动。

第3步 进入【任务视图】窗口，已不显示时间线功能，如下图所示。

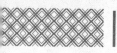

◇ 新功能：开启 Windows 10 的"护眼"模式

在新版 Windows 10 操作系统中，增加了"夜间模式"，开启后可以像手机一样，减少蓝光，特别是在晚上或者光线特别暗的环境下，可一定程度上减少用眼疲劳。下面介绍如何开启使用夜间模式，具体操作步骤如下。

第1步 单击屏幕右下角的【通知】图标□，会在右侧显示通知栏，单击【展开】按钮，如下图所示。

第2步 在展开的通知栏中，显示了所有的快捷设置按钮，单击【夜间模式】按钮。电脑屏幕就会像手机夜间模式一样，亮度变暗，颜色偏黄，尤其是白色部分，极为明显，如下图所示。

第3步 另外，右击桌面空白处，在弹出的快捷菜单中，选择【显示设置】选项卡，打开【设置－显示】面板，并单击【夜间模式设置】

超链接，如下图所示。

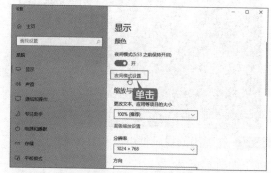

第4步 弹出【夜间模式设置】界面，可以拖曳【夜间色温】的滑块，调节色温情况，如下图所示。

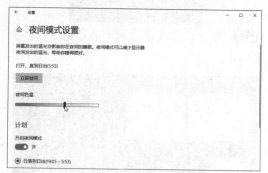

第5步 将【开启夜间模式】设置为"开"。可以设置夜间模式的开启时间，默认为【日落到日出】模式，也可以选中【设置小时】单选按钮，根据情况设置时间，如下图所示。

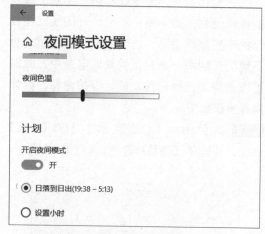

◇ 取消开机显示锁屏界面

锁屏界面以其华丽的界面赢得了不少用户喜欢，也给一些用户带来了困扰，如果希

望能够快速开机，则可选择跳过该界面，将其取消显示，具体操作步骤如下。

第1步 按【Windows+R】组合键，打开【运行】对话框，输入"gpedit.msc"命令，按【Enter】键，如下图所示。

第2步 弹出【本地组策略编辑器】对话框，依次单击【计算机配置】→【管理模板】→【控制面板】→【个性化】选项，在显示的右侧区域，双击【不显示锁屏】选项，如下图所示。

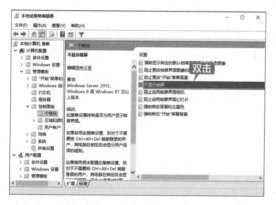

第3步 在弹出的【不显示锁屏】对话框中，选中【已启用】单选按钮，单击【确定】按钮，即可取消开机显示锁屏界面，如下图所示。

◇ 新功能：使用专注助手高效工作

Windows 10 中的专注助手功能类似于手机中的免打扰模式，打开该模式后，会禁止所有通知，例如系统和应用消息、邮件通知、社交信息等，这有利于用户集中精力学习和工作。当关闭该模式后，期间禁止的通知，都会重新展示，并优先显示重点的通知，方便用户逐一处理。

第1步 按【Windows+I】组合键，打开【设置】面板，并在面板中单击【系统】图标，如下图所示。

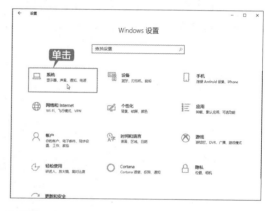

第2步 在打开的面板中，单击【专注助手】选项，在右侧窗口中包含了关闭专注助手、仅优先通知和仅闹钟3种模式，用户可以根据自己的需要进行选择，如下图所示。

第3步 如果选中【仅优先通知】单选按钮，需要设置优先级名单，单击【自定义优先列表】超链接，可以设置呼叫、短信和提醒、人脉及应用的优先级名单，如下图所示。

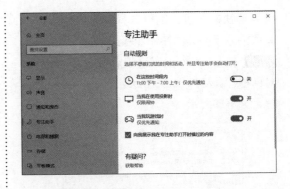

第4步 除了启用专注助手外，还可以使用"自动规则"，按相应的规则设置，自动开启专注助手。比如在某个时间段内、使用投影仪时、玩游戏时或者在家中时，如下图所示。

| 提示 |

　　如果要设置为"当我在家中时"需要向 Cortana 授予权限，获取家中地址，方可使用该规则。

第4章
电脑打字——输入法的认识和使用

本章导读

　　学会输入汉字和英文是使用电脑的第一步，对于输入英文字符，只要直接用键盘输入字母就可以了，而汉字不能像英文字母那样直接用键盘输入电脑中，需要使用英文字母和数字对汉字进行编码，然后通过输入编码得到所需汉字，这就是汉字输入法。本章主要介绍输入法的管理、拼音打字、五笔打字等。

思维导图

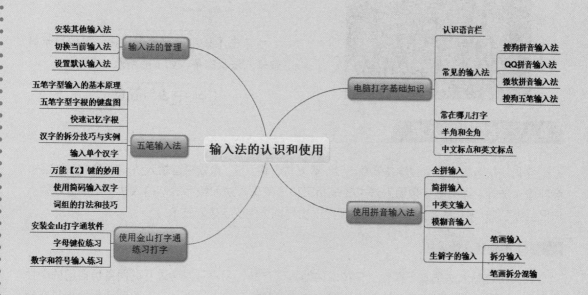

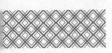
 4.1 电脑打字基础知识

使用电脑打字，首先需要认识电脑打字的相关基础知识，如认识语言栏、常见的输入法、什么是半角、什么是全角等。

4.1.1 认识语言栏

语言栏是指电脑右下角的输入法，其主要作用是用来进行输入法切换。当用户需要在Windows 中进行文字输入时，就需要用语言栏了，因为 Windows 的默认输入语言是中文，在这种情况下，用键盘在文本里输入的文字会是中文；如果需要输入英文，则需要在语言栏中进行切换。

下图所示为 Windows 10 操作系统中的语言栏，单击语言栏上的 英 按钮，可以进行中文与英文输入方式的切换。

在输入法上右击，弹出如下图所示快捷菜单。

单击【设置】按钮，可以进行输入法常规、按键、外观、词库和自学习及高级设置，如下图所示。

单击【显示语言栏】按钮，可以显示微软输入法状态条，如下图所示。

4.1.2 常见的输入法

常见的拼音输入法有搜狗拼音输入法、紫光拼音输入法、微软拼音输入法、智能拼音输入法、全拼输入法等。而五笔字型输入法主要是指王码五笔输入法和极品五笔输入法，王码五笔输入法已经过了 20 多年的实践和检验，是国内占主导地位的汉字输入技术。

1. 搜狗拼音输入法

搜狗拼音输入法是基于搜索引擎技术的输入法产品，用户可以通过互联网备份自己的个性化词库和配置信息。搜狗拼音输入法为国内主流汉字拼音输入法之一。下图所示为搜狗拼音输入法的状态栏。

搜狗拼音输入法有以下特色。

（1）网络新词：搜狐公司将网络新词作为搜狗拼音最大优势之一。鉴于搜狐公司有同时开发搜索引擎的优势，搜狐声称在软件开发过程中分析了 40 亿网页，将字、词组按照使用频率重新排列。在官方首页上还有搜狐制作的同类产品首选字准确率对比。搜狗拼音的这一设计的确在一定程度上提高了打字的速度。

（2）快速更新：不同于许多输入法依靠升级来更新词库的办法，搜狗拼音采用不定时在线更新的办法。这减少了用户自己造词的时间。

（3）整合符号：搜狗拼音将许多符号表情也整合进词库，如输入"haha"得到"^_^"。另外还提供一些用户自定义的缩写，如输入"QQ"，则显示"我的 QQ 号是 XXXXXX"等。

（4）笔画输入：输入时以"u"做引导可以"h"（横）、"s"（竖）、"p"（撇）、"n"（捺，也作"d"（点））、"t"（提）用笔画结构输入字符。值得一说的是，竖心的笔顺是点点竖（nns），而不是竖点点。

（5）手写输入：最新版本的搜狗拼音输入法支持扩展模块，增加手写输入功能，当用户按【U】键时，拼音输入区会出现"打开手写输入"的提示，单击即可打开手写输入（如果用户未安装，单击会打开扩展功能管理器，可以单击【安装】按钮在线安装）。该功能可帮助用户快速输入生字，极大地提升了用户的输入体验。

（6）输入统计：搜狗拼音提供一个统计用户输入字数、打字速度的功能。但每次更新都会清零。

（7）输入法登录：可以使用输入法登录功能登录搜狗、搜狐等网站。

（8）个性输入：用户可以选择多种精彩皮肤。按【I】键可开启快速换肤。

（9）细胞词库：细胞词库是搜狗首创的、开放共享、可在线升级的细分化词库功能。细胞词库包括但不限于专业词库，通过选取合适的细胞词库，搜狗拼音输入法可以覆盖几乎所有的中文词汇。

（10）截图功能：可在选项设置中选择开启、禁用、安装、卸载和截图功能。

2. QQ 拼音输入法

QQ 拼音输入法（简称 QQ 拼音、QQ 输入法），是由腾讯公司开发的一款汉语拼音输入法软件。与大多数拼音输入法一样，QQ 拼音输入法支持全拼、简拼、双拼 3 种基本的拼音输入模式。而在输入方式上，QQ 拼音输入法支持单字、词组、整句的输入方式，如下图所示。

QQ 拼音输入法有以下特点。

（1）提供多套精美皮肤，让书写更加享受。

（2）输入速度快，占用资源小，轻松提高打字速度 20%。

（3）最新最全的流行词汇，不仅仅适合任何场合使用，而且是最适合在聊天软件和其他互联网应用中使用的输入法。

（4）用户词库，网络迁移绑定 QQ 号码、个人词库随身带。

（5）智能整句生成，轻松输入长句。

3. 微软拼音输入法

微软拼音输入法 (MSPY) 是一种基于语句的智能型的拼音输入法，采用拼音作为汉字的录入方式，用户不需要经过专门的学习和培训，就可以方便使用并熟练掌握这种汉字输入技术。微软拼音输入法提供了模糊音设置，为一些地区说话带口音的用户着想。下图所示为微软拼音的输入界面。

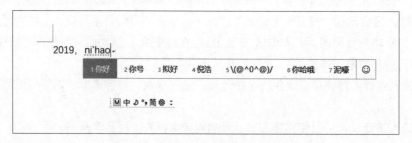

（1）采用基于语句的整句转换方式，用户连续输入整句话的拼音，不必人工分词、挑选候选词语，这样既保证了用户的思维流畅，又大大提高了输入的效率。

（2）为用户提供了许多特性，比如自学习和自造词功能。使用这两种功能，经过短时间与用户交流，微软拼音输入法能够学会用户的专业术语和用词习惯。从而使微软拼音输入法的转换准确率更高，用户用得也更加得心应手。

（3）与 Office 系列办公软件密切地联系在一起。

（4）自带语音输入功能，具有极高的辨识度，并集成了语音命令的功能。

（5）支持手写输入。

4. 搜狗五笔输入法

搜狗五笔输入法是互联网五笔输入法，与传统输入法不同的是，不仅支持随身词库，还有五笔 + 拼音、纯五笔、纯拼音多种模式可选，使输入法适合更多人群。下图所示为使用搜狗五笔输入法输入文字时的效果图。

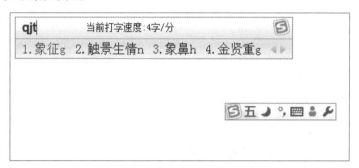

（1）五笔拼音混合输入、纯五笔、纯拼音多种输入模式供用户选择，尤其在混合输入模式下，用户再也不用切换到拼音输入法下输入使用五笔打不出的字词了，并且所有五笔字词均有编码提示，是增强五笔能力的有力助手。

（2）词库随身：包括自造词在内的便捷的同步功能，对用户配置、自造词甚至皮肤，都能上传下载。

（3）人性化设置：兼容多种输入习惯。即便是在某一输入模式下，也可以对多种输入习惯进行配置，如四码唯一上屏、四码截止输入、固定词频与否等，可以随心所欲地让输入法随你而变。

（4）界面美观：兼容所有搜狗拼音可用的皮肤。

（5）搜狗手写：在搜狗的菜单选项中拓展功能——手写输入安装。手写还可以关联 QQ，适合不会打字的人使用。

4.1.3 常在哪儿打字

打字时也需要有场地，可以显示输入的文字，常用的能大量显示文字的软件有记事本、Word、写字板等。在输入文字后，还需要设置文字的格式，使文字看起来工整、美观。这时就可以使用 Word 软件。

Word 是微软公司 Office 办公系列软件的一个文字处理软件，不仅可以显示输入的文字，还具有强大的文字编辑功能。下图所示为 Word 2019 软件的操作界面。

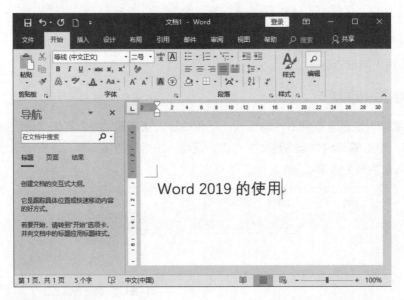

Word 主要具有以下特点。

（1）所见即所得：用户使用 Word 作为电脑打字的练习场地，输入效果在屏幕上一目了然。

（2）直观的操作界面：Word 软件界面友好，提供了丰富多彩的工具，利用鼠标就可以确定文字输入位置、选择已输入的文字，便于修改。

（3）多媒体混排：用 Word 软件可以编辑文字图形、图像、声音、动画，插入其他软件制作的信息，还可以使用其提供的绘图工具进行图形制作，编辑艺术字、数学公式，能够满足用户的各种文字处理要求。

（4）强大的制表功能：Word 软件不仅便于文字输入，还提供了强大的制表功能，用 Word 软件制作表格，既轻松又美观，既快捷又方便。

（5）自动功能：Word 软件提供了拼写和语法检查功能，提高了英文文章编辑的正确性，如果发现语法错误或拼写错误，Word 软件还提供修正的建议。当用 Word 软件编辑好文档后，Word 可以帮助用户自动编写摘要，为用户节省了大量的时间。自动更正功能为用户输入同样的字符，提供了很好的帮助。用户可以自定义字符的输入，当用户要输入同样的若干字符时，可以定义一个字母来代替，尤其在汉字输入时，该功能使用户的输入速度大大提高。

（6）模板功能：Word 软件提供了大量且丰富的模板，用户在模板中输入文字即可得到一份漂亮的文档。

（7）丰富的帮助功能：Word 软件的帮助功能详细而丰富，用户遇到问题时，能够方便地找到解决问题的方法。

（8）超强兼容性：Word 软件可以支持许多种格式的文档，也可以将 Word 编辑的文档另存为其他格式的文件，这为 Word 软件和其他软件的信息交换提供了极大的方便。

（9）强大的打印功能：Word 软件提供了打印预览功能，具有对打印机参数强大的支持性和配置性，便于用户打印输入的文字。

4.1.4 半角和全角

半角和全角主要是针对标点符号的，全角标点占两个字节，半角占一个字节。在微软状态条中单击【全角 / 半角】按钮或者按【Shift+Space】组合键即可在全角与半角之间切换，如下图所示。

4.1.5 中文标点和英文标点

在微软状态条中单击【中 / 英文标点】按钮或者按【Ctrl+.】组合键即可在中英文标点之间切换。

| 提示 |

在英文状态下，输入的为英文标点，而在中文状态下，输入的为中文标点。另外，其他输入法与微软输入法用法相同，不同的输入法可能存在切换快捷键的不同。

4.2 实战 1：输入法的管理

输入法是指为了将各种符号输入计算机或其他设备而采用的编码方法。汉字输入的编码方法基本上都是将音、形、义与特定的键相联系，再根据不同汉字进行组合来完成汉字的输入。

4.2.1 重点：安装其他输入法

Windows 10 操作系统虽然自带了一些输入法，但不一定能满足每个用户的使用需求。用户可以安装和删除相关的输入法。安装输入法前，用户需要先从网上下载输入法程序。

下面以搜狗拼音输入法的安装为例，讲述安装输入法的一般方法。

第1步 双击下载的安装文件，启动搜狗输入法安装向导。选中【已阅读并接受用户协议＆隐私政策】复选框，单击【自定义安装】按钮，如下图所示。

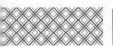

提示

如果不需要更改设置，可直接单击【立即安装】按钮。

第2步 在打开的界面中的【安装位置】下，可以单击【浏览】按钮选择软件的安装位置，选择完成后，单击【立即安装】按钮，如下图所示。

第3步 即可开始安装，如下图所示。

第4步 安装完成，在弹出的界面中，取消选中含有推荐软件安装的复选框，单击【立即体验】按钮，如下图所示。

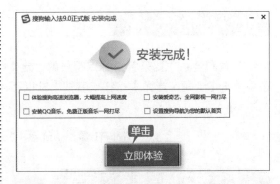

第5步 弹出【个性化设置向导】对话框，根据提示分别设置输入法的使用习惯、搜索候选、皮肤、词库及表情，如下图所示。

第6步 设置完成后，单击【完成】按钮，即可完成输入法安装，如下图所示。

4.2.2 重点：切换当前输入法

如果安装了多个输入法，可以方便地在输入法之间切换，下面介绍选择与切换输入法的操作。

1. 选择输入法

第1步 在状态栏中单击输入法（此时默认的输入法为微软拼音输入法）图标，弹出输入法列表，选择并单击要切换到的输入法，如选择"搜狗输入法"选项，如下图所示。

第2步 即可完成输入法的选择，如下图所示。

2. 使用快捷键

虽然上述方法是最常用的方法，但是却不是最快捷的方法，需要两步骤操作完成，而使用快捷键可以快速切换。Windows 10 的切换输入法的快捷键是【Windows+ 空格】组合键，如当前默认为微软拼音输入法，按【Windows+ 空格】组合键后，即可切换至搜狗拼音输入法，当再次按【Windows+ 空格】组合键会再次切换，如下图所示。

3. 中英文的快速切换

在输入文字内容时，有时不仅要输入英文或者中文，需要来回切换，如果单击状态栏上进行切换就比较麻烦，最快捷的方法是按【Shift】键进行切换。

4.2.3 设置默认输入法

如果想在系统启动时自动切换到某一种输入法，可以将其设置为默认输入法，具体操作步骤如下。

第1步 按【Windows+I】组合键，打开【设置】面板，并单击【时间和语言】图标，如下图所示。

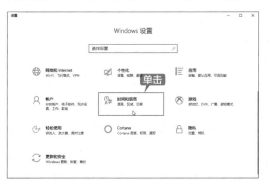

第2步 进入【时间和语言】界面，选择左侧的【区域和语言】选项卡，然后在右侧【相关设置】区域下，单击【高级键盘设置】超

链接，如下图所示。

第3步 进入【高级键盘设置】界面，单击【替代默认输入法】区域下的下拉按钮，如下图所示。

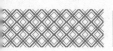
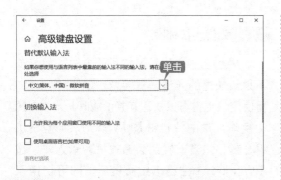

第4步 在弹出的语言列表中，选择要设置的默认输入法，如这里选择"搜狗输入法"选项，即可将其设置为默认输入法，如下图所示。

| 提示 |

如果不能立即达到默认输入法的效果，建议重启电脑，即可生效。

4.3 实战2：使用拼音输入法

拼音输入是常见的一种输入方法，用户最初的输入形式基本都是从拼音开始的。拼音输入法是按照拼音规定来输入汉字的，不需要特殊记忆，符合人的思维习惯，只要会拼音就可以输入汉字。

4.3.1 重点：全拼输入

全拼输入是拼音输入法中最基本的输入方式，输入要打的字的拼音中所有字母，如要输入"你好"，需要输入拼音"nihao"。一般拼音输入法中，默认开启全拼输入模式。

例如，要输入"计算机"，在全拼模式下从键盘中输入"jisuanji"，即可看到候选词中有"计算机"项，按空格键或数字【1】键，即可输入，如下图所示。

在使用全拼时，如果候选词中没有需要的汉字，可以按【↓】键或【↑】键进行翻页。

4.3.2 重点：简拼输入

简拼输入是输入汉字的声母或声母的首字母来进行输入的一种方式，它可以大大地提高输入的效率。例如，要输入"计算机"，只需要输入"jsj"，即可看到候选词中有"计算机"，如下图所示。

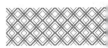

j's'j

| 1 计算机 | 2 九十九 | 3 建设局 | 4 教师节 | 5 脚手架 | 6 金沙江 | 7 就是将 | ☺ |

从上面的示例可以看到，输入简拼后，候选词有很多，正是因为首字母相关的范围过广，输入法会优先显示较常用的词组。为了提高输入效率，建议使用全拼和简拼进行混合输入，也就是某个字用全拼，另外的字用简拼，这样既可以输入最少的字母，又可以提高输入效率。例如，要输入"输入法"，可以输入"shrf""sruf"或"srfa"，都可以在候选词中看到"输入法"，如下图所示。

s'r'fa

| 1 输入法 | 2 水热法 | 3 收入法 | 4 输入 | 5 虽然 | 6 生日 | 7 收入 | ☺ |

4.3.3 中英文输入

在平时写邮件、发送消息时经常会需要输入一些英文字符，搜狗拼音自带了中英文混合输入功能，便于用户快速地在中文输入状态下输入英文。

1. 通过按【Enter】键输入拼音

在中文输入状态下，如果要输入拼音，可以再输入拼音的全拼后，直接按【Enter】键输入。下面以输入"电脑"的拼音"diannao"为例介绍。

第1步 在中文输入状态下，从键盘输入"diannao"，如下图所示。

dian'nao

| 1 电脑 | 2 点 | 3 店 | 4 电 | ☺ |

第2步 直接按【Enter】键即可输入英文字符，如下图所示。

diannao

| 提示 |

如果要输入一些常用的包含字母和数字的验证码，如"q8g7"，也可以直接输入"q8g7"，然后按【Enter】键。

2. 中英文混合输入

在输入中文字符的过程中，如果要在中间输入英文，就可以使用搜狗拼音的中英文混合输入功能。例如，要输入"你好的英文是 hello"的具体操作步骤如下。

第1步 在键盘中输入"nihaodeyingwenshihello"，如下图所示。

ni'hao'de'ying'wen'shi'hello

| 1 你好的英文是hello | 2 你好的 | 3 你好 | 4 你号 | ☺ |

第2步 此时，直接按空格键或数字【1】键，即可输入"你好的英文是 hello"，如下图所示。

你好的英文是 hello

根据需要还可以输入"我要去 party""说 goodbye"等，如下图所示。

wo'yao'qu'party

| 1 我要去party | 2 我要去 | 3 我要 | 4 我咬 | ☺ |

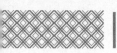
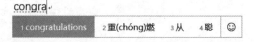

3. 直接输入英文单词

在搜狗拼音的中文输入状态下，还可以直接输入英文单词。下面以输入单词"congratulations"为例介绍，具体操作步骤如下。

第1步 在中文输入状态下，直接在键盘中依次从第一个字母开始输入，输入一些字母之后，将会看到候选词中出现该选项，如下图所示。

第2步 直接按空格键，即可在中文输入状态下输入英文单词，如下图所示。

congratulations

另外，如果输入的英文中没有该词，直接输入完成单词中的所有字母，按空格键也可直接输入英文单词。

4.3.4 模糊音输入

对于一些前后鼻音、平舌翘舌分不清的用户，可以使用微软拼音的模糊音输入功能输入正确的汉字。微软输入法默认开启【智能模糊拼音】输入法，用户还可以根据使用习惯设置模糊拼音规则。

第1步 在语言类中右击中按钮，在弹出的快捷菜单中，选择【设置】选项，进入【微软拼音】界面，选择【常规】选项，如下图所示。

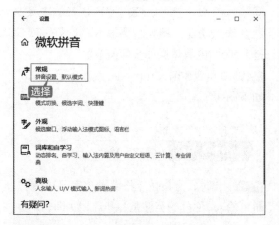

第2步 进入【常规】界面。在【模糊拼音】区域下，将【智能模糊拼音】设置为"开"，如下图所示。

第3步 即可显示易于混淆的模糊音，例如，这里将"n，l"，设置为想使用的模糊音，如下图所示。

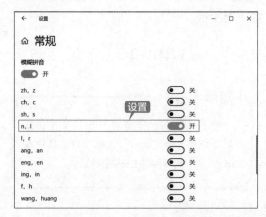

第4步 此时，在键盘中输入"liunai"，即可在下方候选词中看到"牛奶"一词，按【空格】键即可输入，如下图所示。

4.3.5 生僻字的输入

以搜狗拼音输入法为例，使用搜狗拼音输入法也可以通过启动 U 模式来输入生僻汉字，在搜狗输入法状态下，输入字母"U"，即可打开 U 模式。

> **提示**
>
> 在双拼模式下可按【Shift+U】组合键启动 U 模式。

1. 笔画输入

常用的汉字均可通过笔画输入的方法输入。如输入"囧"的具体操作步骤如下。

第1步 在搜狗拼音输入法状态下，按字母"U"，启动 U 模式，可以看到笔画对应的按键，如下图所示。

> **提示**
>
> 【H】键代表横或提，【S】键代表竖或竖钩，【P】键代表撇，【N】键代表点或捺，【Z】键代表折。

第2步 根据"囧"的笔画依次输入"szpnsz"，即可看到显示的汉字及其正确的读音。按空格键， 即可将"囧"字插入光标所在位置，如下图所示。

> **提示**
>
> 需要注意的是"忄"的笔画是点点竖（dds），而不是竖点点（sdd）、点竖点（dsd）。

2. 拆分输入

将一个汉字拆分成多个组成部分，U 模式下分别输入各部分的拼音即可得到对应的汉字。分别输入"犇""胨""淽"的具体操作步骤如下。

第1步 "犇"字可以拆分为 3 个"牛（niu）"，因此在搜狗拼音输入法下输入"uniuniuniu"，即可显示"犇"字及其汉语拼音，按空格键即可输入，如下图所示。

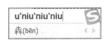

第2步 "胨"字可以拆分为"月（yue）"和"屯（tun）"，在搜狗拼音输入法下输入"uyuetun"，即可显示"胨"字及其汉语拼音，按空格键即可输入，如下图所示。

第3步 "淽"字可以拆分为"氵（shui）"和"亮（liang）"，在搜狗拼音输入法下输入"ushuiliang"，即可显示"淽"字及其汉语拼音，按数字键"2"即可输入，如下图所示。

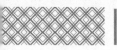

| 提示 |

搜狗拼音输入法将常见的偏旁都定义了拼音，如下图所示。

偏旁部首	输入	偏旁部首	输入
阝	fu	忄	xin
卩	jie	钅	jin
讠	yan	礻	shi
辶	chuo	爻	yin
冫	bing	氵	shui
宀	mian	冖	mi
扌	shou	犭	quan
纟	si	幺	yao
灬	huo	亠	wang

3. 笔画拆分混输

除了使用笔画和拆分的方法输入陌生汉

字外，还可以使用笔画拆分混输的方法输入，如输入"绎"字的具体操作步骤如下。

第1步 "绎"字左侧可以拆分为"纟（si）"，输入"usi"，如下图所示。

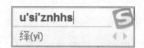

第2步 右侧部分可按照笔画顺序，输入"znhhs"，即可看到要输入的陌生汉字及其正确读音，如下图所示。

4.4 实战 3：使用五笔输入法

五笔字型输入法（简称五笔）是依据笔画和字形特征对汉字进行编码，是典型的形码输入法。五笔是目前常用的汉字输入法之一。五笔相对于拼音输入法具有重码率低的特点，熟练后可快速输入汉字。五笔字型自 1983 年诞生以来，先后推出 3 个版本：86 五笔、98 五笔和新世纪五笔。

4.4.1 重点：五笔字型输入的基本原理

由于所有的中文汉字都是由 5 个基本笔画——横、竖、撇、捺（包括点）、折组成的。在五笔字型输入法中，横对应数字 1、竖对应 2、撇对应 3、捺（包括点）对应 4、折对应 5，按汉字书写笔顺输入对应的数字，就能打出相应的汉字，这就是五笔字型输入法的基本原理。

4.4.2 重点：五笔字型字根的键盘图

字根是五笔输入法的基础，将字根合理地分布到键盘的 25 个键上，这样更有利于汉字的输入。五笔根据汉字的 5 种笔画，将键盘的主键盘区划分为 5 个字根区，分别为横、竖、撇、捺、折五区。如下图所示的是五笔字型字根的键盘分布图。

1. 横区（一区）

横是运笔方向从左到右和从左下到右上的笔画，在五笔字型中，"提（㇀）"包括在横内。横区在键盘分区中又称为一区，包括【G】【F】【D】【S】【A】5 个按键，分布着以"横（一）"起笔的字根。字根在横区的键位分布如下图所示。

2. 竖区（二区）

竖是运笔方向从上到下的笔画，在竖区内，把"竖左钩（亅）"同样视为竖。竖区在键盘分区中又称为二区，包括【H】【J】【K】【L】【M】5 个按键，分布着以"竖（丨）"起笔的字根。字根在竖区的键位分布如下图所示。

3. 撇区（三区）

撇是运笔方向从右上到左下的笔画。另外，不同角度的撇也同样视为在撇区内。撇区在键盘分区中又称为三区，包括【T】【R】【E】【W】【Q】5 个按键，分布着以"撇（丿）"起笔的字根。字根在撇区的键位分布如下图所示。

4. 捺区（四区）

捺是运笔方向从左上到右下的笔画，在捺区内把"点（丶）"也同样视为捺。捺区在键盘分区中又称为四区，包括【Y】【U】【I】【O】【P】5 个按键，分布着以"捺（丶）"起笔的字根。字根在捺区的键位分布如下图所示。

5. 折区（五区）

折是朝各个方向运笔都带折的笔画（除竖左钩外），例如，"乙""乚""乛""乁"等都属于折区。折区在键盘的分区中又叫五区，包括【N】【B】【V】【C】【X】5 个按键，分布着以"折（乙）"起笔的字根。字根在折区的键位分布如下图所示。

4.4.3 重点：快速记忆字根

五笔字根的数量众多，且形态各异，不容易记忆，一度成为人们学习五笔的最大障碍。在五笔的发展中，除了最初的五笔字根口诀外，另外还衍生出了很多帮助用户记忆的方法。

1. 通过口诀理解记忆字根

为了帮助五笔字型初学者记忆字根，五笔字型的创造者王永民教授，运用谐音和象形等手法编写了 25 句五笔字根口诀。如下表所示的是五笔字根口诀及其所对应的字根。

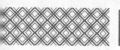
区	键位	区位号	键名字根	字根	记忆口诀
横区	G	11	王	王 圭 戋 五 一 ✓	王旁青头戋（兼）五一
	F	12	土	土 士 二 干 丰 十 寸 雨 十 ⺶	土士二干十寸雨
	D	13	大	大 犬 三 手 ⺻ 镸 古 石 厂 ナ 厂 ナ	大犬三手（羊）古石厂
	S	14	木	木 丁 西 覀	木丁西
	A	15	工	工 戈 弋 廾 艹 廿 芇 匚 七 弋 ⺆ 七 匚	工戈草头右框七
竖区	H	21	目	目 且 上 止 ⺀ 卜 卜 丨 丨 广 皮	目具上止卜虎皮
	J	22	日	日 曰 ⺕ 早 刂 刂 刂 虫	日早两竖与虫依
	K	23	口	口 川 刂	口与川，字根稀
	L	24	田	田 甲 囗 皿 四 车 力 刂 㘁 皿	田甲口框四车力
	M	25	山	山 由 贝 冂 几 ⺲ 勹 冂 几	山由贝，下框几
撇区	T	31	禾	禾 禾 竹 ⺮ 丿 彳 攵 夂 ⺈	禾竹一撇双人立，反文条头共三一
	R	32	白	白 手 扌 手 斤 厂 ⺁ 斤 彡	白手看头三二斤
	E	33	月	月 月 丹 彡 ⺳ 乃 用 豕 豖 ⻏ 𧰨 ⻏	月彡（衫）乃用家衣底
	W	34	人	人 亻 八 癶 祭	人和八，三四里
	Q	35	金	金 钅 勹 鱼 夕 ⺈ 犭 儿 ク メ 儿 夕 ⺈ 匚	金（钅）勹缺点无尾鱼，犬旁留乂儿一点夕，氏无七（妻）
捺区	Y	41	言	言 讠 文 方 丶 亠 䒑 广 圭 丶	言文方广在四一，高头一捺谁人去
	U	42	立	立 六 亠 辛 丷 丬 ⺍ 丷 ⺶ 疒 门	立辛两点六门广（病）
	I	43	水	水 氺 兴 ⺍ 氵 ⺍ 小 业 业	水旁兴头小倒立
	O	44	火	火 业 ⺍ 灬 米 ⺍	火业头，四点米
	P	45	之	之 宀 宀 辶 廴 礻	之字军盖建道底，摘礻（示）衤（衣）
折区	N	51	已	已 巳 己 尸 ⺕ 尸 心 忄 ⺗ 羽 乙 乚 亠 ⺈ 丁 𠃌 乚 乙	已半巳满不出己，左框折尸心和羽
	B	52	子	子 孑 了 巜 也 耳 卩 阝 凵 卩 卩	子耳了也框向上
	V	53	女	女 刀 九 臼 彐 巛 彐 ヨ	女刀九臼山朝西
	C	54	又	又 巴 马 マ 厶 ス	又巴马，丢矢矣
	X	55	纟	纟 纟 幺 纟 口 弓 匕 匕	慈母无心弓和匕，幼无力

2. 互动记忆字根

通过前面的学习，相信读者已经对五笔字根有了一个很深的印象。下面继续了解一下其规律，然后互动来记忆字根。

（1）横区（一）。字根图如下图所示。

字根口诀如下。

11 G 王旁青头戋（兼）五一

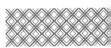

12 F 土士二干十寸雨

13 D 大犬三㺕（羊）古石厂

14 S 木丁西

15 A 工戈草头右框七

分析上面的字根图和五组字根口诀，可以发现，所在字根第一画都是横，所以当你看到一个以横打头的字根时，如土、大、王，首先要定位到 1 区，即【G】【F】【D】【S】【A】这 5 个键位，这样能大大缩短键位的思考时间。

（2）竖区（丨）。字根图如下图所示。

字根口诀如下。

21 H 目具上止卜虎皮

22 J 日早两竖与虫依

23 K 口与川，字根稀

24 L 田甲方框四车力

25 M 山由贝，下框几

分析上面的字根图和五组字根口诀，可以发现，所在字根第一画都是竖，所以当你看到一个以竖打头的字根时，如目、日、甲，首先要定位到 2 区，即【H】【J】【K】【L】【M】这 5 个键位，这样能大大缩短键位的思考时间。

（3）撇区（丿）。字根图如下图所示。

字根口诀如下。

31 T 禾竹一撇双人立，反文条头共三一

32 R 白手看头三二斤

33 E 月彡（衫）乃用家衣底

34 W 人和八，三四里

35 Q 金（钅）勹缺点无尾鱼，犬旁留乂儿一点夕，氏无七（妻）

分析上面的字根图和五组字根口诀，可以发现，所在字根第一画都是撇，所以当你看到一个以撇打头的字根时，如禾、月、金，首先要定位到 3 区，即【T】【R】【E】【W】【Q】这 5 个键位，这样能大大缩短键位的思考时间。

（4）捺区（丶）。字根图如下图所示。

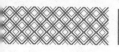
字根口诀如下。

41 Y 言文方广在四一，高头一捺谁人去

42 U 立辛两点六门疒（病）

43 I 水旁兴头小倒立

44 O 火业头，四点米

45 P 之字军盖建道底，摘礻（示）衤（衣）

分析上面的字根图和五组字根口诀，可以发现，所在字根第一画都是捺，所以当你看到一个以捺打头的字根时，如文、立、米，首先要定位到 4 区，即【Y】【U】【I】【O】【P】这 5 个键位，这样能大大缩短键位的思考时间。

（5）折区（乙）。字根图如下图所示。

字根口诀如下。

51 N 已半巳满不出己，左框折尸心和羽

52 B 子耳了也框向上

53 V 女刀九臼山朝西

54 C 又巴马 丢矢矣

55 X 慈母无心弓和匕，幼无力

分析上面的字根图和五组字根口诀，可以发现，所在字根第一画都是折，所以当你看到一个以折打头的字根时，如马、女、已，首先要定位到 5 区，即【N】【B】【V】【C】【X】这 5 个键位，这样能大大缩短键位的思考时间。

互动记忆就是不管在何时何地，都能让自己练习字根。根据字母说字根口诀、根据字根口诀联想字根，还可以根据字根口诀反查字母等。互动记忆没有多少诀窍，靠的就是持之以恒，靠的就是自觉。希望读者在平时生活中不忘五笔，多记忆，这样很快就能熟练掌握键位，也不容易忘记。

4.4.4 重点：汉字的拆分技巧与实例

一般输入汉字，每字最多键入四码。根据可以拆分成字根的数量可以将键外字分为 3 种，分别为刚好是 4 个字根的汉字、超过 4 个字根的汉字和不足 4 个字根的汉字。下面分别介绍这 3 种键外字的输入方法。

1. 刚好是 4 个字根的字

按书写顺序点击该字的 4 个字根的区位码所对应的键，该字就会出现。也就是说，该汉字刚好可以拆分成 4 个字根，此类汉字的输入方法为：第 1 个字根所在键 + 第 2 个字根所在键 + 第 3 个字根所在键 + 第 4 个字根所在键。如果有重码，选字窗口会列出同码字供你选择。你只要按你选中的字前面的序号按相应的数字键，该字就会上屏。

下面举例说明刚好 4 个字根的汉字的输入方法，如下表所示。

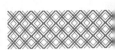

汉字	第 1 个字根	第 2 个字根	第 3 个字根	第 4 个字根	编码
照	日	刀	口	灬	JVKO
镌	钅	亻	圭	乃	QWYE
舻	丿	舟	卜	尸	TEHN
势	扌	九	丶	力	RVYL
痨	疒	艹	冖	力	UAPL
登	癶	一	口	丷	WGKU
第	竹	弓	丨	丿	TXHT
屡	尸	彳	米	女	NTOV
暑	日	土	丿	日	JFTJ
楷	木	匕	匕	白	SXXR
每	𠂉	口	一	丶	TXGU
貌	爫	豸	白	儿	EERQ
踞	口	止	尸	古	KHND
倦	亻	丷	大	卩	WUDB
商	立	冂	八	口	UMWK
桐	木	冂	口	口	SUKK
模	木	艹	日	大	SAJD

2. 超过 4 个字根的字

按照书写顺序第一、第二、第三和最后一个字根的所在的区位输入。则该汉字的输入方法为：第 1 个字根所在键 + 第 2 个字根所在键 + 第 3 个字根所在键 + 第末个字根所在键。下面举例说明超过 4 个字根的汉字的输入方法，如下表所示。

汉字	第 1 个字根	第 2 个字根	第 3 个字根	第末个字根	编码
攀	木	乂	乂	手	SQQR
鹏	月	月	勹	一	EEQG
煅	火	亻	三	又	OWDC
逦	一	冂	丶	辶	GMYP
偿	亻	丷	冖	厶	WIPC
佩	亻	几	一	丨	WMGH
嗜	口	土	丿	日	KFTJ
磬	士	尸	几	石	FNMD
龇	止	人	凵	丶	HWBY
篱	竹	文	凵	厶	TYBC
嫸	女	亠	口	一	VYLG
器	口	口	犬	口	KKDK
警	艹	勹	口	言	AQKY
藁	艹	氵	匚	木	AIAS
蠋	艹	八	皿	虫	UWLJ
蓬	艹	夂	三	辶	ATDP

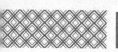
3. 不足 4 个字根的字

按书写顺序输入该字的字根后，再输入该字的末笔字型识别码，仍不足四码的补一空格键。则该汉字的输入方法为：第 1 个字根所在键 + 第 2 个字根所在键 + 第 3 个字根所在键 + 末笔识别码。下面举例说明不足 4 个字根的汉字的输入方法，如下表所示。

汉字	第 1 个字根	第 2 个字根	第 3 个字根	末笔识别码	编码
汉	氵	又	无	Y	ICY
字	宀	子	无	F	PBF
个	人	丨	无	J	WHJ
码	石	马	无	G	DCG
术	木	丶	无	K	SYI
费	弓	川	贝	U	XJMU
闲	门	木	无	I	USI
耸	人	人	耳	F	WWBF
讼	讠	八	厶	Y	YWCY
完	宀	二	儿	B	PFQB
韦	二	𠃌	丨	K	FNHK
许	讠	𠂉	十	H	YTFH
序	广	マ	了	K	YCBK
华	亻	匕	十	J	WXFJ
徐	彳	人	禾	Y	TWTY
倍	亻	立	口	G	WUKG
难	又	亻	主	G	CWYG
畜	亠	幺	田	F	YXLF

> **提示** ::::::
>
> 在添加末笔区位码中，有一个特殊情况必须记住：有走之底"辶"的字，尽管走之底"辶"写在最后，但不能用走之底"辶"的末笔来当识别码（否则所有走之底"辶"的字的末笔识别码都一样，就失去筛选作用了），而要用上面那部分的末笔来代替。例如，"连"字的末笔取"车"字的末笔一竖"K"，"迫"字的末笔区位码取"白"字的最后一笔"D"等。

对于初学者来说，输入末笔区位识别码时，可能会有点影响思路的感觉。但必须坚持训练，务求彻底掌握，习惯了就会得心应手。当你学会用词组输入以后，就很少用到末笔区位识别码了。

4.4.5 重点：输入单个汉字

在五笔字根表中把汉字分为一般汉字、键名汉字和成字字根汉字 3 种。而出现在助记词中的一些字不能按一般五笔字根表的拆分规则进行输入，它们有自己的输入方法。这些字分为两类，即"键名汉字"和"成字字根汉字"。

1. 5 种单笔画的输入

在输入键名汉字和成字字根汉字之前，先来看一下 5 种单笔画的输入。5 种单笔画是指五笔字型字根表中的 5 个基本笔画，即横（一）、竖（丨）、撇（丿）、捺（丶）和折（乙）。

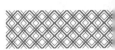

使用五笔字型输入法可以直接输入 5 个单笔画。它们的输入方法为：字根所在键 + 字根所在键 +【L】键 +【L】键，具体输入方法如下表所示。

单笔画	字根所在键	字根所在键	字母键	字母键	编码
一	G	G	L	L	GGLL
丨	H	H	L	L	HHLL
丿	T	T	L	L	TTLL
、	Y	Y	L	L	YYLL
乙	N	N	L	L	NNLL

2. 键名汉字的输入

在五笔输入法中，每个放置字根的按键都对应一个键名汉字，即每个键中的键名汉字就是字根记忆口诀中的第一个字，如下图所示。

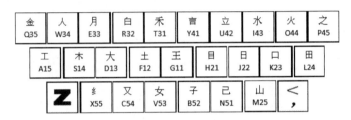

键名汉字共有 25 个，键名汉字的输入方法为：连续按下 4 次键名汉字所在的键位，键名汉字的输入如下表所示。

键名汉字	编码	键名汉字	编码	键名汉字	编码	键名汉字	编码
王	GGGG	目	HHHH	禾	TTTT	言	YYYY
土	FFFF	日	JJJJ	白	RRRR	立	UUUU
大	DDDD	口	KKKK	月	EEEE	水	IIII
木	SSSS	田	LLLL	人	WWWW	火	OOOO
工	AAAA	山	MMMM	金	QQQQ	之	PPPP
已	NNNN	子	BBBB	女	VVVV	又	CCCC
纟	XXXX						

3. 成字字根汉字的输入

成字字根是指在五笔字根总表中除了键名汉字以外，还有六十几个字根本身也是成字，如"五、早、米、羽……"这些字称为成字字根。

成字字根的输入方法是："报户口"，即按一下该字根所在的键。再按笔画输入 3 键，即该字的第 1、2 和末笔所在的键（成字字根笔画不足时补空格键）。即成字字根编码 = 成字字根所在键 + 首笔笔画所在键 + 次笔笔画所在键 + 末笔笔画所在键（空格键）。

下面举例说明成字字根的输入方法，如下表所示。

成字字根	字根所在键	首笔笔画	次笔笔画	末笔笔画	编码
戋	G	一	一	丿	GGGT
土	F	一	丨	一	FGHG
古	D	一	丨	一	DGHG

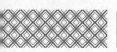
续表

成字字根	字根所在键	首笔笔画	次笔笔画	末笔笔画	编码
犬	D	一	丿	丶	DGTY
丁	S	一	丨	空格	SGH
七	A	一	乙	空格	AGN
上	H	丨	一	一	HHGG
早	J	丨	乙	丨	JHNH
川	K	丿	丨	丨	KTHH
甲	L	丨	乙	丨	LHNH
由	M	丨	乙	一	MHNG
竹	T	丿	一	丨	TTGH
辛	U	丶	一	丨	UYGH
干	F	一	一	丨	FGGH
弓	X	乙	一	乙	XNGN
马	C	乙	乙	一	CNNG
九	V	丿	乙	空格	VTN
米	O	丶	丿	丶	OYTY
巴	C	乙	丨	乙	CNHN
手	R	丿	一	丨	RTGH
臼	V	丿	丨	一	VTHG

| 提示 | ::::::

成字字根汉字有：一、五、戋、士、二、千、十、寸、雨、犬、三、古、石、厂、丁、西、七、弋、戈、廿、卜、上、止、曰、早、虫、川、甲、四、车、力、由、贝、几、竹、手、斤、乃、用、八、儿、夕、广、文、方、六、辛、门、小、米、己、巴、尸、心、羽、了、耳、也、刀、九、白、巴、马、弓、匕。

4. 输入键外汉字

在五笔字型字根表中，除了键名字根和成字字根外，都为普通字根。键面汉字之外的汉字称为键外汉字，汉字中绝大部分的单字都是键外汉字，它们在五笔字型字根表中是找不到的。因此， 五笔字型的汉字输入编码主要是指键外汉字的编码。

键外汉字的输入都必须按字根进行拆分，凡是拆分的字根少于 4 个的，为了凑足四码，在原编码的基础上要为其加上一个末笔识别码才能输入，末笔识别码是部分汉字输入取码必须掌握的知识。

在五笔字根表中，汉字的字型可分为三类。第一类：左右型，如汉、始、倒；第二类：上下型，如字、型、森、器。第三类：杂合型，如国、这、函、问、句。有一些由两个或多个字根相交而成的字，也属于第三类。例如，"必"字是由字根"心"和"丿"组成的；"毛"字是由"丿""二"和"乚"组成的。

上面讲的汉字的字型是准备知识，下面让我们来具体了解"末笔区位识别码"。务必记住 8 个字："笔画分区，字型判位"。

末笔通常是指一个字按笔顺书写的最后一笔，在少数情况下指某一字根的最后一笔。

大家已经知道 5 种笔画的代码：横为 1、竖为 2、撇为 3、捺为 4、折为 5。用这个代码分区（下表中的行），再用刚刚讲过的三类字型判位，左右为 1、上下为 2、杂合为 3（下表的三列）这就构成了所谓的"末笔区位识别码"，如下表所示。

	字型	左右型	上下型	杂合型
末笔		1	2	3
横（一）	1	G（11）	F（12）	D（13）
竖（丨）	2	H（21）	J（22）	K（23）
撇（丿）	3	T（31）	R（32）	E（33）
捺（丶）	4	Y（41）	U（42）	I（43）
折（乙）	5	N（51）	B（52）	V（53）

例如，"组"字末笔是横，区码为 1；字型是左右型，位码也是 1；所以"组"字的末笔区位识别码就是 11（G）。

"笔"字末笔是折，区码应为 5；字型是上下型，位码为 2；所以"笔"字的末笔区位识别码为 52（B）。

"问"字末笔是横，区码应为 1；字型是杂合型，位码为 3；所以"问"字的末笔区位识别码为 13（D）。

"旱"字末笔是竖，区码应为 2；字型是上下型，位码为 2；所以"旱"字的末笔区位识别码为 22（J）。

"困"字末笔是捺，区码应为 4；字型是杂合型，位码为 3；所以"困"字的末笔区位识别码为 43（I）。

4.4.6 重点：万能【Z】键的妙用

在使用五笔字型输入法输入汉字时，如果忘记某个字根所在键或不知道汉字的末笔识别码，可用万能键【Z】来代替，它可以代替任何一个按键。

为了便于理解，下面将以举例的方式说明万能【Z】键的使用方法。

例如，"虽"，输入完字根"口"之后，不记得"虫"的键位是哪个，就可以直接按【Z】键，如下图所示。

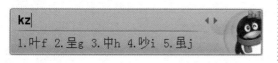

在其备选字列表中，可以看到"虽"字

的字根"虫"在 J 键上，选择列表中相应的数字键，即可输入该字。

接着按照正确的编码再次进行输入，加深记忆，如下图所示。

─┤提示├·················

在使用万能键时，如果在候选框中未找到准备输入的汉字时，就可以在键盘上按下【+】键或【Page Down】键向后翻页，按下【-】键或【Page Up】键向前翻页进行查找。由于使用【Z】键输入重码率高，会影响打字的速度，所以用户尽量不要依赖【Z】键。

4.4.7 重点：使用简码输入汉字

为了充分利用键盘资源，提高汉字输入速度，五笔字根表还将一些最常用的汉字设为简码，只要击一键、两键或三键，再加一个空格键就可以将简码输入。下面分别来介绍一下这些简码字的输入。

1. 一级简码的输入

一级简码，顾名思义就是只需敲打一次键码就能出现的汉字。

在五笔键盘中根据每一个键位的特征，在 5 个区的 25 个键位（Z 为学习键）上分别安排了一个使用频率最高的汉字，称为一级简码，即高频字，如下图所示。

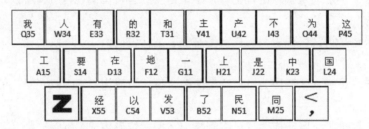

一级简码的输入方法：简码汉字所在键 + 空格键。

例如，当我们输入"要"字时，只需要按一次简码所在键【S】，即可在输入法的备选框中看到要输入的"要"字，如下图所示。

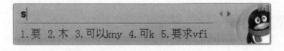

接着按下空格键，就可以看到已经输入的"要"字。

一级简码的出现大大提高了五笔打字的输入速度，对五笔学习初期也有极大帮助。如果没有熟记一级简码所对应的汉字，输入速度将会相当缓慢。

> **提示**
>
> 当某些词中含有一级简码时，输入一级简码的方法为：一级简码 = 首笔字根 + 次笔字根。例如，地 = 土（F）+ 也（B）；和 = 禾（T）+ 口（K）；要 = 西（S）+ 女（V）；中 = 口（K）+ 丨（H）等。

2. 二级简码的输入

二级简码就是只需敲打两次键码就能出现的汉字。它是由前两个字根的键码作为该字的编码，输入时只要取前两个字根，再按空格键即可。但是，并不是所有的汉字都能用二级简码来输入，五笔字型将一些使用频率较高的汉字作为二级简码。下面将举例说明二级简码的输入方法。

例如，如 = 女（V）+ 口（K）+ 空格，如下图所示。

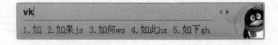

输入前两个字根,再按空格键即可输入。同样的,暗 = 日 (J) + 立 (U) + 空格;果 = 日 (J) + 木 (S) + 空格;炽 = 火 (O) + 口 (K) + 空格;蝗 = 虫 (J) + 白 (R) + 空格等。

二级简码是由 25 个键位 (Z 为学习键) 代码排列组合而成的,共 25 × 25 个,去掉一些空字,二级简码大约 600 个。二级简码的输入方法为:第 1 个字根所在键 + 第 2 个字根所在键 + 空格键。二级简码表如下表所示。

位号 \ 区号		11 ~ 15 G F D S A	21 ~ 25 H J K L M	31 ~ 35 T R E W Q	41 ~ 45 Y U I O P	51 ~ 55 N B V C X
11	G	五于天末开	下理事画现	玫珠表珍列	玉平不来	与屯妻到互
12	F	二寺城霜载	直进吉协南	才垢圾夫无	坟增示赤过	志地雪支
13	D	三夯大厅左	丰百右历面	帮原胡春克	太磁砂灰达	成顾肆友龙
14	S	本村枯林械	相查可楞机	格析极检构	术样档杰棕	杨李要权楷
15	A	七革基苛式	牙划或功贡	攻匠菜共区	芳燕东 芝	世节切芭药
21	H	睛睦睚盯虎	止旧占卤贞	睡睥肯具餐	眩瞳步眯瞎	卢 眼皮此
22	J	量时晨果虹	早昌蝇曙遇	昨蝗明蛤晚	景暗晃显晕	电最归紧昆
23	K	呈叶顺呆呀	中虽吕另员	呼听吸只史	嘛啼吵噗喧	叫啊哪吧哟
24	L	车轩因困轼	四辊加男轴	力斩胃办罗	罚较 辘边	思团轨轻累
25	M	同财央朵曲	由则 崭册	几贩骨内风	凡赠峭赚迪	岂邮 凤嶷
31	T	生行知条长	处得各务向	笔物秀答称	入科秒秋管	秘季委么第
32	R	后持拓打找	年提扣押抽	手白扔失换	扩拉朱搂近	所报扫反批
33	E	且肝须采肛	胪胆肿胁肌	用遥朋脸胸	及胶膛膦爱	甩服妥肥脂
34	W	全会估休代	个介保佃仙	作伯仍从你	信们偿伙	亿他分公化
35	Q	钱针然钉氏	外旬名甸负	儿铁角欠多	久勾乐炙锭	包凶争色
41	Y	主计庆订度	让刘训为高	放诉衣认义	方说就变这	记离良充率
42	U	闰半关亲并	站间部曾商	产瓣前闪交	六立冰普帝	决闻妆冯北
43	I	汪法尖洒江	小浊澡渐没	少泊肖兴光	注洋水淡学	沁池当汉涨
44	O	业灶类灯煤	粘烛炽烟灿	烽煌粗粉炮	米料炒炎迷	断籽娄烃糇
45	P	定守害宁宽	寂审宫军宙	客宾家空宛	社实宵灾之	官字安 它
51	N	怀导居 民	收慢避惭届	必怕 愉懈	心习悄屡忙	忆敢恨怪尼
52	B	卫际承阿陈	耻阳职阵出	降孤阴队隐	防联孙耿辽	也子限取陛
53	V	姨寻姑杂毁	叟旭如舅妯	九 奶 婚	妨嫌录灵巡	刀好妇妈姆
54	C	骊对参骠戏	骒台劝观	矣牟能难允	驻骈 驼	马邓艰双
55	X	线结顷 红	引旨强细纲	张绵级给约	纺弱纱继综	纪弛绿经比

> **| 提示 |** :::::::
>
> 虽然一级简码速度快,但毕竟只有 25 个,真正提高五笔打字输入速度的是这 600 多个二级简码的汉字。二级简码数量较大,靠记忆并不容易,只能在平时多加注意与练习,日积月累慢慢就会记住二级简码汉字,从而大大提高输入速度。

3. 三级简码的输入

三级简码是以单字全码中的前 3 个字根作为该字的编码。

在五笔字根表所有的简码中三级简码汉字字数最多，输入三级简码字只需击键 4 次（含一个空格键），3 个简码字母与全码的前三者相同。但用空格代替了末字根或末笔识别码，即三级简码汉字的输入方法为：第 1 个字根所在键 + 第 2 个字根所在键 + 第 3 个字根所在键 + 空格键。由于省略了最后一个字根的判定和末笔识别码的判定，可显著提高输入速度。

三级简码汉字数量众多，有 4400 多个，故在此就不再一一列举。下面只举例说明三级简码汉字的输入，以帮助读者学习。

例如，模 = 木（S）+ 艹（A）+ 日（J）+ 空格，如下图所示。

输入前三个字根，再输入空格即可输入。

同样的，隔 = 阝（B）+ 一（G）+ 口（K）+ 空格；输 = 车（L）+ 人（W）+ 一（G）+ 空格；蓉 = 艹（A）+ 宀（P）+ 八（W）+ 空格；措 = 扌（R）+ 艹（A）+ 日（J）+ 空格；修 = 亻（W）+ 丨（H）+ 攵（T）+ 空格等。

4.4.8 重点：词组的打法和技巧

五笔输入法中不仅可以输入单个汉字，而且还提供大规模词组数据库，使输入更加快速。五笔字根表中词组输入法按词组字数分为二字词组、三字词组、四字词组和多字词组 4 种，但不论哪一种词组其编码构成数目都为四码，因此采用词组的方式输入汉字会比单个输入汉字的速度快得多。

1. 输入二字词组

二字词组输入法为：分别取单字的前两个字根代码，即第 1 个汉字的第 1 个字根所在键 + 第 1 个汉字的第 2 个字根所在键 + 第 2 个汉字的第 1 个字根所在键 + 第 2 个汉字的第 2 个字根所在键。下面举例来说明二字词组的编码的规则。

例如，汉字 = 氵（I）+ 又（C）+ 宀（P）+ 子（B），如下图所示。

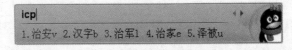

当输入"B"时，二字词组"汉字"即可输入，如下表所示的都是二字词组的编码规则。

词组	第 1 个字根 第 1 个汉字的第 1 个字根	第 2 个字根 第 1 个汉字的第 2 个字根	第 3 个字根 第 2 个汉字的第 1 个字根	第 4 个字根 第 2 个汉字的第 2 个字根	编码
词组	讠	乙	纟	月	YNXE
机器	木	几	口	口	SMKK
代码	亻	弋	石	马	WADC
输入	车	人	丿	丶	LWTY
多少	夕	夕	小	丿	QQIT
方法	方	丶	氵	土	YYIF

续表

词组	第 1 个字根 第 1 个汉字的第 1 个字根	第 2 个字根 第 1 个汉字的第 2 个字根	第 3 个字根 第 2 个汉字的第 1 个字根	第 4 个字根 第 2 个汉字的第 2 个字根	编码
字根	宀	子	木	ヨ	PBSV
编码	纟	丶	石	马	XYDC
中国	口	丨	囗	王	KHLG
你好	亻	勹	女	子	WQVB
家庭	宀	豕	广	丿	PEYT
帮助	三	丿	月	一	DTEG

|提示|

　　在拆分二字词组时，如果词组中包含有一级简码的独体字或键名字，只需连续按两次该汉字所在键位；如果一级简码非独体字，则按照键外字的拆分方法进行拆分；如果包含成字字根，则按照成字字根的拆分方法进行拆分。

　　二字词组在汉语词汇中占有的比重较大，熟练掌握其输入方法可有效地提高五笔打字速度。

2. 输入三字词组

　　所谓三字词组，就是构成词组的汉字个数有 3 个。三字词组的取码规则为：前两字各取第一码，后一字取前两码，即第 1 个汉字的第 1 个字根 + 第 2 个汉字的第 1 个字根 + 第 3 个汉字的第 1 个字根 + 第 3 个汉字的第二个字根。下面举例说明三字词组的编码规则。

　　例如，计算机 = 讠（Y）+ 𥫗（T）+ 木（S）+ 几（M），如下图所示。

　　当输入"M"时，"计算机"三字即可输入，如下表所示的都是三字词组的编码规则。

词组	第 1 个字根 第 1 个汉字的第 1 个字根	第 2 个字根 第 2 个汉字的第 1 个字根	第 3 个字根 第 3 个汉字的第 1 个字根	第 4 个字根 第 3 个汉字的第 2 个字根	编码
瞧不起	目	一	土	止	HGFH
奥运会	丿	二	人	二	TFWF
平均值	一	土	亻	十	GFWF
运动员	二	二	口	贝	FFKM
共产党	廾	立	丷	冖	AUIP
飞行员	乙	彳	口	贝	NTKM
电视机	日	礻	木	几	JPSM
动物园	二	丿	口	二	FTLF
摄影师	扌	日	丿		RJJG
董事长	艹	一	丿	𠂢	AGTA
联合国	耳	人	口	王	BWLG
操作员	扌	亻	口	贝	RWKM

| 提示 |

　　在拆分三字词组时，词组中包含有一级简码或键名字，如果该汉字在词组中，只需选取该字所在键位；如果该汉字在词组末尾又是独体字，则按其所在的键位两次作为该词的第三码和第四码；若包含成字字根，则按照成字字根的拆分方法拆分。

　　三字词组在汉语词汇中占有的比重也很大，其输入速度大约为普通汉字输入速度的 3 倍，因此可以有效地提高输入速度。

3. 输入四字词组

　　四字词组在汉语词汇中同样占有一定的比重，其输入速度约为普通汉字的 4 倍，因而熟练掌握四字词组的编码对五笔打字的速度相当重要。

　　四字词组的编码规则为取每个单字的第一码，即第 1 个汉字的第 1 个字根 + 第 2 个汉字的第 1 个字根 + 第 3 个汉字的第 1 个字根 + 第 4 个汉字的第 1 个字根。下面举例说明四字词组的编码规则。

　　例如，前程似锦 = 丷（U）+ 禾（T）+ 亻（W）+ 钅（Q），如下图所示。

　　当输入"Q"时，"前程似锦"四字即可输入。如下表所示的都是四字词组的编码规则。

词组	第 1 个字根 第 1 个汉字的第 1 个字根	第 2 个字根 第 2 个汉字的第 1 个字根	第 3 个字根 第 3 个汉字的第 1 个字根	第 4 个字根 第 4 个汉字的第 1 个字根	编码
青山绿水	主	山	纟	水	GMXI
势如破竹	扌	女	石	竹	RVDT
天涯海角	一	氵	氵	勹	GIIQ
三心二意	三	心	二	立	DNFU
熟能生巧	亠	厶	丿	工	YCTA
釜底抽薪	八	广	扌	艹	WYRA
刻舟求剑	亠	丿	十	人	YTFW
万事如意	丆	一	女	立	DGVU
当机立断	丷	木	立	米	ISUO
明知故犯	日	厶	古	犭	JTDQ
惊天动地	忄	一	二	土	NGFF
高瞻远瞩	亠	目	二	目	YHFH

| 提示 |

　　在拆分四字词组时，词组中如果包含有一级简码的独体字或键名字，只需选取该字所在键位；如果一级简码非独体字，则按照键外字的拆分方法拆分；若包含成字字根，则按照成字字根的拆分方法拆分。

4. 输入多字词组

多字词组是指 4 个字以上的词组，能通过五笔输入法输入的多字词组并不多见，一般在使用率特别高的情况下，才能够完成输入，其输入速度非常之快。

多字词组的输入同样也是取四码，其规则为取第一、二、三及末字的第一码，即第 1 个汉字的第 1 个字根＋第 2 个汉字的第 1 个字根＋第 3 个汉字的第 1 个字根＋末尾汉字的第 1 个字根。下面举例来说明多字词组的编码规则。

例如，不识庐山真面目＝一（G）＋讠（Y）＋广（Y）＋目（H），如下图所示。

当输入"H"时，"不识庐山真面目"七字即可输入，如下表所示的都是多字词组的编码规则。

词组	第 1 个字根 第 1 个汉字的 第 1 个字根	第 2 个字根 第 2 个汉字的 第 1 个字根	第 3 个字根 第 3 个汉字的 第 1 个字根	第 4 个字根 第末个汉字的 第 1 个字根	编码
百闻不如一见	厂	门	一	冂	DUGM
中央人民广播电台	口	冂	人	厶	KMWC
不识庐山真面目	一	讠	广	目	GYYH
但愿人长久	亻	厂	人	ク	WDWQ
心有灵犀一点通	心	ナ	彐	マ	NDVC
广西壮族自治区	广	西	丬	匚	YSUA
天涯何处无芳草	一	氵	亻	艹	GIWA
唯恐天下不乱	口	工	一	丿	KAGT
不管三七二十一	一	⺮	三	一	GTDG

 | 提示 |

在拆分多字词组时，词组中如果包含有一级简码的独体字或键名字，只需选取该字所在键位；如果一级简码非独体字，则按照键外字的拆分方法拆分；若包含成字字根，则按照成字字根的拆分方法拆分。

4.5 实战 4：使用金山打字通练习打字

通过前两节的学习，相信读者已经跃跃欲试了，想要快速熟练地使用键盘，这就需要进行大量的指法练习。在练习的过程中，要注意一定要使用正确的击键方法，这对提高输入速度有很大帮助。下面介绍通过金山打字通 2016 进行指法的练习。

4.5.1 安装金山打字通软件

在使用金山打字通 2016 进行打字练习之前，需要在电脑中安装该软件。下面介绍安装金山打字通 2016 的操作方法。

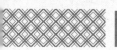
第1步 打开电脑上的 IE 浏览器，输入"金山打字通"的官方网址"http://www.51dzt.com/"，按【Enter】键进入网站主页，单击页面中的【免费下载】超链接，如下图所示。

第2步 浏览器即可下载，下载完成后，打开【金山打字通 2016 安装】窗口，进入【欢迎使用"金山打字通 2016"安装向导】界面，单击【下一步】按钮，如下图所示。

第3步 进入【许可证协议】界面，单击【我接受】按钮，如下图所示。

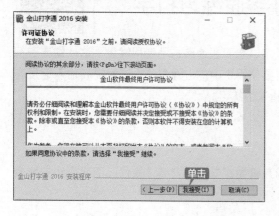

第4步 进入【WPS Office】界面，取消选中【WPS Office，让你的打字学习更有意义（推荐安装）】复选框，单击【下一步】按钮，如下图所示。

第5步 进入【选择安装位置】界面，单击【浏览】按钮，可选择软件的安装位置，设置完毕后，单击【下一步】按钮，如下图所示。

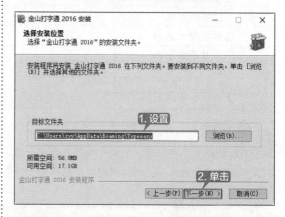

第6步 进入【选择"开始菜单"文件夹】界面，单击【安装】按钮，如下图所示。

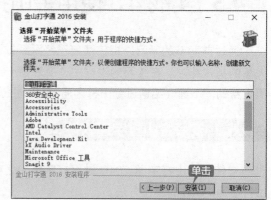

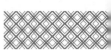

第7步 进入【金山打字通 2016 安装】界面，待安装进度条结束后，在【软件精选】界面中，取消选中推荐软件前的复选框，单击【下一步】按钮，如下图所示。

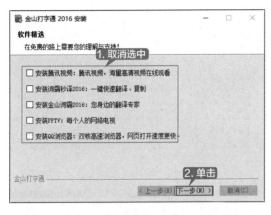

第8步 进入【正在完成"金山打字通 2016"安装向导】界面，取消选中复选框，单击【完成】按钮，即可完成软件的安装，如下图所示。

至此，金山打字通 2016 已经安装完成，接下来就是启动金山打字通软件进行指法练习，直接双击桌面的【金山打字通】快捷方式图标，启动软件即可。

4.5.2 字母键位练习

对于初学者来说，进行英文字母打字练习可以更快地掌握键盘，从而快速地提高用户对键位的熟悉程度。下面介绍在金山打字通 2016 中进行英文打字练习的具体操作步骤如下。

第1步 启动金山打字通 2016 后，单击软件主界面右上角的【登录】按钮，如下图所示。

第2步 弹出【登录】对话框，在【创建一个昵称】文本框中输入昵称，单击【下一步】按钮，如下图所示。

第3步 打开【绑定 QQ】页面，选中【自动登录】和【不再提示】复选框，单击【绑定】按钮，如下图所示，完成与 QQ 的绑定，绑定完成，将会自动登录金山打字通软件。

第4步 在软件主界面中单击【新手入门】按钮，弹出如下对话框，根据自己的熟练程度选择模式，例如，这里选择【自由模式】选项，如下图所示。

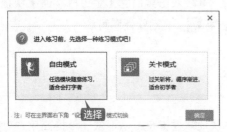

第5步 进入【新手入门】界面，单击【字母键位】按钮，如下图所示。

4.5.3 数字和符号输入练习

数字和符号离基准键位远而且偏一点，很多人喜欢直接把整个手移过去，这不利于指法练习，而且对以后打字的速度也有影响。希望读者能克服这一点，在指法练习的初期就严格要求自己。

对于数字和符号的输入，与英文打字类似。在【新手入门】界面中的【数字键位】和【符号键位】两个选项中，可分别练习数字和符号的输入。

第6步 进入【第二关：字母键位】界面，可根据"标准键盘"下方的指法提示，输入"标准键盘"上方的字母即可进行英文打字练习，如下图所示。

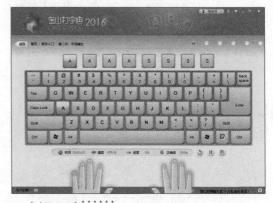

> **提示**
>
> 进行英文打字练习时，如果按键错误，则在"标准键盘"中错误的键位上标记一个错误符号，下方提示按键的正确指法。

第7步 用户也可以单击【测试模式】按钮，进入字母键位练习，如下图所示。

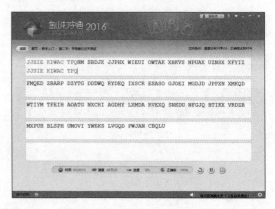

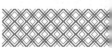

使用写字板写一份通知

本实例主要是以写字板为环境，使用拼音输入法来写一份通知，进而学习拼音输入法的使用方法与技巧。一份完整的通知主要包括标题、称呼、正文和落款等内容。因此，要想写好一份通知，首先就要熟悉通知的格式与写作方法，然后按照格式一步一步地进行书写，最终的显示效果如下图所示。

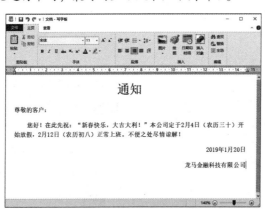

这里以写一份公司春节放假通知为例，来具体介绍使用写字板书写通知的具体操作步骤。

1. 设置通知的标题

第1步 打开写字板软件，即可创建一个新的空白文档，如下图所示。

第2步 输入通知的标题，在键盘中输入"tongzhi"，选择第一个选项，如下图所示。

第3步 即可输入汉字"通知"，并设置字体大小，居中显示在写字板中，如下图所示。

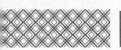
2. 输入通知的称呼与正文

第1步 直接输入通知称呼的拼写"zunjingdekehu"，选择正确的名称，并将其插入到文档中，如下图所示。

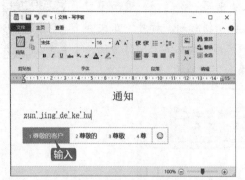

第2步 在键盘上按【Shift+；】组合键，输入冒号"："，如下图所示。

第3步 按【Enter】键换行，然后直接输入信件的正文，输入正文时汉字直接按相应的拼音，数字可直接按小键盘中的数字键，如下图所示。

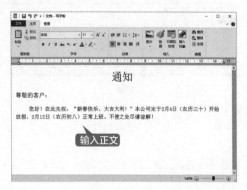

3. 输入通知落款

第1步 将鼠标光标定位于文档的最后，另起一行输入日期和公司名称，如下图所示。

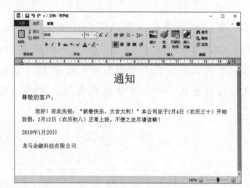

第2步 将通知的落款右对齐即可。至此，就完成了使用搜狗拼音输入法在写字板中写一份通知的操作，只要将制作的文档保存即可，如下图所示。

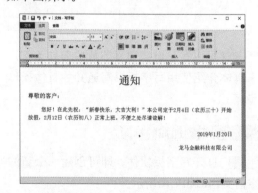

> **｜提示｜**
>
> 在写字板中设置字体、段落样式及保存文档的操作与在 Word 中相似，这里不再赘述。

◇ 添加自定义短语

造词工具用于管理和维护自造词词典及自学习词表，用户可以对自造词的词条进

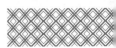

行编辑、删除，设置快捷键，导入或导出到文本文件等，使下次输入可以轻松完成。在 QQ 拼音输入法中定义用户词和自定义短语的具体操作步骤如下。

第1步 在 QQ 拼音输入法下按【I】键，启动"i"模式，并按功能键区的数字【7】键，如下图所示。

第2步 弹出【QQ 拼音造词工具】对话框，选择【用户词】选项卡。如果经常使用"扇淀"这个词，可以在【新词】文本框中输入该词，并单击【保存】按钮，如下图所示。

第3步 在输入法中输入拼音"shandian"，即可在第一个位置上显示设置的新词"扇淀"。

第4步 选择【自定义短语】选项卡，在【自定义短语】文本框中输入"吃葡萄不吐葡萄皮"，【缩写】文本框中设置缩写，如输入"cpb"，单击【保存】按钮，如下图所示。

第5步 在输入法中输入拼音"cpb"，即可在第一个位置上显示设置的新短语，如下图所示。

◇ 新功能：使用键盘添加表情符号

目前很多输入法都支持表情符号的输入，它让用户的聊天，更加有趣味性，而在 Windows 10 新版本中增加表情符号的功能，无须再安装其他输入法即可输入表情符号。

在使用微软输入法时，输入任何拼音或字母，在汉字候选状态栏中，最右侧有个☺按钮，单击该按钮或按【Ctrl+Shift+B】组合键，即可打开如下图所示的对话框，展示了多种多样的表情符号，用户可以使用鼠标或按键进行选择，输入。

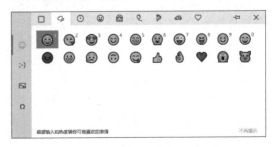

另外，使用输入法的过程中，输入带有表情色彩的词组时，也可以在候选栏中看到表情，可以直接选择输入。例如，输入"微

笑"，后面则显示了 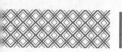 表情，按【4】键即可输入，如下图所示。

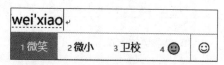

◇ **使用手写输入法快速输入英文、数字及标点**

在使用搜狗拼音输入法输入文字时，可能会遇到需要输入英文或者数字的情况，关闭【手写输入】面板，再切换输入法输入会比较麻烦。【手写输入】面板可以快速展开英文、数字及标点面板来进行输入。

第1步 单击【手写输入】面板右下角的【abc】按钮，如下图所示。

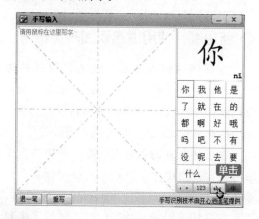

第2步 即可在手写区域显示英文字母，如果要输入小写字母，单击前半部分的小写字符按钮；如果要输入大写字母，只需要单击后半部分的大写字符按钮即可，如下图所示。

第3步 单击【手写输入】面板右下角的【123】按钮，即可切换至数字输入面板，如下图所示。

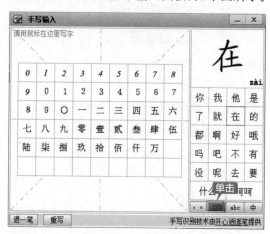

第4步 单击【手写输入】面板右下角的【，。】按钮，即可切换至标点输入面板，如下图所示。

第5章
文件管理——管理电脑中的文件资源

本章导读

　　电脑中的文件资源是 Windows 10 操作系统资源的重要组成部分，只有管理好电脑中的文件资源，才能很好地运用操作系统完成工作和学习。本章主要介绍 Windows 10 中文件资源的基本管理操作。

思维导图

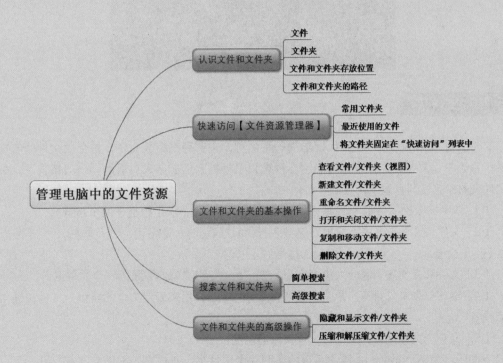

5.1 认识文件和文件夹

在 Windows 10 操作系统中，文件是最小的数据组织单位，文件中可以存放文本、图像和数值数据等信息。为了便于管理文件，还可以把文件组织到目录和子目录中，这些目录被认为是文件夹，而子目录则被认为是文件夹的文件或子文件夹。

5.1.1 文件

文件是 Windows 存取磁盘信息的基本单位，一个文件是磁盘上存储的信息的一个集合，可以是文字、图片、视频和一个应用程序等。每个文件都有自己唯一的名称，Windows 10 正是通过文件的名字来对文件进行管理的。下图所示为一个图片文件。

5.1.2 文件夹

文件夹是从 Windows 95 开始提出的一种名称，主要用来存放文件，是存放文件的容器。在操作系统中，文件和文件夹都有名字，系统都是根据它们名字来存取的。一般情况下，文件和文件夹的命名规则有以下几点。

（1）文件和文件夹名称长度最多可达 256 个字符，1 个汉字相当于两个字符。

（2）文件、文件夹名中不能出现这些字符：斜线 (\、/)、竖线 (|)、小于号 (<)、大于号 (>)、冒号 (：)、引号（"、'）、问号 (？)、星号 (*)。

（3）文件和文件夹不区分大小写字母。如 "abc" 和 "ABC" 是同一个文件名。

（4）通常一个文件都有扩展名（通常为 3 个字符），用来表示文件的类型。文件夹通常没有扩展名。

（5）同一个文件夹中的文件、文件夹不能同名。

下图所示为 Windows 10 操作系统的【图片】文件夹，双击这个文件夹将其打开，可以看到文件夹中存放的文件。

5.1.3 文件和文件夹存放位置

电脑中的文件或文件夹一般存放在本台电脑中的磁盘或【Administrator】文件夹中。

1. 电脑磁盘

理论上来说，文件可以被存放在如下图所示的电脑磁盘的任意位置，但是为了便于管理，文件的存放有以下常见的原则。

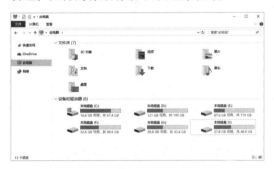

通常情况下，电脑的硬盘最少也需要划分为三个分区：C 盘、D 盘和 E 盘。3 个盘的功能分别如下。

C 盘主要是用来存放系统文件。所谓系统文件，是指操作系统和应用软件中的系统操作部分。一般系统默认情况下都会被安装在 C 盘，包括常用的程序。

D 盘主要用来存放应用软件文件。例如，Office、Photoshop 和 3ds Max 等程序，常常被安装在 D 盘。对于软件的安装，有以下几点常见的原则。

（1）一般小的软件，如 Rar 压缩软件等可以安装在 C 盘。

（2）对于大的软件，如 3ds Max 等，需要安装在 D 盘，这样可以少占用 C 盘的空间，从而提高系统运行的速度。

（3）几乎所有的软件默认的安装路径都在 C 盘中，电脑用得越久，C 盘被占用的空间越多。随着时间的增加，系统反应会越来越慢。所以安装软件时，需要根据具体情况改变安装路径。

E 盘用来存放用户自己的文件。例如，用户自己的视频、图片和 Word 资料文档等。如果硬盘还有多余的空间，可以添加更多的分区。

2. 【Administrator】文件夹

【Administrator】文件夹是 Windows 10 中的一个系统文件夹，系统为每个用户建立的文件夹，主要用于保存文档、图片，当然也可以保存其他任何文件。对于常用的文件，用户可以将其放在【Administrator】文件夹中，以便于及时调用，如下图所示。

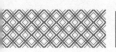

默认情况下，在桌面上并不显示【Administrator】文件夹，用户可以通过选中【桌面图标设置】对话框中的【用户的文件】复选框，将【Administrator】文件夹放置在桌面上，然后双击该图标，打开【Administrator】文件夹，如下图所示。

如果对电脑进行命名或者使用了 Microsoft 账户登录，则会将用户的名称作为该文件的名字，如下图所示，该文件名为"51pcbook"。

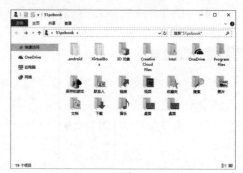

5.1.4 文件和文件夹的路径

文件和文件夹的路径表示文件或文件夹所在的位置，路径在表示的时候有两种方法：绝对路径和相对路径。

绝对路径是从根文件夹开始的表示方法，根通常用"\"来表示（区别于网络路径），如 C:\Windows\System32 表示 C 盘下 Windows 文件夹下面的 System32 文件夹，根据文件或文件夹提供的路径，用户可以在电脑上找到该文件或文件夹的存放位置，如下图所示为 C 盘下 Windows 文件夹下面的 System32 文件夹。

相对路径是从当前文件夹开始的表示方法，如当前文件夹为 C:\Windows，如果要表示它下面的 System32 下面的 Boot 文件夹，则可以表示为 System32\ebd，而用绝对路径应写为 C:\Windows\System32\boot。

5.2 实战 1：快速访问【文件资源管理器】

在 Windows 10 操作系统中，用户打开文件资源管理器默认显示的是快速访问界面，在快速访问界面中用户可以看到常用的文件夹、最近使用的文件等信息。

5.2.1 常用文件夹

文件资源管理器窗口中，默认包括桌面、下载、文档和图片 4 个固定的文件夹，同时会显示用户最近常用的文件夹。通过常用文件夹，用户可以打开文件夹来查看其中的文件，具体的操作步骤如下。

第 1 步 打开【此电脑】文件夹，单击导航栏中的【快速访问】按钮，如下图所示。

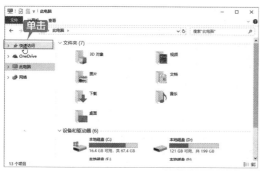

> **提示**
>
> 用户可以单击任务栏中的【文件资源管理器】图标或按【Windows+E】组合键打开【文件资源管理器】窗口。

第 2 步 打开【文件资源管理器】窗口，在其中可以看到【常用文件夹】包含的文件夹列表，如下图所示。

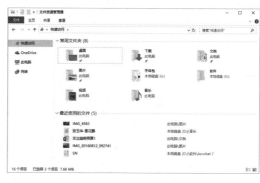

第 3 步 双击打开【图片】文件夹，在其中可以看到该文件夹包含的图片信息，如下图所示。

5.2.2 新功能：最近使用的文件

文件资源管理器提供有最近使用的文件列表，默认显示为 20 个，用户可以通过最近使用的文件列表来快速打开文件，具体的操作步骤如下。

第 1 步 打开【文件资源管理器】窗口，在其中可以看到【最近使用的文件】列表区域，如下图所示。

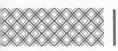

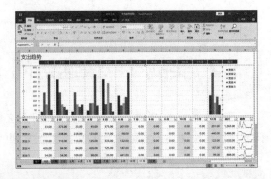

档文件，即可打开该文件的工作界面，如下图所示。

第2步 双击需要打开的文件，即可打开该文件，如这里双击【支出趋势预算 1】Excel 文

5.2.3 新功能：将文件夹固定在"快速访问"列表中

对于常用的文件夹，用户可以将其固定在"快速访问"列表中，具体操作步骤如下。

第1步 选中需要固定在"快速访问"列表中的文件夹并右击，在弹出的快捷菜单中选择【固定到"快速访问"】选项，如下图所示。

第2步 返回到【文件资源管理器】窗口中，可以看到选中的文件固定到"快速访问"列表中，在其后面显示一个固定图标"📌"，如下图所示。

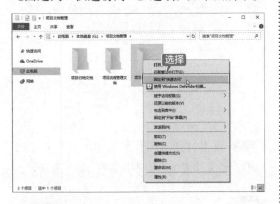

5.3 实战 2：文件和文件夹的基本操作

用户要想管理电脑中的数据，首先要熟练掌握文件或文件夹的基本操作，文件或文件夹的基本操作包括创建文件或文件夹、打开和关闭文件或文件夹、复制和移动文件或文件夹、删除文件或文件夹、重命名文件或文件夹等。

5.3.1 查看文件 / 文件夹（视图）

系统中的文件或文件夹可以通过【查看】右键菜单和【查看】选项卡两种方式进行查看，查看文件或文件夹的具体操作步骤如下。

第1步 在文件夹窗口中，可以看到文件以"详细信息"列表形式显示，单击窗口右下角的【使用大缩略图显示项】按钮 ▦，如下图所示。

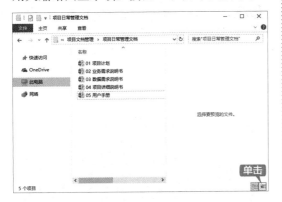

第2步 随即文件夹中的文件或子文件夹都以大图标的方式显示，如下图所示。

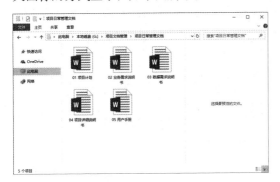

第3步 在文件夹窗口中选择【查看】选项卡，进入【查看】功能区，在【布局】组中可以看到当前文件或文件夹的布局方式为【大图标】，如下图所示。

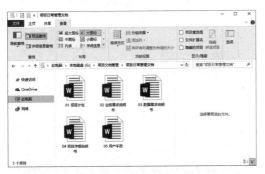

第4步 在【布局】组中，可以选择文件或文件夹的显示布局，如单击【列表】按钮，即可快速调整，如下图所示。

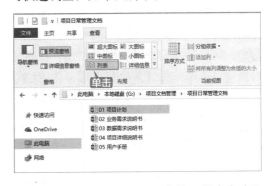

第5步 单击【当前视图】组中的【排序方式】按钮，在弹出的列表中，可以选择排列的方式，如下图所示。

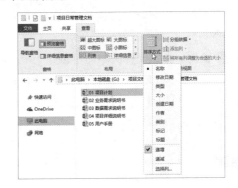

第6步 另外，也可以单击【分组依据】按钮，在弹出的列表中，选择条件进行分组，如下图所示。

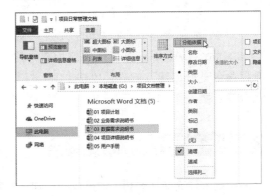

5.3.2 新建文件 / 文件夹

新建文件或文件夹是文本和文件夹最基本的操作，如创建一个记事本、Word 文档、图片文件等，也可以根据需要建立一个文件夹以方便管理这些文件。

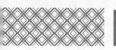

1. 新建文件

一般用户，可以通过【新建】菜单命令，创建一些常见的文件，以创建一个"记事本"为例，具体操作步骤如下。

第1步 在文件夹窗口的空白处右击，在弹出的快捷菜单中选择【新建】选项，在下拉菜单中选择【文本文档】选项，如下图所示。

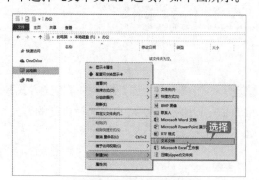

第2步 此时，在该文件夹中即可创建一个"新建文本文档"的文件，此时文件名处于编辑状态，用户可以输入文件名，完成新建，如下图所示。

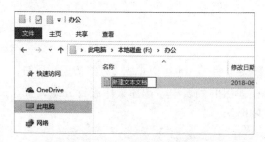

如果要创建一些特殊的文件，如 Photoshop、CAD 等，可以使用应用软件的新建命令进行创建，一般可以按【Ctrl+N】组合键创建。

2. 新建文件夹

新建文件夹的具体操作步骤如下。

第1步 在文件夹窗口的空白处右击，在弹出的快捷菜单中选择【新建】→【文件夹】选项，如下图所示。

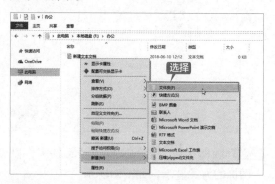

第2步 即可在文件夹中新建一个文件夹，此时文件夹名称处于可编辑状态，如下图所示。

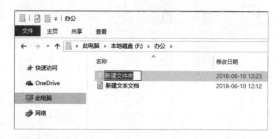

第3步 重命名文件夹的名称为"资料文件"，即可完成文件夹的创建操作，如下图所示。

5.3.3 重命名文件 / 文件夹

新建文件或文件夹后，都是以一个默认的名称作为文件名或文件夹的名称，其实用户可以在文件资源管理器或任意一个文件夹窗口中，给新建的或已有的文件或文件夹重新命名。

更改文件名称和更改文件夹名称的操作方法相同，主要有以下 3 种方法。

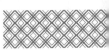

1. 使用右键菜单命令

第1步 在【文件资源管理器】的任意一个驱动器中，选中要重命名的文件右击，在弹出的快捷菜单中选择【重命名】选项，如下图所示。

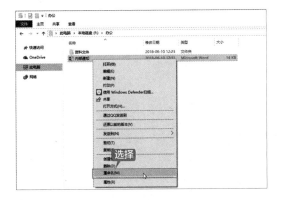

第2步 文件的名称以蓝色背景显示，如下图所示。

第3步 用户可以直接输入文件的名称，然后按【Enter】键，完成对文件名称的更改，如下图所示。

| 提示 |

在重命名文件时，不能改变已有文件的扩展名，否则当要打开该文件时，系统不能确认要使用哪种程序打开该文件，如下图所示。

如果更换的文件名与原有的文件名重复，系统则会给出如下图所示的提示，单击【是】按钮，则会以文件名后面加上序号来命名，如果单击【否】按钮，则需要重新输入文件名。

2. 使用功能区命名

第1步 选择要命名的文件或文件夹，单击【主页】选项卡下的【组织】组中的【重命名】按钮，文件或文件夹即可进入编辑状态，如下图所示。

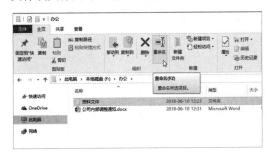

第2步 输入要命名的名称，按【Enter】键确认命名，如下图所示。

3. 使用 F2 快捷键

用户可以选择需要更改名称的文件或文件夹，按【F2】功能键，进入编辑状态，从而快速地更改文件夹的名称，如下图所示。

5.3.4 打开和关闭文件 / 文件夹

打开文件或文件夹常用的方法有以下两种。

（1）选择需要打开的文件或文件夹，双击即可打开文件或文件夹。

（2）选择需要打开的文件或文件夹并右击，在弹出的快捷菜单中选择【打开】选项，如下图所示。

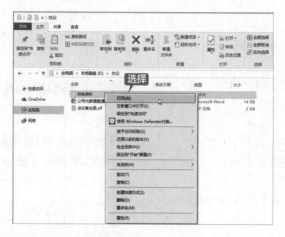

对于文件，用户还可以利用【打开方式】命令将其打开，具体操作步骤如下。

第 1 步 选择需要打开的文件并右击，在弹出的快捷菜单中选择【打开方式】选项，如下图所示。

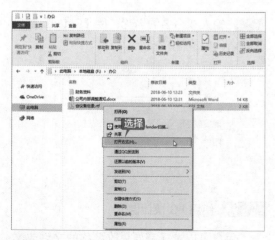

第 2 步 弹出【你要如何打开这个文件？】对话框，在其中选择打开文件的应用程序，本实例选择【写字板】选项，单击【确定】按钮，如下图所示。

第 3 步 写字板软件将自动打开选择的文件，如下图所示。

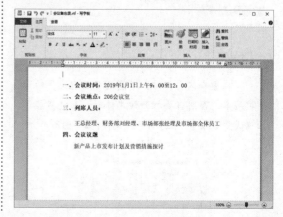

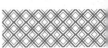

关闭文件或文件夹的常见方法如下。

（1）一般文件的打开都和相应的软件有关，在软件的右上角都有一个关闭按钮，如以写字板为例，单击写字板工作界面右上角的【关闭】按钮，可以直接关闭文件，如下图所示。

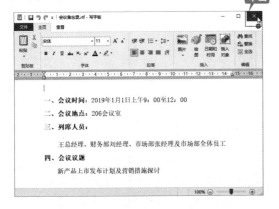

（2）关闭文件夹的操作很简单，只需要在打开的文件夹窗口中单击右上角的【关闭】按钮即可，如下图所示。

（3）在文件夹窗口中选择【文件】选项卡，在弹出的功能区界面中单击【关闭】按钮，也可以关闭文件夹，如下图所示。

（4）按【Alt+F4】组合键，可以快速地关闭当前被打开的文件或文件夹。

5.3.5 复制和移动文件 / 文件夹

在日常生活中，经常需要对一些文件进行备份，也就是创建文件的副本，这里就需要用到【复制】命令进行操作。

1. 复制文件或文件夹

复制文件或文件夹的方法有以下几种。

（1）选择要复制的文件或文件夹，按住【Ctrl】键拖曳到目标位置。

（2）选择要复制的文件或文件夹，右击并拖动到目标位置，在弹出的快捷菜单中选择【复制到当前位置】选项，如下图所示。

（3）选择要复制的文件或文件夹，按【Ctrl+C】组合键复制，再按【Ctrl+V】组合键粘贴即可。

| 提示 |

　　文件或文件夹除了直接复制和发送以外，还有一种更为简单的复制方法，就是在打开的文件夹窗口中，选取要进行复制的文件或文件夹，然后在选中的文件中按住鼠标左键，并拖动鼠标指针到要粘贴的地方，可以是磁盘、文件夹或者是桌面上，释放鼠标，就可以把文件或文件夹复制到指定的地方了。

2. 移动文件或文件夹

　　移动文件或文件夹的具体操作步骤如下。

第 1 步　选择需要移动的文件或文件夹并右击，在弹出的快捷菜单中选择【剪切】选项，如下图所示。

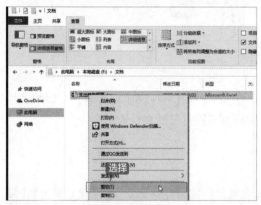

第 2 步　选中目的文件夹并打开它，右击并在弹出的快捷菜单中选择【粘贴】选项，如下图所示。

第 3 步　选定的文件或文件夹就被移动到当前文件夹，如下图所示。

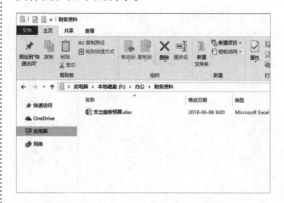

| 提示 |

　　用户除了可以使用上述方法进行移动外，还可以按【Ctrl+X】组合键实现【剪切】功能，按【Ctrl+V】组合键实现【粘贴】功能。

　　当然，用户也可以用鼠标直接拖动完成复制操作，方法是先选中要移动的文件或文件夹，按住鼠标左键，然后把该文件或文件夹拖曳到需要的文件夹中，并使文件夹反蓝显示，再释放左键，选中的文件或文件夹就移动到指定的文件夹下，如下图所示。

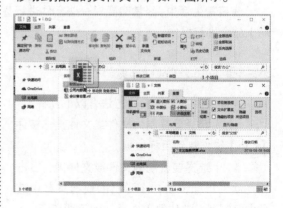

5.3.6 删除文件 / 文件夹

　　删除文件或文件夹的常见方法有以下几种。

（1）选择要删除的文件或文件夹，按【Delete】键或【Ctrl+D】组合键。

（2）选择要删除的文件或文件夹，单击【主页】选项卡【组织】组中的【删除】按钮，如下图所示。

（3）选择要删除的文件或文件夹，右击并在弹出的快捷菜单中选择【删除】选项，如下图所示。

（4）选择要删除的文件或文件夹，直接拖动到【回收站】中。

| 提示 |

删除命令只是将文件或文件夹移入【回收站】中，并没有从磁盘上清除，如果还需要使用该文件或文件夹，可以从【回收站】中恢复。

另外，如果要彻底删除文件或文件夹，则可以先选择要删除的文件或文件夹，然后按住【Shift】键的同时，再按【Delete】键，将会弹出【删除文件】或【删除文件夹】对话框，提示用户是否确实要永久性地删除此文件或文件夹，单击【是】按钮，即可将其彻底删除，如下图所示。

5.4 实战 3：搜索文件和文件夹

当用户忘记了文件或文件夹的位置，只知道该文件或文件夹的名称时，可以通过搜索功能来搜索需要的文件或文件夹。

5.4.1 重点：简单搜索

根据搜索参数的不同，在搜索文件或文件夹的过程中，可以分为简单搜索和高级搜索，下面介绍简单搜索的方法，这里以搜索一份通知为例，简单搜索的具体操作步骤如下。

第1步 打开【文件资源管理器】窗口，如下图所示。

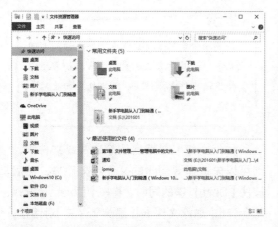

第2步 单击左侧窗格中的【此电脑】选项，将搜索的范围设置为【此电脑】，如下图所示。

第3步 在【搜索】文本框中输入搜索的关键字，这里输入"通知"，此时系统开始搜索本台

电脑中名称含有"通知"的文件，如下图所示。

第4步 搜索完毕后，将在下方的窗格中显示搜索的结果，在其中可以查找需要的文件，如下图所示。

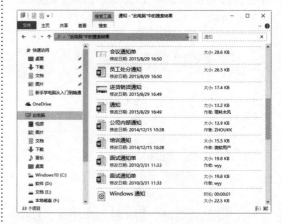

5.4.2 重点：高级搜索

使用简单搜索得出的结果比较多，用户在查找自己需要的文档过程中比较麻烦，这时就可以使用系统提供的搜索工具进行高级搜索，这里以搜索"通知"文件为例，高级搜索的具体操作步骤如下。

第1步 在简单搜索结果的窗口中选择【搜索】选项卡，进入【搜索】功能区域，如下图所示。

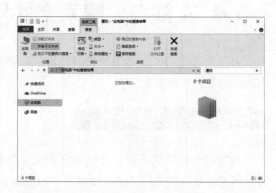

第2步 单击【优化】组中的【修改日期】按钮，在弹出的下拉列表中选择文档修改的日期范

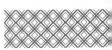

围，例如这里选择【本周】选项，如下图所示。

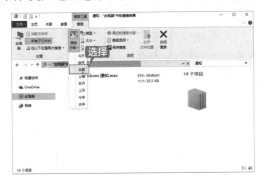

第 3 步　单击【优化】组中的【类型】按钮，在弹出的下拉列表中可以选择搜索文件的类型，例如这里选择【文档】选项，如下图所示。

第 4 步　单击【优化】组中的【大小】按钮，在弹出的下拉列表中可以选择搜索文件的大小范围，例如这里选择【小（10—100KB）】选项，如下图所示。

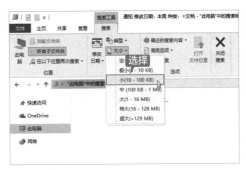

第 5 步　当所有的搜索参数设置完毕后，系统开始自动根据用户设置的条件进行高级搜索，并将搜索结果显示在下方的窗格中，如下图所示。

| 提示 | :::::::

　如果想要关闭搜索工具，则可以单击【搜索】功能区域中的【关闭搜索】按钮，将搜索功能关闭掉，并进入此电脑工作界面。

 实战 4：文件和文件夹的高级操作

　　文件和文件夹的高级操作主要包括隐藏与显示文件或文件夹、压缩与解压缩文件或文件夹、加密与解密文件或文件夹等。

5.5.1 隐藏和显示文件 / 文件夹

　　隐藏文件或文件夹可以增强文件的安全性，同时可以防止误操作导致的文件丢失。下面介绍如何隐藏和显示文件 / 文件夹。

1. 隐藏文件 / 文件夹

　　隐藏文件和隐藏文件夹的方法相同，下面以隐藏文件为例，介绍隐藏文件 / 文件夹的方法。

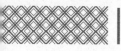

第1步 选择需要隐藏的文件，如"支出趋势预算 .xlsx"，右击并在弹出的快捷菜单中选择【属性】选项，如下图所示。

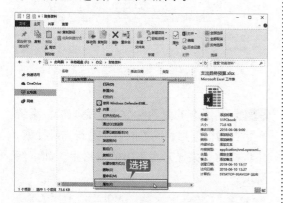

第2步 弹出【支出趋势预算 .xlsx 属性】对话框，选择【常规】选项卡，然后选中【隐藏】复选框，单击【确定】按钮，如下图所示。

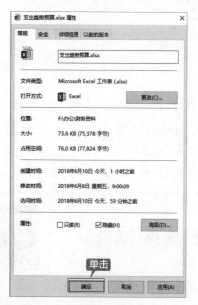

第3步 选择的文件被成功隐藏，如下图所示。

2. 显示文件 / 文件夹

文件或文件夹被隐藏后，用户要想调出隐藏文件，需要显示文件，具体操作步骤如下。

第1步 在文件夹窗口中，选择【查看】选项卡，在该功能区域中单击【选项】按钮，如下图所示。

第2步 弹出【文件夹选项】对话框，在其中选择【查看】选项卡，在【高级设置】列表中选中【显示隐藏的文件、文件夹和驱动器】单选按钮，单击【确定】按钮，如下图所示。

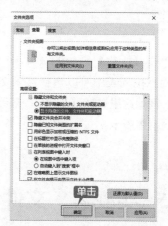

第3步 返回文件窗口中，可以看到隐藏的文件或文件夹显示出来，如下图所示。

第4步 选择隐藏的文件或文件夹，右击并在弹出的快捷菜单中选择【属性】选项，如下图所示。

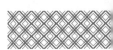

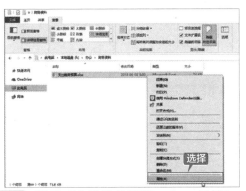

第 5 步 弹出【支出趋势预算 .xlsx 属性】对话框，取消选中【隐藏】复选框，单击【确定】按钮，如下图所示。

第 6 步 成功显示隐藏的文件，如下图所示。

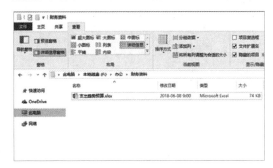

> **┃提示┃**
>
> 完成显示文件的操作后，用户可以在【文件夹选项】对话框中取消选中【显示隐藏的文件、文件夹和驱动器】单选按钮，从而避免对隐藏的文件的误操作。

5.5.2 重点：压缩和解压缩文件 / 文件夹

对于特别大的文件夹，用户可以进行压缩操作，经过压缩过的文件将占用很少的磁盘空间，并有利于更快速地相互传输到其他计算机上，以实现网络上的共享功能。

1. 压缩文件 / 文件夹

压缩文件可以使文件更快速地传输，有利于网络上资源的共享。同时，还能节省大量的磁盘空间。下面以文件资源管理器的压缩功能，来介绍如何压缩文件或文件夹。

第 1 步 选择需要压缩的文件，单击【共享】选项卡下【发送】组中的【压缩】按钮，如下图所示。

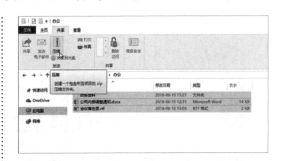

第 2 步 即可将所选文件或文件夹压缩成一个以 "zip" 为后缀的压缩文件，如下图所示。

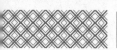
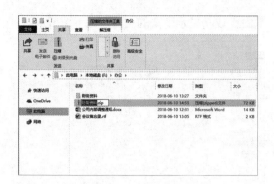

2. 解压文件/文件夹

压缩之后的文件或文件夹，如果需要打开，还可以将文件或文件夹进行解压缩操作，具体的操作步骤如下。

第1步 选中需要解压的文件或文件夹并右击，在弹出的快捷菜单中选择【全部解压缩】选项，如下图所示。

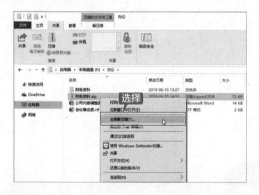

第2步 弹出【提取压缩(Zipped)文件夹】对话框，在其中选择一个目标并提取文件，单击【提取】按钮，如下图所示。

第3步 弹出提取文件的进度对话框，如下图所示。

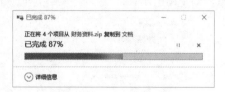

第4步 提取完成后，返回到文件夹窗口中，在其中显示解压后的文件，如下图所示。

Windows 10 文件资源管理器仅支持"zip"格式的压缩和解压，如果压缩文件格式为 RAR 或其他格式，可以下载 360 压缩、好压或者 WinRAR 等解压缩软件，不仅可以压缩或解压缩多种压缩格式，还可以添加密码，保护重要文件。

举一反三

规划电脑的工作盘

使用电脑办公时常需要规划电脑的工作盘，将工作、学习和生活用盘合理规划，做到工作和生活两不误。现在使用笔记本电脑办公的人越来越多，网络的普及使电脑办公更加方便，除了在办公室还可以在家里办公，而电脑硬盘空间不断增大，使用一台电脑即可处理工作、学习和生活中的文件。因此，合理规划电脑的磁盘空间十分必要。

常见的规划硬盘分区的操作包括格式化分区、调整分区容量、分割分区、合并分区、删除分区和更改驱动器号等。

下面介绍规划硬盘的操作方法。

1. 格式化分区

格式化就是在磁盘中建立磁道和扇区，磁道和扇区建立好之后，电脑才可以使用磁盘来储存数据。不过，对存有数据的硬盘进行格式化，硬盘中的数据将会删除，还用户一个干净的硬盘。

第1步 右击【此电脑】窗口中的磁盘 E，在弹出的快捷菜单上选择【格式化】选项。弹出【格式化 软件】对话框，在其中设置磁盘的【文件系统】【分配单元大小】等选项，如下图所示。

第2步 单击【开始】按钮，即可弹出提示对话框。若格式化该磁盘则单击【确定】按钮；若退出则单击【取消】按钮退出格式化。单击【确定】按钮，即可开始高级格式化磁盘分区 E，如下图所示。

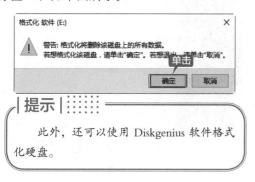

> **提示**
>
> 此外，还可以使用 Diskgenius 软件格式化硬盘。

2. 调整分区容量

分区容量不能随便调整，否则会引起分区上的数据丢失。下面来讲述如何在 Windows 10 操作系统中利用自带的工具调整分区的容量，具体操作步骤如下。

第1步 打开【计算机管理】窗口，单击窗口左侧的【磁盘管理】选项，即可在右侧窗格中显示出本机磁盘的信息列表。选择需要调整的容量分区右击，在弹出的快捷菜单中选择【压缩卷】选项，如下图所示。

第2步 弹出【查询压缩空间】对话框，系统开始查询卷以获取可用的压缩空间，如下图所示。

第3步 弹出【压缩 G：】对话框，在【输入压缩空间量】文本框中输入调整出分区的大小"1000"MB，在【压缩后的总计大小】文本框中显示调整后容量，单击【压缩】按钮，如下图所示。

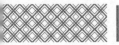
第4步 系统将自动从 G 盘中划分出 1000MB 空间，C 盘的容量得到了调整，如下图所示。

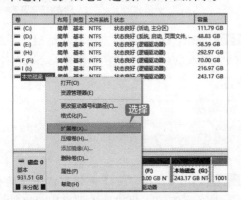

3. 合并分区

如果用户想合并两个分区，则其中一个分区必须为未分配的空间，否则不能合并。在 Windows 操作系统中，用户可用【扩展卷】功能实现分区的合并，具体操作步骤如下。

第1步 打开【计算机管理】窗口，单击窗口左侧的【磁盘管理】选项，即可在右侧窗格中显示出本机磁盘的信息列表。选择需要合并的其中一个分区，右击并在弹出的快捷菜单中选择【扩展卷】选项，如下图所示。

第2步 弹出【扩展卷向导】对话框，单击【下一步】按钮，如下图所示。

第3步 弹出【选择磁盘】对话框，在【可用】列表框中选择要合并的空间，单击【添加】按钮，如下图所示。

第4步 新的空间被添加到【已选的】列表框中，单击【下一步】按钮，如下图所示。

第5步 弹出【完成扩展卷向导】对话框，单击【完成】按钮，如下图所示。

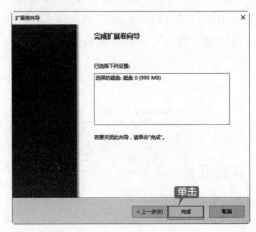

第6步 返回【计算机管理】窗口，则两个分区被合并到一个分区中，如下图所示。

4. 删除分区

删除硬盘分区主要是创建可用于创建新分区的空白空间。如果硬盘当前设置为单个分区，则不能将其删除，也不能删除系统分区、引导分区或任何包含虚拟内存分页文件的分区，因为 Windows 需要此信息才能正确启动。删除分区的具体操作步骤如下。

第1步 打开【计算机管理】窗口，单击窗口左侧的【磁盘管理】选项，即可在右侧窗格中显示出本机磁盘的信息列表。选择需要删除的分区，右击并在弹出的快捷菜单中选择【删除卷】选项，如下图所示。

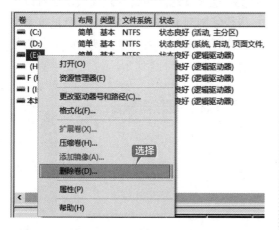

第2步 弹出【删除 简单卷】对话框，单击【是】按钮，即可删除分区，如下图所示。

5. 更改驱动器号

利用 Windows 中的【磁盘管理】程序也可处理盘符错乱情况，操作方法非常简单，用户不必再下载其他工具软件即可处理这一问题，具体操作步骤如下。

第1步 打开【计算机管理】窗口，在右侧磁盘列表中选择盘符混乱的磁盘【光盘（H:）】并右击，在弹出的快捷菜单中选择【更改驱动器号和路径】选项，如下图所示。

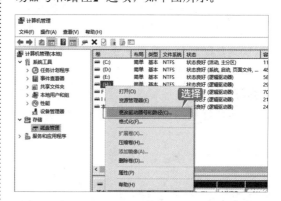

第2步 弹出【更改 H:（光盘）的驱动器号和路径】对话框，单击【更改】按钮，如下图所示。

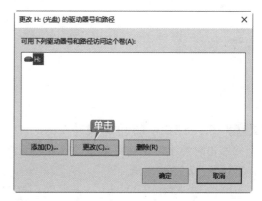

第3步 弹出【更改驱动器号和路径】对话框，单击右侧的下拉按钮，在弹出下拉列表中为该驱动器指定一个新的驱动器号，单击【确定】

按钮，如下图所示。

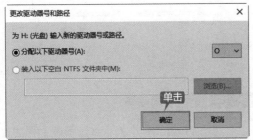

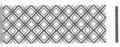

◇ 复制文件的路径

有时我们需要快速确定某个文件的位置，如编程时需要引用某个文件的位置，这时可以快速复制文件 / 文件夹的路径到剪切板，具体的操作步骤如下。

第 1 步　打开【文件资源管理器】窗口，在其中找到要复制路径的文件或文件夹，如下图所示。

第 2 步　在其上按住【Shift】键并右击，会比直接右击时弹出的快捷菜单多了【复制为路径】选项，如下图所示。

第 4 步　弹出【磁盘管理】对话框，单击【是】按钮完成盘符的更改，如下图所示。

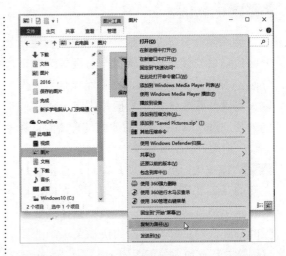

第 3 步　选择【复制为路径】选项，则可以将其路径复制到剪切板中，新建一个记事本文件，按【Ctrl+V】组合键，就可以复制路径到记事本中，如下图所示。

◇ 显示文件的扩展名

Windows 10 系统默认情况下并不显示文件的扩展名，用户可以通过设置显示文件的扩展名，具体操作步骤如下。

第1步 单击【开始】按钮，在弹出的【开始屏幕】中选择【文件资源管理器】选项，打开【文件资源管理器】窗口，如下图所示。

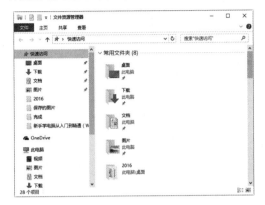

第2步 选择【查看】选项卡，在打开的功能区域中选中【显示 / 隐藏】区域中的【文件扩展名】复选框，如下图所示。

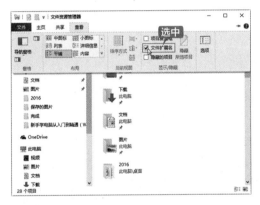

第3步 此时打开一个文件夹，用户便可以查看到文件的扩展名，如下图所示。

◇ 文件复制冲突的解决方式

复制完一个文件，当需要将其粘贴在目标文件夹中时，如果目标文件夹包括一个与要粘贴的文件具有一样名称的文件，就会弹出一个信息提示框，如下图所示。

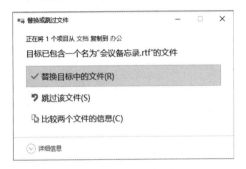

如果选择【替换目标中的文件】选项，则要粘贴的文件会替换掉原来的文件。如果选择【跳过该文件】选项，则不粘贴要复制的文件，只保留原来的文件。

如果选择【比较两个文件的信息】选项，则会弹出【1 个文件冲突】对话框，提示用户要保留哪些文件，如下图所示。

如果想要保留两个文件，则选中两个文件左上角的复选框，这样复制的文件将在名称中添加一个编号，单击【继续】按钮，如下图所示。

返回文件夹窗口中，可以看到添加序号的文件与原文件，如下图所示。

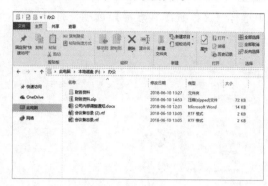

第6章
程序管理——软件的安装与管理

本章导读

　　一台完整的电脑包括硬件和软件，而软件是电脑的管家，用户要借助软件来完成各项工作。在安装完操作系统后，用户首先要考虑的就是安装软件，通过安装各种需要的软件，可以大大提高电脑的性能。本章主要介绍软件的安装、升级、卸载和组件的添加／删除、硬件的管理等基本操作。

思维导图

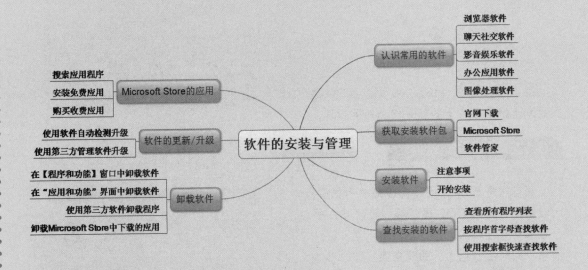

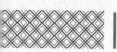

6.1 认识常用的软件

　　电脑的操作系统安装完毕后，还需要在电脑中安装软件，才能使电脑更好地为自己服务，常用的软件包括浏览器软件、聊天社交软件、影音娱乐软件、办公应用软件、图像处理软件等。

6.1.1 浏览器软件

　　浏览器软件是指可以显示网页服务器或者文件系统的 HTML 文件内容，并让用户与这些文件交互的一种软件，一台电脑只有安装了浏览器软件，才能进行网上冲浪。

　　Windows Edge 浏览器是现在使用人数最多的浏览器软件，它是微软新版本的 Windows 操作系统的一个组成部分，在 Windows 操作系统安装时默认安装，双击桌面上的 IE 快捷方式图标，即可打开 IE 浏览器窗口，如下图所示。

　　除 IE 浏览器软件外，360 浏览器软件是互联网上好用且安全的新一代浏览器软件，

　　与 360 安全卫士、360 杀毒等软件产品一同成为 360 安全中心的系列产品，该浏览器软件采用恶意网址拦截技术，可自动拦截挂马、欺诈、网银仿冒等恶意网址，其独创沙箱技术，在隔离模式下即使访问木马也不会感染，360 安全浏览器界面如下图所示。

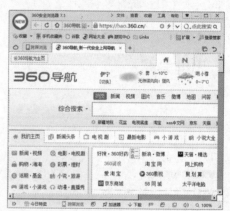

6.1.2 聊天社交软件

　　目前网络上存在的聊天社交软件有很多，比较常用有腾讯 QQ、微信等。腾讯 QQ 是一款即时寻呼聊天软件，支持显示朋友在线信息、即时传送信息、即时交谈、即时传输文件。另外，QQ 还具有发送离线文件、超级文件、共享文件、QQ 邮箱、游戏等功能，如下图所示为 QQ 聊天软件的聊天窗口。

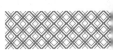

微信是一种移动通信聊天软件，目前主要应用在智能手机上，支持发送语音短信、视频、图片和文字，可以进行群聊。微信除了手机客户端版外，还有电脑客户端版，使用电脑客户端微信可以在电脑上进行聊天，如下图所示为电脑客户端的聊天窗口。

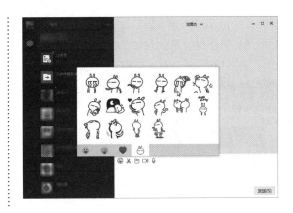

6.1.3 影音娱乐软件

目前，影音娱乐软件有很多，常见的有暴风影音、爱奇艺 PPS 影音等。暴风影音是一款视频播放器，该播放器兼容大多数的视频和音频格式，暴风影音播放的文件清晰，且具有稳定、高效、智能渲染等特点，被很多用户视为经典播放器，如下图所示。

爱奇艺 PPS 影音是一家集 P2P 直播点播于一身的网络视频软件，爱奇艺 PPS 影音能够在线收看电影、电视剧、体育直播、游戏竞技、动漫、综艺、新闻等，该软件播放流畅，是网民喜爱的装机必备软件，如下图所示。

6.1.4 办公应用软件

目前，常用的办公应用软件为 Office 办公组件，该组件主要包括 Word、Excel、PowerPoint 和 Outlook 等。通过 Office 办公组件，可以实现文档的编辑、排版和审阅，表格的设计、排序、筛选和计算，演示文稿的设计和制作，以及电子邮件收发等功能。

Word 2019 是市面上最新版本的文字处理软件，使用 Word 2019，可以实现文本的编辑、排版、审阅和打印等功能，如下图所示。

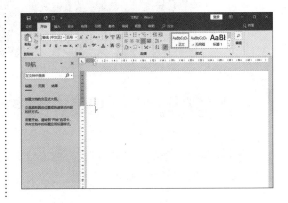

Excel 2019 是微软公司最新推出的 Office 2019 办公系列软件的一个重要组成部分，主要用于电子表格处理，可以高效地完成各种表格的设计，进行复杂的数据计算和分析，如下图所示。

PowerPoint 2019 是制作演示文稿的软件，使用 PowerPoint 2019 可以使会议、演讲、授课变得更加直观、丰富，如下图所示。

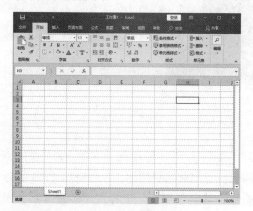

6.1.5 图像处理软件

Photoshop 是专业的图形图像处理软件，是优秀设计师的必备工具之一。Photoshop 不仅为图形图像设计提供了一个更加广阔的发展空间，而且在图像处理中还有化腐朽为神奇的功能。下图所示为 Photoshop CC 2018 软件界面。

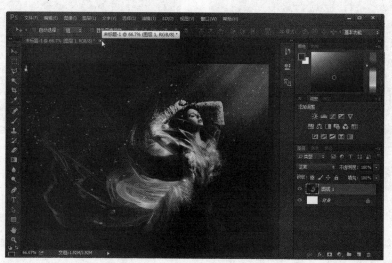

 6.2 实战1：获取安装软件包

获取安装软件包的方法主要有 3 种，分别是从软件的官网上下载、从应用商店中下载和从软件管家中下载，下面分别进行介绍。

6.2.1 官网下载

官网也称官方网站，官方网站是公开团体主办者体现其意志想法，团体信息公开，并带有专用、权威、公开性质的一种网站，从官网上下载安装软件包是最常用的方法。从官网上下载具体操作步骤如下。

第1步 打开浏览器，在地址栏中输入软件的官网网址，如这里以下载 QQ 安装软件包为例，就需要在浏览器的地址栏中输入"http://im.qq.com/pcqq/"，按【Enter】键，即可打开 QQ 软件安装包的下载页面，单击【立即下载】按钮，如下图所示。

第2步 即可在浏览器下方弹出下载提示，单击【运行】按钮，则在软件下载完毕后，自动启动安装程序；单击【保存】按钮，则自动下载并保存在浏览器的默认存储位置；单击【保存】右侧上的【展开】按钮，弹出【另存为】对话框，并自定义软件保存的位置；单击【取消】按钮，则取消软件下载命令。这里单击【保存】按钮，如下图所示。

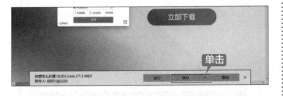

第3步 下载完毕后，会在浏览器窗口显示下载完成的信息提示，单击【运行】按钮，则运行安装程序，进入软件安装向导界面；单击【打开文件夹】按钮，则打开软件所保存的文件夹；单击【查看下载】按钮，则进入浏览器的下载列表。例如，这里单击【打开文件夹】按钮，如下图所示。

第4步 即可查看下载的软件安装包，如下图所示。

6.2.2 新功能：Microsoft Store

Windows 10 操作系统保留了 Windows 8 中的【应用商店】功能，并将其改名为"Microsoft Store"，用户可以在 Microsoft Store 应用中获取程序安装包，具体的操作步骤如下。

第1步 单击任务栏中的【Microsoft Store】图标或单击"开始"屏幕中的 Microsoft Store 磁贴，如下图所示。

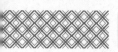

第2步 随即打开【应用商店】窗口，在其中可以看到应用商店提供的应用，如下图所示。

第3步 在应用商店中找到需要下载的软件，如这里想要下载【微信 For Windows】软件，如下图所示。

第4步 单击【微信 For Windows】图标下方的【获取】按钮，如下图所示。

| 提示 | ::::::::

在使用 Microsoft Store 时，必须登录 Microsoft 账户，否则单击该按钮后，会提示登录账户。

第5步 软件即可进入下载过程，并显示下载进度，如下图所示。

第6步 下载完成后，单击【启动】按钮即可运行应用，如下图所示。

| 提示 | ::::::::

在下载软件时，不需要紧盯着下载进度，当应用下载并安装完成后，桌面右角或通知栏会弹出通知提示，单击【启动】按钮，运行该应用，如下图所示。

6.2.3 软件管家

    360 安全卫士、腾讯电脑管家等电脑优化软件，自带了软件管家功能，支持一站式下载安装软件、管理软件，并且每天提供最新、最快的中文免费软件、游戏、主题下载，让用户大大节省寻找和下载资源的时间。这里以在 360 软件管家中下载音乐软件为例，来介绍从软件管家中下载软件的方法。从软件管家中下载安装软件包的具体操作步骤如下。

第1步 打开 360 软件管家，在其主界面中选择【音乐软件】选项，进入音乐软件的【全部软件】工作界面，如下图所示。

第2步 单击需要下载的软件后面的【一键安装】按钮，即可下载并安装该软件，如下图所示。

第3步 安装完成后，右侧按钮显示为【打开软件】，单击该按钮即可运行该软件，如下图所示。

6.3 实战 2：安装软件

    一般情况下，软件的安装过程大致相同，大致分为运行软件的主程序、接受许可协议、选择安装路径和进行安装等几个步骤，有些收费软件还会要求添加注册码或产品序列号等。

6.3.1 重点：注意事项

    安装软件的过程中，需要注意一些事项，下面进行详细介绍。
    （1）安装软件时注意安装地址。

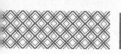

多数情况下，软件安装的默认地址在 C 盘，但是 C 盘是电脑的系统盘，如果 C 盘中安装了过多的软件，那么很可能导致软件无法运行或者运行缓慢。

（2）安装软件是否有捆绑软件。

很多时候，安装软件的过程中，会安装一些用户不知道的软件，这些就是捆绑软件，所以安装软件的过程中，一定要注意是否有捆绑软件，有的话，一定要取消捆绑软件的安装。

（3）电脑中不要安装过多的软件或者相同的软件。

每一个软件安装在电脑中都占据一定的电脑资源，如果安装过多的软件，会使电脑反应缓慢。安装相同的软件也可能导致两款软件之间出现冲突，导致软件不能使用。

（4）安装软件尽量选择正式版软件，不要选择测试版软件。

测试版的软件意味着这款软件可能并不完善，还存在很多的问题，而正式版则是经过了无数的测试，确认使用不会出现问题后才推出的软件。

（5）安装的软件一定要经过电脑安全软件的安全扫描。

经过电脑安全软件扫描后确认无毒无木马的软件才是最安全的，可以放心地使用，如果安装中出现了警告或者阻止的情况，就不要安装这个软件了，或者选择安全的站点重新下载之后再安装。

6.3.2 重点：开始安装

当下载好软件之后，就可以将软件安装到电脑中了，这里以安装腾讯 QQ 软件为例，介绍安装软件的一般步骤和方法，具体操作步骤如下。

第1步 双击下载的安装程序，如下图所示。

第2步 弹出安装对话框，单击【立即安装】可立即安装软件，单击【自定义选项】超链接，可以自定义安装选项。这里单击【自定义选项】超链接，如下图所示。

第3步 设置软件的安装项，并单击【立即安装】按钮，如下图所示。

第4步 软件即可进入安装中，如下图所示显示了安装进度。

第 5 步 安装完成后，取消选中推荐软件复选框，然后单击【完成安装】按钮，如下图所示。

第 6 步 即可启动软件界面，如下图所示。

6.4 实战 3：查找安装的软件

软件安装完毕后，用户可以在此电脑中查找安装的软件，包括查看所有程序列表、按照程序首字母和数字查找软件等。

6.4.1 查看所有程序列表

在 Windows 10 操作系统中，用户可以很简单地查看所有程序列表，具体的操作步骤如下。

第 1 步 单击【开始】按钮，进入【开始屏幕】工作界面，如下图所示。

第 2 步 在【开始屏幕】的左侧程序列表，向下或向上滑动鼠标即可浏览所安装程序，如下图所示。

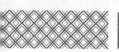

第3步 在程序列表顶部，显示了【最近添加】的程序列表，用户可以单击【展开】链接，即可查看最近安装的程序列表，如下图所示。

| 提示 |

> 如果不显示【最近添加】程序列表，则可在【个性化】→【开始】界面中，将【显示最近添加的应用】选项设置为"开"即可。

6.4.2 新功能：按程序首字母查找软件

在程序列表中可以看到包括很多软件，在查找某个软件时，比较麻烦。在 Windows 10 中应用程序是按程序首字母进行排序的，用户可以利用首字母来查找软件，具体的操作步骤如下。

第1步 单击程序列表中的任一字母选项，如单击字母 c ，如下图所示。

第2步 即可弹出字母搜索面板，如这里需要查看首字母为"J"的程序，则单击【搜索】界面中的字母 J，如下图所示。

第3步 随即返回程序列表中，可以看到首先显示的就是以字母"J"开头的程序列表，如下图所示。

6.4.3 重点：使用搜索框快速查找软件

在 Windows 10 中，大大提高了系统的检索速度，尤其是提供的搜索框，可以快速搜索目标数据，而且支持模糊搜索，与按字母查找软件相比，更为快捷和准确，具体操作步骤如下。

第1步 在搜索框中输入要搜索的程序名称，如搜索"计算器"，在搜索框中，会立即适配出相关的程序，单击该应用即可启动软件，如下图所示。

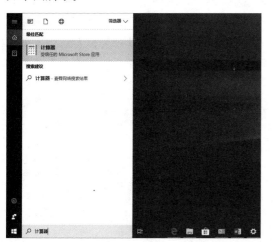

第2步 如果仅知道软件的部分字母或关键文字，也可以通过模糊搜索快速查找。如这里查找 "Adobe Acrobat 7.0 Professional"，由于名字较长，很难记得，输入 "adob"、"acr" 或 "pro" 等，都可以通过模糊搜索找到该软件，如下图所示。

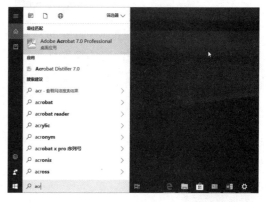

6.5 实战 4：Microsoft Store 的应用

Microsoft Store 是 Windows 10 中的应用商店，用以展示、下载电脑或手机适用的应用程序，在 Windows 10 操作系统中，用户可以使用 Microsoft Store 来搜索应用程序、安装免费应用、购买收费应用及打开应用。

6.5.1 搜索应用程序

在应用商店中存在有很多应用，用户可以根据自己的需要搜索应用程序，具体操作步骤如下。

第1步 单击任务栏中的 Microsoft Store 图标，打开【Microsoft Store】界面，如下图所示。

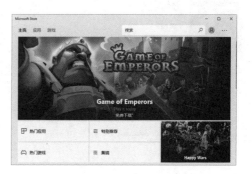

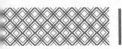
第2步 单击窗口右上角的【搜索】按钮，在打开的【搜索】文本框中输入应用程序名称，如这里输入"酷我音乐"，如下图所示。

第3步 单击【搜索】按钮，在打开的界面中显示与【酷我音乐】相匹配的搜索结果，其中可以快速找到需要的应用程序，如下图所示。

第4步 另外，用户还可以在主页或应用下，选择【热门应用】【特别推荐】【热门游戏】及【集锦】等，也可以分类查看应用，如下图所示。

6.5.2 新功能：安装免费应用

在应用商店中，可以安装免费的应用，具体操作步骤如下。

第1步 打开 Microsoft Store，选择需要安装的应用并进入该界面后，会在下方显示【获取】按钮，如这里以"抖音"为例，单击"抖音"图标下方的【获取】按钮，如下图所示。

第2步 开始安装此免费应用，如下图所示。

第3步 安装完毕后，会在下方显示【启动】按钮，单击该按钮，如下图所示。

第4步 即可打开应用,并进入应用的工作界

面,如下图所示。

6.5.3 新功能:购买收费应用

在应用商店中,除免费的应用软件外,还提供有多种收费应用软件,用户可以进行购买,具体操作步骤如下。

第1步 单击任务栏中的Microsoft Store图标,打开【Microsoft Store】界面,在【热门付费应用】区域中可以看到多种收费的应用,如下图所示。

第2步 单击付费应用的图标,如这里单击【8 Zip】图标,即可进入该应用详细界面,显示了价格及描述等信息,单击【购买】按钮,如下图所示。

第3步 首次购买付费软件会验证用户的身份信息,在弹出的提示框中,输入账户密码。如果不希望购买软件时被询问,则可选中【以后进行 Microsoft Store 购买时不再询问】复选框,单击【登录】按钮,如下图所示。

第4步 在弹出的支付对话框中,用户可以根据提示选择支付方式,并支付费用即可购买,如下图所示。

| 提示 |

　　Microsoft Store 的支付方式支持银联信用卡、银联借记卡及支付宝 3 种方式，用户可以根据情况进行选择。

6.6 实战 5：软件的更新 / 升级

　　软件并不是一成不变的，软件公司会根据用户的需求，不断推陈出新，更新一些新的功能，提高软件的用户体验。下面将分别讲述自动检测升级和使用第三方管理软件升级的具体方法。

6.6.1 重点：使用软件自动检测升级

　　下面以更新"360 安全卫士"为例，介绍软件更新的具体操作步骤。

第 1 步 右击电脑桌面右下角的"360 安全卫士"图表，在弹出的界面中选择【升级】→【程序升级】选项，如下图所示。

第 2 步 如果有新版本，则弹出"发现新版本"提示，选择要更新的版本，单击【确定】按钮，如下图所示。

第 3 步 即会下载新版本，并显示下载进度，如下图所示。

第4步 下载并自动安装完成后，再次打开【360

安全卫士 - 升级】对话框，即可看到已是最新版提示，如下图所示。

6.6.2 使用第三方管理软件升级

用户可以通过第三方管理软件升级电脑中的软件，如 360 安全卫士和 QQ 电脑管家，使用方便，可以一键升级软件。下面以 360 安全卫士为例，介绍如何升级电脑中的软件，具体操作步骤如下。

第1步 打开 360 安全卫士中的"360 软件管家"界面，在顶部的【升级】图标中，可以看到显示的数字"2"，表示有两款软件可以升级，如下图所示。

第2步 单击【升级】图标，在"升级"页面

即可看到可升级的软件列表，选择要升级的软件。如果升级单个软件，单击右侧的【升级】按钮，可逐个升级软件；也可以单击页面右下角的【一键升级】按钮，同时升级多个软件，如下图所示。

6.7 实战6：卸载软件

当安装的软件不再需要时，可以将其卸载以便腾出更多的空间来安装需要的软件，在 Windows 10 操作系统中，有以下 4 种方法。

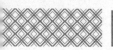
6.7.1 重点：在【程序和功能】窗口中卸载软件

在 Windows 10 及以下系统版本中，"程序和功能"是卸载软件最基本方法，具体操作步骤如下。

第1步 单击【开始】按钮，打开程序列表，右击要卸载的程序图标，在弹出的菜单中，单击【卸载】按钮，如下图所示。

第2步 打开【程序和功能】窗口，再次选择要卸载的程序，单击【卸载／更改】按钮，如下图所示。

> **提示**
>
> 有些软件在选择后，会直接显示【卸载】按钮，直接单击该按钮即可。

第3步 弹出软件卸载对话框，单击【卸载】按钮，如下图所示。

第4步 软件随即卸载，并显示卸载进程，如下图所示。

第5步 卸载完成，单击【完成】按钮，即可完成卸载，如下图所示。

> **提示**
>
> 部分安装在单击【完成】按钮前，请确保没有选中安装其他软件的复选框，否则将会在卸载完成后，安装其他选中的软件。

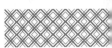

6.7.2 新功能：在"应用和功能"界面中卸载软件

Windows 10 中添加了【设置】面板，代替了低版本操作系统中的【控制面板】窗口，下面介绍在"应用和功能"界面中卸载软件的方法，具体操作步骤如下。

第1步 右击【开始】按钮，在弹出的菜单列表中，选中【应用和功能】选项，如下图所示。

> **提示**
>
> 也可以按【Windows+I】组合键，打开【设置】面板，单击【应用】图标，进入【应用和功能】界面。

第2步 弹出【应用和功能】窗口，选择要卸载的程序，单击程序下方的【卸载】按钮，如下图所示。

第3步 弹出提示框，单击【卸载】按钮，如下图所示。

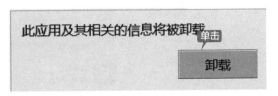

第4步 弹出软件卸载对话框，在其中选中相应的单选按钮，并单击【立即卸载】按钮，如下图所示。

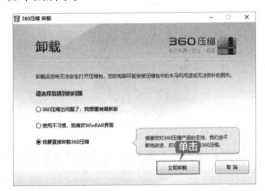

第5步 卸载完成后，单击【完成】按钮即可完成卸载，如下图所示。

6.7.3 使用第三方软件卸载程序

用户还可以使用第三方管理软件，如 360 软件管家、QQ 电脑管家等来卸载电脑中不需要的软件。

以"360软件管家"为例，单击【卸载】图标，进入软件卸载列表，选中要卸载的软件，单击【一键卸载】按钮，即可完成卸载，如下图所示。

6.7.4 新功能：卸载 Microsoft Store 中下载的应用

在 Microsoft Store 中下载的应用，其卸载方法很简单，用户可以快速将其卸载，具体操作步骤如下。

第1步 打开"开始"屏幕，右击选中要卸载的应用，在弹出的菜单列表中，选择【卸载】选项，如下图所示。

第2步 弹出下图所示提示框，单击【卸载】按钮即可快速卸载。

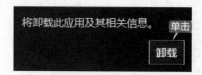

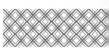

设置默认的应用

现在，电脑的功能越来越多，应用软件的种类也越来越多，往往一个功能用户会在电脑上安装多个软件，这时该怎么设置其中一个为默认的应用呢？设置默认应用的方法有多种，下面介绍如何以"默认应用"功能，设置系统的默认应用，具体操作步骤如下。

第1步 按【Windows+I】组合键，打开【设置】面板，单击【应用】图标，如下图所示。

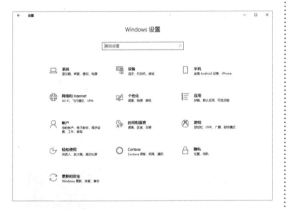

第2步 单击左侧列表中的【默认应用】按钮，在右侧区域中即可看到电子邮件、地图、音乐播放器、照片查看器、视频播放器及 Web 浏览器的默认应用，如下图所示。

第3步 例如，这里要设置音乐播放器的默认应用，单击【Groove 音乐】图标，如下图所示。

第4步 在弹出的【选择应用】列表中，选择要设置的应用，如这里选择【网易云音乐】选项，如下图所示。

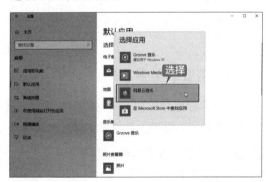

第5步 即可看到【音乐播放器】下的默认程序，显示为【网易云音乐】，表示已修改完成，如下图所示。

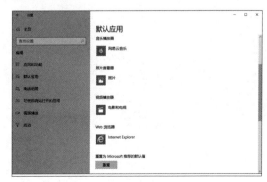

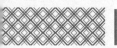

提示

单击【重置】按钮，将恢复系统推荐的默认值。

另外，如果要指定软件打开某个文件类型，则右击要打开的文件，在弹出的菜单列表中，选择【打开方式】→【选择其他应用】选项。在弹出的对话框中，选择要打开的该文件的应用，选中【始终使用此应用打开】复选框，并单击【确定】按钮即可，如下图所示。

◇ 为电脑安装更多字体

如果想在电脑里输入一些特殊的字体，如草书、毛体、广告字体、艺术字体等，都需要用户自行安装，为电脑安装更多字体的具体操作步骤如下。

第1步 从网上下载字体库，下图所示为下载的字体库文件夹。

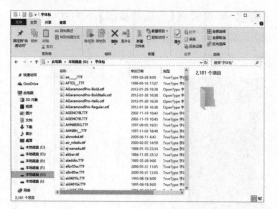

第2步 选中需要安装的字体，并右击，在弹出的快捷菜单中选择【安装】选项，如下图所示。

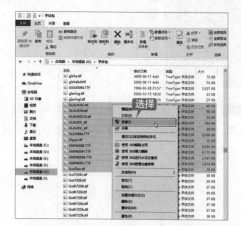

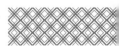

第3步 随即弹出【正在安装字体】对话框，在其中显示了字体安装的进度，如下图所示。

◇ 新功能：通过应用商店下载不同的字体

Microsoft Store 是一款功能强大的应用商店，不仅可以下载应用程序，还可以下载主题、字体等。下面介绍如何通过应用商店下载字体。

第1步 打开【Microsoft Store】程序窗口，在右侧搜索框中输入"字体"，并单击下方相关列表中的【字体】选项，如下图所示。

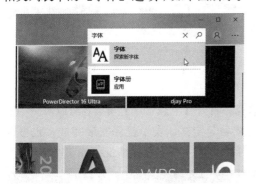

第2步 即可进入【字体】主题界面，如下图所示。单击选择要查看或下载的字体，如单击"Ink Draft"字体，如下图所示。

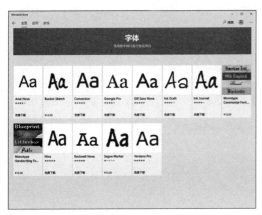

第3步 进入字体详情界面，单击【获取】按钮，如下图所示。

第4步 即可自动下载并安装该字体，提示安装完成后。如打开"写字板"程序，在工作区输入文字，在字体列表即可看到安装的字体，并可应用查看字体效果，如下图所示。

◇ 使用电脑为手机安装软件

使用电脑可以为手机安装软件，不过要想完成安装软件的操作，需要借助第三方软件，这里以 360 手机助手为例，具体操作步骤如下。

第1步 使用数据线将电脑与手机连接，进入360 安全卫士工作界面，单击【手机助手】图标，如下图所示。

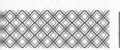

第 2 步 软件会自动识别并连接手机，如果不能正常连接，请根据提示进行设置，如下图所示。

第 3 步 连接完成后，即可在软件界面显示手机界面图及信息等，如下图所示。

第 4 步 在 360 手机助手中，可以选择今日热点、玩游戏、找软件、排行榜或娱乐汇，下载软件和壁纸等，例如，这里单击【排行榜】按钮即可看到不同分类的下载排行，如下图所示。

第 5 步 选择要安装的手机软件，单击【安装】按钮，即可下载并安装到手机中，如安装"抖音"，单击【安装】按钮后，显示"下载中"，如下图所示。

第 6 步 打开【下载管理】窗口，可以看到"安装成功"字样，表示已经安装完成；也可以在手机桌面中查看安装情况，如下图所示。

本篇主要介绍上网娱乐。通过本篇的学习，读者可以学习网络的连接与设置、开启网络之旅、网络的生活服务、多媒体和网络游戏及网络沟通和交流等操作。

第7章
电脑上网 —— 网络的连接与设置

📄 本章导读

互联网正在影响着人们的生活和工作方式，通过上网可以和万里之外的人交流信息。目前，上网的方式有很多种，主要的联网方式包括电话拨号上网、ADSL 宽带上网、小区宽带上网、无线上网和多台电脑共享上网等方式。

🔘 思维导图

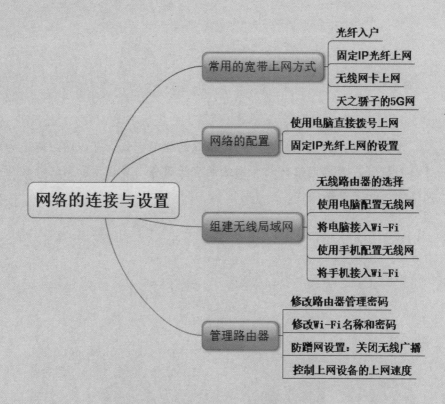

7.1 常用的宽带上网方式

　　电脑要想上网，用户首先需要选择宽带运营服务商办理宽带业务，而在本节将主要介绍宽带上网的知识，帮助用户了解并选择适合的宽带。

　　目前，宽带上网方式主要分为光纤入户、固定 IP 光纤上网和无线网卡上网 3 种。

7.1.1 光纤入户

　　光纤入户是目前最常见的家庭连网方式。一般常见的有中国联通、中国电信和中国移动，都是采用光纤入户的形式，配合千兆光纤猫，即可享用光纤上网，速度达百兆至千兆，拥有速度快、掉线少的优点。

　　不过，部分地区可能由于运营商入网设备未铺设完善，仍采用 ADSL MODEM 调制解调器上网，相比光纤，速度要慢了很多，只有几十兆网速。

7.1.2 固定 IP 光纤上网

　　固定 IP 光纤上网，也是常见的一种宽带接入方式，它主要采用以太局域网技术，以信息化小区的形式接入，解决了传统拨号上网方式的瓶颈问题，它的成本低、可靠性好、操作也相对简单。用户只需要直接连接网络，不需要使用光纤猫等拨号设备，输入分配的固定 IP 即可上网。这种上网方式主要用于公司或小区宽带。

7.1.3 无线网卡上网

　　随着网络技术的快速发展，无线网卡上网已经成为人们不可或缺的上网方式之一，从手机到平板电脑、笔记本电脑及台式电脑，再到智能数码及智能家居设备，甚至无人机和无人汽车等，无线网卡得到广泛应用。用户只需使用支持无线网连接的设备，扫描并连接无线网，即可轻松实现上网。

7.1.4 天之骄子的 5G 网

　　对于很多人来讲，4G 网络还没玩儿熟，5G 网络已经降临。5G 网络作为第五代移动通信技术，

其峰值理论传输速度可达每秒数十 GB，比 4G 网络的传输速度快数百倍，整部超高画质电影可在 1 秒之内下载完成。

对于一般用户来讲，5G 的意义主要在于拥有比 4G 更快的网速，能够在 1 秒内下载一部高清电影，不过就未来覆盖及商用来讲，5G 对人们的日常生活及工作的影响将是全方位的。例如，可以真正地实现万物互联和虚拟现实，也可以促进无人驾驶的应用，它们都需要高速率的网络支持。

2019 年 10 月 31 日，5G 已正式投入商用，首批覆盖了 50 个主要城市。随着 5G 网络的大规模部署，将有更多的城市和用户体验到 5G 的便利。

7.2 实战 1：网络的配置

在了解了当前主要的网络连接方式后，下面介绍各个网络连接方式的配置方法与步骤，从而帮助用户根据需要选择和配置自己的上网方式。

7.2.1 重点：使用电脑直接拨号上网

如果家里没有路由器，希望使用电脑直接拨号上网，可以采用以下方法，具体操作步骤如下。

第1步 按【Windows+I】组合键，打开【Windows 设置】面板，单击【网络和 Internet】按钮，如下图所示。

第2步 在弹出的界面中，选择左侧的【拨号】选项，并在其右侧界面中，单击【设置新连接】超链接，如下图所示。

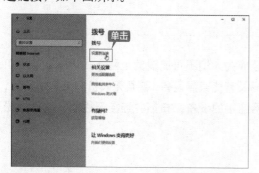

第3步 弹出【连接到 Internet】对话框，单击【宽带 (PPPoE)(R)】选项，如下图所示。

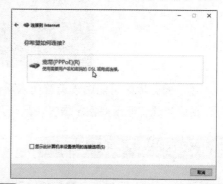

第4步 打开【键入你的 Internet 服务提供商 (ISP) 提供的信息】对话框，在【用户名】文本框中输入服务提供商的账户，在【密码】文本框中输入账户密码，单击【连接】按钮，如下图所示。

第5步 即可打开【正在测试 Internet 连接】对话框，提示用户正在连接到宽带连接，并显示正在验证用户名和密码等信息，如下图所示。

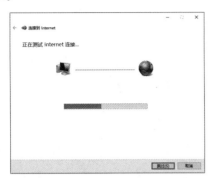

第6步 等待验证用户名和密码完毕后，如果正确，则弹出【你已连接到 Internet】对话框，然后单击【立即浏览 Internet】按钮，如下图所示。

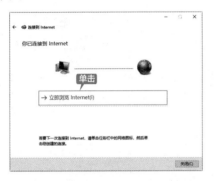

第7步 自动打开 Microsoft Edge 浏览器，并进入浏览器主页页面，如下图所示。

第8步 在百度页面，单击顶部的任一超链接，进一步验证网络的连通情况，如单击【地图】超链接，则自动打开【百度地图】页面，则表示网络连接正常，如下图所示。

7.2.2 固定 IP 光纤上网的设置

固定 IP 光纤上网和拨号上网的连接方法不同，它主要是根据网络服务运营商提供的固定的 IP 地址、子网掩码，以及 DNS 服务器进行设置登录，具体操作步骤如下。

第1步 打开【网络和 Internet】设置界面，选择【以太网】选项，并在右侧区域中单击【更改适配器选项】超链接，如下图所示。

第2步 即可打开【网络连接】窗口。选中【以太网】图标并右击，在弹出的快捷菜单中选择【属性】选项，如下图所示。

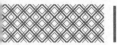

第 3 步 打开【以太网 属性】对话框，在【此连接使用下列项目】列表框中选中【Internet 协议版本 4(TCP/IPv4)】选项，如下图所示。

第 4 步 单击【属性】按钮，即可打开【Internet 协议版本 4（TCP/IPv4）属性】对话框，选中【使用下面的 IP 地址】和【使用下面的 DNS 服务器地址】单选按钮，如下图所示。

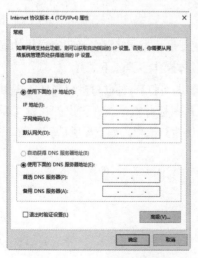

第 5 步 将申请到的 IP 地址、子网掩码、默认网关、首选 DNS 服务器和备用 DNS 服务器地址输入【IP 地址】【子网掩码】【默认网关】【首选 DNS 服务器】和【备用 DNS 服务器】等文本框中，如下图所示。

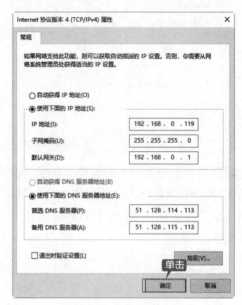

第 6 步 单击【确定】按钮，即可完成配置，以太网的媒体状态变成【已启用】，这样就可以开始上网了，如下图所示。

7.3 实战 2：组建无线局域网

无线局域网络的搭建给家庭无线办公带来了很多方便，而且可随意改变家庭里的办公位置而不受束缚，大大满足了现代人的追求，同时也保护了建筑物。建立无线局域网的操作比较简单，在有线网络（CABLE、ADSL、社区宽带等）到户后，用户只需连接一个无线宽带网关（拓扑图里为 TFW3000），然后各房间里的 PC、打印机或笔记本电脑利用无线网卡与无线宽带网关之间建立无线连接，即可构建整个家庭的内部局域网络，实现共享信息和接入 Internet 网遨游。

7.3.1 无线路由器的选择

随着无线网络的发展，无线网络已经走入寻常百姓家，对普通家庭用户来说，无线网络相对有线网络更让人省心省力，少了布线。不过，要想在家庭实现无线上网，就需要具备一个具有无线功能的路由器。那么如何选择适合自己需要的路由器呢，下面介绍几个选择指标。

1. 无线标准

关于 802.11，最常见的有 802.11b/g、802.11n 等，出现在路由器、笔记本电脑中，它们都属于无线网络标准协议的范畴。目前，最为流行的 WLAN 协议是 802.11n，是在 802.11g 和 802.11a 之上发展起来的一项技术，最大的特点是速率提升，理论速率可达 300Mbit/s，可在 2.4GHz 和 5GHz 两个频段工作。802.11ac 是目前较新的 WLAN 协议，它是在 802.11n 标准之上建立起来的，包括将使用 802.11n 的 5GHz 频段。

目前，新的 IEEE802.11ad（也被称为 WiGig）标准已被推出，支持 2.4/5/60GHz 三频段无线传输标准，实际数据传输速率达 2Gbit/s，它以抗干扰能力强、良好的覆盖范围、高容量网络等优点，将推动三频无线终端和路由器的迅速普及。

2. 产品品牌

无线路由器具有共享宽带上网的能力和无线客户端接入的能力，产品的性能马虎不得。在选择时应选一些名牌产品，如 TP-Link、华为、斐讯、小米等，因为规模大的厂商比较有实力，会采用名牌 CPU 和无线芯片，产品的性能和发射功率有保证，在支持接入主机数量、安全方案、无线覆盖范围、设置管理、软件升级等方面都会得到保证。

3. 端口的传输速率

随着网速的提高，大部分城市支持 200MB 及以上宽带，此时 100MB/s 传输速率的 WAN 端口已不能满足用户的使用，需要使用 1000MB/s 传输速率的路由器，俗称"千兆路由器"，这样才能体现高网速，否则百兆传输速率下，即使安装 200MB 或 1000MB 的宽带，也仅能体验 100MB 的宽带速度。

4. 简易安装

对于普通家庭用户来说，网络知识有限，因此选购的产品最好有简洁的基于浏览器配置的管理界面，有智能配置向导，能提供软件升级。

7.3.2 重点：使用电脑配置无线网

建立无线局域网的第一步就是配置无线路由器，使用电脑配置无线网的具体操作步骤如下。

1. 设备的连接

在配置无线网时，应将准备的路由器、光纤猫及设备连接起来。

首先，确保光纤猫连接正常，将光纤猫接入电源，并将网线插入光纤猫的入网口，并确保显示灯正常。

其次，准备一根 1 米左右的网线，将网线插入光纤猫的 LAN 口（指连接局域网的接口），将另一端插入路由器的 WAN 口（指的是连接网络或是宽带的接口），并将路由器接入电源。如果家里配有弱电箱，预埋了网线，则需将弱电箱中预留网线接入光纤猫，并使用一根短的网线连接预留网口（如电视背景墙后的网口）和路由器的 WAN 口。

最后，准备一根网线，连接路由器的 WAN 口和电脑的网口，即可完成设备的连接工作。

具体可参照下图进行连接。

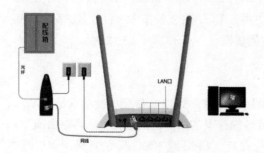

> **| 提示 |**
>
> 如果电脑支持无线功能或希望使用手机配置网络，只需执行上面的前两步连接工作即可，不需要使用网线再连接路由器和电脑。

2. 配置网络

网络设备及网线连接完成后，即可开始设置网络。本节以"华为"路由器为例介绍连接的方法，不管你拥有的是什么品牌的路由器，都可以参照本节介绍的步骤进行操作。

第一步：将电脑接入路由器。

如果是台式电脑，已经使用网线将路由器和电脑相连，则表示已经将电脑连入路由器。如果电脑支持无线网功能或使用其他无线设备，则可按照以下方法进行连接。

第 1 步 确保电脑的无线网络功能开启，单击任务栏中的████，在弹出的列表中选择要接入路由器的网络，并单击【连接】按钮，如下图所示。

| 提示 |

　　一般新路由器或恢复出厂设置的路由器，在接入电源后，无线网初始状态都是无密码开放的，可以方便用户接入并设置网络。

　　另外，在无线网列表中，如果显示有"开放"字样的网络名称，表示没有密码，但请谨慎连接。如果显示有"安全"字样的网络名称，表示网络加密，需要输入密码才能访问。

第2步　待网络连接成功后，即表示电脑或无线设备已经接入路由器，如下图所示。

第二步：配置账户和密码。

第1步　打开浏览器，在地址栏中输入路由器的后台管理地址"192.168.3.1"，按【Enter】键即可打开路由器的登录窗口，单击【马上体验】按钮，如下图所示。

| 提示 |

　　不同品牌的路由器配置地址也不同，用户可以在路由器上或说明书上查看配置地址。

第2步　进入设置向导界面，选择上网方式，一般路由器会根据所处的上网环境，推荐上网方式，如这里选择【拨号上网】选项，并在下方文本框中输入宽带账号和密码，单击【下一步】按钮，如下图所示。

| 提示 |

　　拨号上网，也称PPPoe，是一种上网协议，如常见的中国联通、中国电信、中国移动等都属于拨号上网；自动获取IP，也称动态IP，每连接一次网络，就会自动分配一个IP地址，在设置时，无须输入任何内容；静态IP，也称固定IP上网，运营商会给一个固定IP，设置时，用户输入IP地址和子网掩码；Wi-Fi中继，也称无线中继模式，是无线AP在网络连接中起到中继的作用，能实现信号的中继和放大，从而延伸无线网络的覆盖范围，在设置时，连接Wi-Fi网络，输入无线网密码即可。

　　第三步：设置Wi-Fi名称和密码。

第1步　进入Wi-Fi设置页面，设置无线网名称和密码，单击【下一步】按钮，如下图所示。

提示

目前大部分路由器支持双频模式，可以同时工作在 2.4GHz 和 5.0GHz 频段的无线路由器，用户可以设置两个频段的无线网络。

第 3 步 配置完成后，即会重启路由器生效，如下图所示。

第 2 步 选择【Wi-Fi 功率模式】，这里默认选择【Wi-Fi 穿墙模式】，单击【下一步】按钮，如下图所示。

此时，路由器无线网络配置已经完成。

7.3.3 重点：将电脑接入 Wi-Fi

网络设置成功后，即可接入 Wi-Fi 网络，测试网络是否设置成功。

笔记本电脑具有无线接入功能，但是大部分台式电脑没有无线网络功能，要想接入无线网，需要购买无线网卡（一般价格在几十元）即可实现电脑无线上网。本节介绍如何将电脑接入无线网，具体的操作步骤如下。

第 1 步 打开电脑的 WLAN 功能，单击任务栏中的 按钮，在弹出的可连接无线网列表中，选择要连接的无线网名称，并单击【连接】按钮，如下图所示。

第2步 在弹出的【输入网络安全密钥】文本框中输入设置的无线网密码，单击【下一步】按钮，如下图所示。

第3步 此时，电脑会尝试连接该网络，并对密码进行验证，如下图所示。

第4步 待显示"已连接"，则表示已连接成功，此时可以打开网页或软件，进行联网测试，如下图所示。

7.3.4 重点：使用手机配置无线网

除使用电脑配置无线网外，用户还可以使用手机对无线网进行配置，具体操作步骤如下。

第1步 打开手机的 WLAN 功能，会自动扫描周围可连接的无线网，在列表中选择要连接的路由器无线网名称，如下图所示。

第2步 由于路由器无线网初始状态没有密码，所以会自动连接网络，待显示"已连接"，表示连接成功，如下图所示。

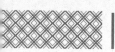

第3步 点击已连接的无线网名称或在浏览器中直接输入路由器配置地址"192.168.3.1"，则自动跳转至如下界面，点击【马上体验】按钮，如下图所示。

第4步 进入上网向导，根据选择的上网模式，进行设置，如这里自动识别为"拨号上网"，分别输入宽带账号和密码，并点击【下一步】按钮，如下图所示。

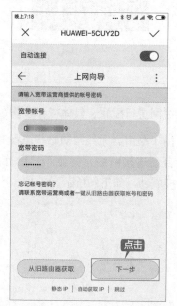

第5步 设置 Wi-Fi 的名称和连接密码，点击【下一步】按钮，如下图所示。

第6步 选择 Wi-Fi 的功率模式，保持默认设置即可，点击【下一步】按钮，如下图所示。

第7步 设置完成后，点击右上角的【完成】按钮，即会重启路由器并将设置生效，如下图所示。

7.3.5 重点：将手机接入 Wi-Fi

无线局域网配置完成后，用户可以将手机接入 Wi-Fi，从而实现无线上网，手机接入 Wi-Fi 的具体操作步骤如下。

第1步 在手机中，打开 WLAN 列表，点击选中要连接的无线网络名称，如下图所示。

第2步 弹出【密码】对话框，输入网络密码，并点击【连接】按钮即可连接，如下图所示。

7.4 实战 3：管理路由器

路由器是组建局域网中不可缺少的一个设备，尤其是在无线网络普遍应用的情况下，路由器的安全更是不可忽略。用户通过设置路由器管理员密码、修改路由器 WLAN 设备的名称、关闭路由器的无线广播功能等方式，可以提高局域网的安全性。

7.4.1 重点：修改路由器管理密码

路由器的初始密码比较简单，为了保证局域网的安全，一般需要修改管理密码，具体操作步骤如下。

第1步 打开浏览器，输入路由器的后台管理地址，进入登录页面，输入当前的登录密码，并单击【登录】按钮，如下图所示。

第2步 进入路由器后台管理界面，单击【更多功能】图标，如下图所示。

第3步 选择【系统设置】→【修改登录密码】

选项，在右侧界面中输入当前密码，并输入要设置的密码，单击【保存】按钮，如下图所示。

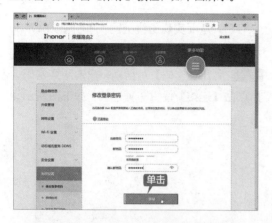

第4步 路由器即会保存设置，保存后表示修改设置成功，如下图所示。

7.4.2 重点：修改 Wi-Fi 名称和密码

Wi-Fi 的名称通常是指路由器当中 SSID 号的名称，该名称可以根据自己的需要进行修改，具体操作步骤如下。

第1步 打开路由器的后台设置界面，单击【我的 Wi-Fi】图标，如下图所示。

第2步 在 Wi-Fi 名称文本框中输入新的名称，在 Wi-Fi 密码文本框中输入要设置的密码，

单击【保存】按钮即可保存。此时，会重启路由器，如下图所示。

提示

用户也可以单独设置名称或密码。

7.4.3 重点：防蹭网设置：关闭无线广播

路由器的无线广播功能在给用户带来方便的同时，也给用户带来了安全隐患。因此，在不用无线功能的时候，要将路由器的无线功能关闭掉，具体操作步骤如下。

第1步 打开无线路由器的后台设置界面，选择【更多功能】→【Wi-Fi 高级】选项，即可在右侧的界面中显示是无线网络的基本设置信息，默认 Wi-Fi 是开启无线广播功能的，如下图所示的【Wi-Fi 隐身】功能默认是关闭的，也表示开启着广播功能。

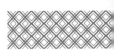

第2步 将每个频段的【Wi-Fi隐身】功能，设置为【开启】，并单击【保存】按钮，即可生效，如下图所示。

第2步 输入网络的名称，并单击【下一步】按钮，如下图所示。

第3步 在弹出的提示框中，单击【是】按钮，如下图所示。

| 提示 |

　　部分路由器默认选中"开启SSID广播"，取消选中即可。

1. 使用电脑连接

　　使用电脑连接关闭无线广播后的网络，具体操作步骤如下。

第1步 单击电脑任务栏中的 按钮，在弹出识别的无线网络列表中，选择【隐藏的网络】选项，并单击显示的【连接】按钮，如下图所示。

第4步 连接成功后，即会显示"已连接"，如下图所示。

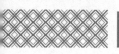
2. 使用手机连接

使用手机和电脑的连接方法基本相同，也是输入网络名称和密码，然后进行连接，具体操作步骤如下。

第1步 打开手机 WLAN 功能，在识别的无线网列表中，点击【其他 …】按钮，如下图所示。

第2步 进入【手动添加网络】界面，输入网络名称，并将【安全性】设置为"WPA/WPA2 PSK"，然后输入网络密码，点击右上角的【完成】按钮✓，即可添加，如下图所示。

7.4.4 重点：控制上网设备的上网速度

在局域网中所有的终端设备都是通过路由器上网的，为了更好地管理各个终端设备的上网情况，管理员可以通过路由器控制上网设备的上网速度，具体操作步骤如下。

第1步 打开路由器的后台设置界面，单击【终端管理】图标，在要控制上网设备的后方，将【网络限速】按钮设置为"开" ，如下图所示。

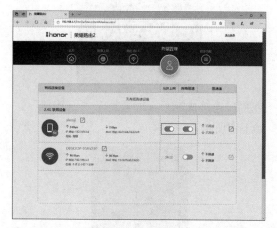

第2步 单击【编辑】按钮☑，在限速调整框中输入限速数值，如下图所示。

第3步 设置完成后，即可看到限速的情况，如下图所示。

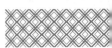

如果要关闭限速，将【网络限速】开关设置为 ⬤ 即可。

电脑和手机网络的相互共享

目前，随着网络和手机上网的普及，电脑和手机的网络是可以互相共享的，这在一定程度上方便了用户。例如，如果手机共享电脑的网络，则可以节省手机的上网流量；如果自己的电脑不在有线网络环境中，则可以利用手机的流量进行电脑上网。电脑和手机网络的相互共享分为两种情况，一种是手机共享电脑的网络，另一种是电脑使用手机的上网流量进行上网，下面分别进行介绍。

电脑和手机网络的共享需要借助第三方软件，这样可以使整个操作简单方便，这里以借助 360 免费 Wi-Fi 软件为例进行介绍。

1. 手机共享电脑的网络

在分享电脑的网络时，首先要确保电脑支持无线功能，否则无法将电脑连接的有线网络或无线网络分享为其他无线网。

第1步 打开 360 安全卫士，进入【功能大全】界面，单击【我的工具】区域下的【免费WiFi】图标，如果电脑中没有安装该工具，首次使用会自动安装，如下图所示。

第2步 打开【360 免费 WiFi】工作界面，即可在【WiFi 信息】界面看到默认的名称和密码，如下图所示。

第3步 用户可以根据需要设置名称和密码，修改后，点击【保存】按钮，即可完成设置，如下图所示。

第4步 打开手机的 WLAN 搜索功能，可以看到搜索出来的 Wi-Fi 名称，如这里是"360ceshi"，如下图所示。

第 5 步 在打开的 Wi-Fi 连接界面，输入密码，并点击【连接】按钮，如下图所示。

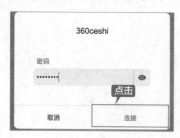

第 6 步 连接成功后，在【360 免费 WiFi】的工作界面中选择【已经连接的手机】选项卡，则可以在打开的界面中查看通过此电脑上网的手机信息。手机就可以通过电脑发射出来的 Wi-Fi 信号进行上网，如下图所示。

| 提示 |

点击 ⚙ 按钮，可以设置黑名单、网络限速及管理手机等，如下图所示。

2. 电脑共享手机的网络

第 1 步 打开手机的设置界面，点击【个人热点】按钮，如下图所示。

第 2 步 将【便携式 WLAN 热点】功能开启，并点击【设置 WLAN 热点】按钮，如下图所示。

第 3 步 设置 WLAN 热点，可以设置网络名称、安全性、密码及 AP 频段等，设置完成后，点击【完成】按钮 ✓，如下图所示。

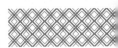

第4步 返回电脑界面，单击右下角的无线连接图标，在打开的界面中显示了电脑自动搜索的无线设备和信号，这里就可以看到手机的无线网络信息"pceshi"，选择该网络并单击【连接】按钮，如下图所示。

第5步 输入网络密码，并单击【下一步】按钮，如下图所示。

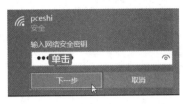

第6步 连接成功后，即显示"已连接"信息，如下图所示。

◇ 诊断和修复网络不通问题

当自己的电脑不能上网时，说明电脑与网络连接不通，这时就需要诊断和修复网络，具体操作步骤如下。

第1步 打开【网络连接】窗口，右击需要诊断的网络图标，在弹出的快捷菜单中选择【诊断】选项，如下图所示。

第2步 弹出【Windows 网络诊断】窗口，并显示网络诊断的进度，如下图所示。

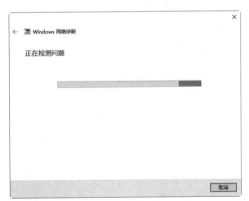

第3步 诊断完成后，将会在下方的窗格中显示诊断的结果，如下图所示。

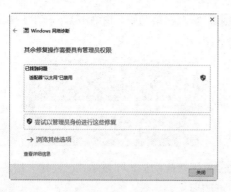

第 4 步 单击【尝试以管理员身份进行这些修复】链接，即可开始对诊断出来的问题进行修复，如下图所示。

第 5 步 修复完毕后，会给出修复的结果，提示用户疑难解答已经完成，并在下方显示已修复信息提示，如下图所示。

◇ 升级路由器的软件版本

定期升级路由器的软件版本，可以修补当前版本中存在的 Bug，也可以提高路由器的使用性能，具体操作步骤如下。

第 1 步 进入路由器后台管理界面，在【升级管理】界面可以看到可升级信息，单击【一键升级】按钮，如下图所示。

> **提示**
>
> 部分路由器如果不支持一键升级，可以进入路由器官网，查找对应的型号，下载最新的固件版本到电脑本地位置，通过本地升级。

第 2 步 路由器即可自动升级，如下图所示。

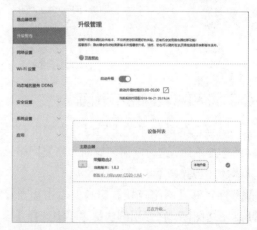

第 3 步 在线下载软件版本后，即会安装，此时切勿拔掉电源，等待升级即可，如下图所示。

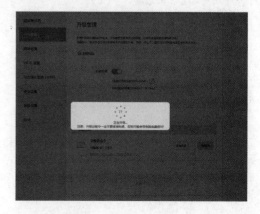

第8章
走进网络——开启网络之旅

本章导读

　　计算机网络技术近年来取得了飞速的发展，正改变着人们的学习和工作方式。在网上查看信息、下载需要的资源是用户网上冲浪经常进行的操作。

思维导图

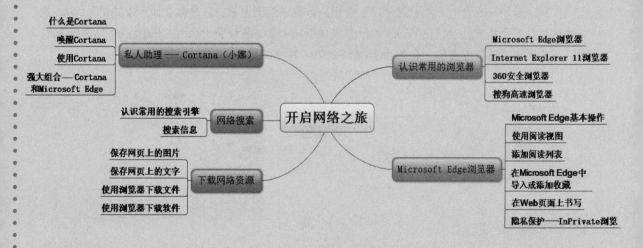

8.1 认识常用的浏览器

浏览器是指可以显示网页服务器或者文件系统的 HTML 文件内容，并让用户与这些文件交互的一种软件，一台电脑只有安装了浏览器软件，才能进行网上冲浪，下面就来认识一下常用的浏览器。

8.1.1 Microsoft Edge 浏览器

Microsoft Edge 浏览器是 Windows 10 操作系统内置的浏览器，Microsoft Edge 浏览器的一些功能细节包括：支持内置 Cortana 语音功能，内置了阅读器、笔记和分享功能；设计注重实用和极简主义，如下图所示为 Microsoft Edge 浏览器的工作界面。

8.1.2 Internet Explorer 11 浏览器

Internet Explorer 11 浏览器是现在使用人数最多的浏览器，它是微软新版本的 Windows 操作系统的一个组成部分，在 Windows 10 操作系统中如果要使用 Internet Explorer 11 浏览器，在程序列表或通过搜索框，选择 Internet Explore 程序并启动，其工作界面如下图所示。

不过，如果喜欢 Windows 系统下的浏览器，还是建议使用 Microsoft Edge 浏览器，它拥有更好的体验与功能。

8.1.3　360 安全浏览器

　　360 安全浏览器是互联网上好用且安全的新一代浏览器，与 360 安全卫士、360 杀毒等软件一同成为 360 安全中心的系列产品。360 安全浏览器拥有全国最大的恶意网址库，采用恶意网址拦截技术，可自动拦截挂马、欺诈、网银仿冒等恶意网址。其独创沙箱技术，在隔离模式下即使访问木马也不会感染，360 安全浏览器界面如下图所示。

8.1.4　搜狗高速浏览器

　　搜狗高速浏览器是首款给网络加速的浏览器，通过业界首创的防假死技术，使浏览器运行快捷流畅，具有自动网络收藏夹、独立播放网页视频、Flash 游戏提取操作等多项特色功能，并且兼容大部分用户使用习惯，支持多标签浏览、鼠标手势、隐私保护、广告过滤等主流功能。搜狗高速浏览器界面如下图所示。

8.2 实战 1：Microsoft Edge 浏览器

　　通过 Microsoft Edge 浏览器用户可以浏览网页，还可以根据自己的需要设置其他功能，如在阅读视图模式下浏览网页、将网页添加到浏览器的收藏夹中、给网页做 Web 笔记等。

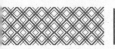
8.2.1 Microsoft Edge 基本操作

Microsoft Edge 基本操作包括启动、关闭与打开网页等，下面分别进行介绍。

1. 启动 Microsoft Edge 浏览器

启动 Microsoft Edge 浏览器，通常使用以下 3 种方法之一。

（1）双击桌面上的 Microsoft Edge 快捷方式图标。

（2）单击快速启动栏中的 Microsoft Edge 图标。

（3）单击【开始】按钮，选择【Microsoft Edge】菜单项，如下图所示。

通过上述 3 种方法之一打开 Microsoft Edge 浏览器，默认情况下，启动 Microsoft Edge 后将会打开用户设置的首页，它是用户进入 Internet 的起点。如下图所示用户设置的首页为百度搜索页面。

2. 使用 Microsoft Edge 浏览器打开网页

如果知道要访问网页的网址（即 URL），则可以直接在 Microsoft Edge 浏览器的地址栏中输入该网址，按【Enter】键，即可打开该网页。例如，在地址栏中输入新浪网网址"www.51pcbook.cn"，按【Enter】键，即可进入该网站的首页。

另外，当打开多个网页后，单击地址栏中的下拉按钮，在弹出的下拉列表中可以看到曾经输入过的网址。当在地址栏中再次输入该地址时，只需要输入一个或几个字符，地址栏中将自动弹出一个下拉列表，其中列出了与输入部分相同的曾经访问过的所有网址，如下图所示。

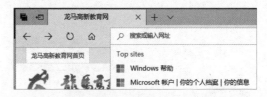

在其中选择所需要的网址，即可进入相应的网页。例如，选择 Microsoft 账户网址，即可打开 Microsoft 首页，如下图所示。

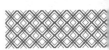
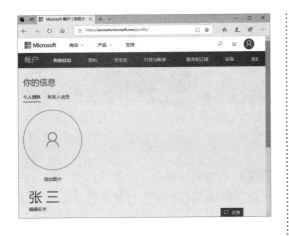

3. 关闭 Microsoft Edge 浏览器

当用户浏览网页结束后，就需要关闭 Microsoft Edge 浏览器，同大多数 Windows 应用程序一样，关闭 Microsoft Edge 浏览器通常采用以下 3 种方法。

（1）单击【Microsoft Edge 浏览器】窗口右上角的【关闭】按钮 ×。

（2）按【Alt+F4】组合键。

（3）右击 Microsoft Edge 浏览器的标题栏，在弹出的快捷菜单中选择【关闭】选项。为了方便起见，用户一般采用第一种方法来

关闭 Microsoft Edge 浏览器，如下图所示。

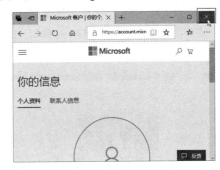

如果浏览器打开多个网页，则可在标签页上单击【关闭】按钮或按【Ctrl+W】键逐个关闭网页。

8.2.2 新功能：使用阅读视图

Microsoft Edge 浏览器提供阅读视图模式，可以在没有干扰（没有广告，没有网页的头标题和尾标题等，只有正文）的模式下看文章，还可以调整背景和文字大小，具体操作步骤如下。

第1步 在 Edge 浏览器中，打开一篇文章的网页，如这里打开一篇有关"蜂蜜"介绍的网页，如下图所示。

第2步 单击浏览器工具栏的【阅读视图】按钮 ，如下图所示。

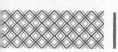
第3步 进入网页阅读视图模式，可以看到此模式下除了文章之外，没有网页上其他的东西，此时滚动鼠标滑轮即可进行翻页阅读，如下图所示。

| 提示 |::::::

再次单击【阅读视图】按钮，会退出阅读模式。

第4步 在页面空白处任意位置单击，则弹出设置工具栏，单击 A 按钮，可以更改阅读视图的样式，如字母的大小、文本的间距及页面主题等，选择最适合自己的显示方式，如下图所示。

第5步 单击 A 按钮，可以朗读此页内容，并可在顶部的设置栏中进行相关设置，如下图所示。

第6步 另外，单击 按钮，可以全屏阅读，按【F1】键可退出全屏，如下图所示。

8.2.3 新功能：添加阅读列表

在 Microsoft Edge 浏览器中，用户可以将文章、电子书或以后想阅读的其他内容，保存到阅读列表中，使用 Microsoft 账户登录任何 Windows 设备，都可以随时随地阅读。

第1步 选择要保存到阅读列表中的网页，单击【添加到收藏夹或阅读列表】按钮 ☆ ，如下图所示。

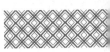

第2步 在弹出的对话框中,单击【阅读列表】图标,并在下方的【名称】框中输入名称信息,并单击【添加】按钮,如下图所示。

第3步 当需要阅读时,单击【中心】按钮☰,在弹出的列表中,选择【阅读列表】选项,即可看到添加的文章,单击即可阅读,如下图所示。

8.2.4 重点:在 Microsoft Edge 中导入或添加收藏

在使用浏览器时,用户可以将喜爱或经常访问的网站地址收藏,如果能好好利用这一功能,将会使网上冲浪更加轻松惬意。

1. 将网页添加到收藏夹中

将网页添加到收藏夹的具体操作步骤如下。

第1步 打开一个需要将其添加到收藏夹的网页,如百度首页,如下图所示。

第2步 单击页面中的【添加到收藏夹或阅读列表】按钮或按【Ctrl+D】组合键,如下图所示。

第3步 在弹出的对话框中,单击【收藏夹】图标,在【名称】文本框中可以设置收藏网页的名称,在【保存位置】文本框中可以设置网页收藏时保存的位置,如下图所示。

第4步 单击【保存】按钮,即可将打开的网页收藏起来,单击页面中的【中心】按钮☰可以打开【中心】设置界面,在其中单击【收藏夹】按钮,可以在下方的列表中查看收藏夹中已经收藏的网页信息,如下图所示。

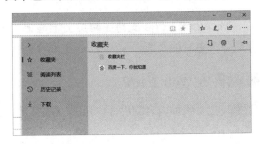

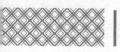

2. 在 Microsoft Edge 中导入收藏夹

如果电脑中使用了 Internet Explorer、搜狗等其他浏览器，用户可以将这些浏览器中的收藏夹导入 Microsoft Edge 中，具体操作步骤如下。

第1步 在 Microsoft Edge 中，单击【设置及其他】按钮…，在弹出的菜单列表中，选择【设置】选项，如下图所示。

第2步 在打开的【设置】界面中，单击【从另一个浏览器中导入】按钮，如下图所示。

第3步 选择要导入的浏览器，如 Internet Explorer，单击【导入】按钮，如下图所示。

第4步 即可快速导入并提示"全部完成！"按钮，如下图所示。

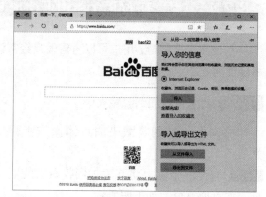

第5步 再次打开收藏夹界面，即可看到显示的"已从 Internet Explorer 导入"收藏文件夹，如下图所示。

8.2.5 在 Web 页面上书写

Microsoft Edge 支持在网页上记笔记、书写、涂鸦和突出显示，也可以按所有常用方式保存或分享书写的页面。

1. 在 Web 上书写

第1步 在要添加内容的界面，单击【添加笔记】按钮，如下图所示。

第 2 步 进入浏览器做添加笔记的工作环境中，单击页面左上角的【圆珠笔】按钮，在弹出的面板中可以设置做笔记时的笔触颜色，如下图所示。

第 3 步 使用笔工具可以在页面中书写和绘画，如下图所示。

第 4 步 单击【荧光笔】按钮▼，可以突出显示重点文字，如下图所示。

第 5 步 如果想要清除输入的笔记内容，不可以按【Ctrl+Z】组合键撤销绘画，可以单击【橡皮擦】按钮✍，对多余的墨迹进行清除，也可以单击弹出的【擦除所有墨迹】按钮，擦除页面中的所有笔记，如下图所示。

第 6 步 单击【添加笔记】按钮💻，可以在页面中绘制一个文本框，然后在其中输入笔记内容，如下图所示。

第 7 步 单击【剪辑】按钮✂，进入剪辑编辑状态，按下鼠标左键，拖动鼠标可以复制区域到剪贴板上，如下图所示。

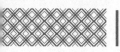

2. 保存笔记

第1步 笔记做完之后，单击页面中的【保存 Web 笔记】按钮，弹出笔记保存设置界面，单击【保存】按钮，如下图所示。

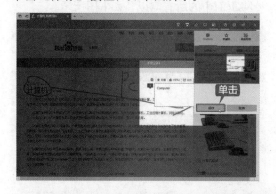

第2步 如果想要退出添加笔记工作模式，则可以单击右上角的【退出】按钮，如下图所示。

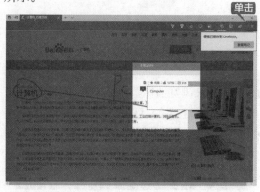

8.2.6 新功能：隐私保护——InPrivate 浏览

使用 InPrivate 浏览网页时，用户的浏览数据（如 Cookie、历史记录或临时文件）在用户浏览完后不保存在电脑上，也就是说当关闭所有的 InPrivate 标签页后，Microsoft Edge 会从电脑中删除临时数据。

使用 InPrivate 浏览网页的具体操作步骤如下。

第1步 双击任务栏中的【Microsoft Edge】图标，打开 Microsoft Edge 浏览工作界面，单击【设置及其他】按钮，在弹出的下拉列表中选择【新建 InPrivate 窗口】选项，如下图所示。

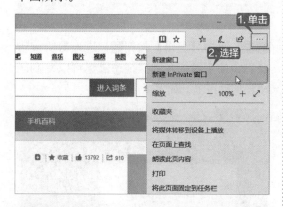

第2步 打开【InPrivate】窗口，在【搜索或输入网址】文本框中输入想要使用 InPrivate 浏览的网页网址，如这里输入"www.baidu.com"，如下图所示。

第3步 按【Enter】键，即可在 InPrivate 中打开百度网首页，如下图所示。

第4步 单击【InPrivate】窗口右上角的【关闭】按钮，即可关闭 InPrivate 窗口，返回 Microsoft Edge 窗口中，如下图所示。

8.3 实战 2：私人助理——Cortana（小娜）

Windows 10 操作系统自带 Cortana，其中文名为微软小娜，它是微软发布的全球第一款个人智能助理，可以说 Cortana（小娜）是 Windows 10 操作系统的私人助理。

8.3.1 什么是 Cortana

Cortana"能够了解用户的喜好和习惯""帮助用户进行日程安排、问题回答等"，可以说是微软在机器学习和人工智能领域方面的尝试。

使用 Cortana 可以帮助 Windows 10 操作系统实现如下功能。

（1）提示用户在特定的时间或地点做一些事情，如下图所示。

（2）用户可以用语音来给 Cortana 布置任务、发短消息或者和 Cortana 聊天，如下图所示。

（3）帮助用户查找设备或网站上的内容，具有搜索功能。

（4）帮助用户跟踪快递包裹和航班的状态。

（5）为用户提供个性化想法、新闻、趣闻、事件、交通、天气、笑话等内容。

（6）打开系统上的任一应用。

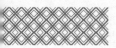
8.3.2 新功能：唤醒 Cortana

用户可以将 Cortana 设置为随时听你说"你好小娜"，随时可以响应，具体操作步骤如下。

第1步 单击任务栏中的搜索栏，在弹出的界面中，单击【设置】按钮，如下图所示。

第2步 打开 Cortana 设置界面，单击【你好小娜】下面的【让 Cortana 响应"你好小娜"】按钮，默认设置为"关"状态，如下图所示。

第3步 此时，弹出 Cortana 界面，单击【当然】按钮，如下图所示。

第4步 再次返回【设置】面板，将【让 Cortana 响应"你好小娜"】按钮设置为"开"状态。此时，即可通过"你好小娜"唤醒 Cortana，如下图所示。

第5步 对准麦克风说"你好小娜"，任务栏左侧位置即弹出 Cortana 聆听面板，如下图所示。

8.3.3 使用 Cortana

设置完 Cortana 后，就可以使用 Cortana 为自己服务了，使用 Cortana 的具体操作步骤如下。

第1步 对准麦克风说"你好小娜北京天气"，系统自动识别声音，弹出聆听面板，如下图所示。

第2步 识别要搜索的信息后，即可在打开的界面中显示今天的天气情况，查看完毕后，单击右上角的【关闭】按钮，如下图所示。

第3步 也可以单击搜索栏中的 🎤 按钮，直接输入对话内容，如"给我讲一个笑话"，如下图所示。

第4步 聆听完毕后，Cortana 会快速响应并回答你的提问，如下图所示。

8.3.4 新功能：强大组合——Cortana 和 Microsoft Edge

Cortana 和 Microsoft Edge 可以结合起来使用，最大限度地方便用户。如当你在 Web 上偶然发现一个你想要了解更多相关信息的主题时，就可以询问 Cortana 找出它的所有相关信息；反之，当你在 Cortana 中询问一个问题时，会在工作界面中列出与之相关的问题网页，用户单击相关内容，就可以在 Microsoft Edge 进行查看。例如，在 Cortana 中输入"美丽心灵"，在打开的界面中就会显示与之相关的问题列表，如下图所示。

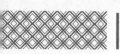
单击任何一个超链接，即可在 Microsoft
Edge 中查看有关"美丽心灵"的信息，如下图所示。

在浏览网页时，想要了解某词语、短语
或图像时，可以借助 Cortana 进行搜索和了
解。右击要搜索的内容，在弹出的快捷菜单中，
选择【询问 Cortana 关于"罗素·克劳"的信息】
来获取详细信息，如下图所示。

随即在右侧窗口弹出 Cortana 汇总结果，
如下图所示。

8.4 实战3：网络搜索

搜索引擎是指根据一定的策略，运用特定的计算机程序搜集互联网上的信息，在对信息进
行组织和处理后，将处理后的信息显示给用户，简言之搜索引擎就是一个为用户提供检索服务
的系统。

8.4.1 认识常用的搜索引擎

目前网络中常见的搜索引擎有很多种，比较常用的如百度搜索、微软 Bing、搜狗搜索等，
下面分别进行介绍。

1. 百度搜索

百度是最大的中文搜索引擎，在百度网
站中可以搜索页面、图片、新闻、MP3 音乐、
百科知识、专业文档等内容。在 Microsoft
Edge 浏览器中，默认的搜索引擎是百度搜索，
如下图所示。

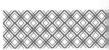
2. 微软 Bing 搜索

微软 Bing 搜索，中文常称为"必应"，寓意为"有求必应"，是微软推出的一款用以取代 Live Search 的搜索引擎，其搜索结果分类，分为快速预览和新型搜索，给用户带来了很好的上网体验，在 Microsoft Edge 中可以用于搜索国际版内容，如下图所示。

3. 搜狗搜索

搜狗是全球首个第三代互动式中文搜索引擎，其网页收录量已达到 100 亿，并且，每天以 5 亿的速度更新，凭借独有的 SogouRank 技术及人工智能算法，搜狗为用户提供最快、最准、最全面的搜索资源。下图所示就是搜狗搜索引擎的首页。

8.4.2 搜索信息

使用搜索引擎可以搜索很多信息，如网页、图片、音乐、百科知识、专业文档等，用户所遇到的问题，几乎都可以使用搜索引擎进行搜索。

1. 搜索网页

搜索网页可以说是搜索引擎最基本的功能，在百度中搜索网页的具体操作步骤如下。

第1步 打开 Microsoft Edge 浏览器，在地址栏中输入想要搜索网页的关键字，如输入"蜜蜂"，如下图所示。

第2步 即可进入【蜜蜂－百度搜索】页面，如下图所示。

第3步 单击需要查看的网页，如这里单击【蜜蜂－百度百科】超链接，即可打开【蜜蜂－百度百科】页面，在其中可以查看有关"蜜蜂"的详细信息，如下图所示。

2. 搜索图片

使用百度搜索引擎搜索图片的具体操作步骤如下。

第1步 打开百度首页，将鼠标放置在【更多产品】按钮之上，在弹出的下拉列表中选择【图片】选项，如下图所示。

第2步 进入图片搜索页面，在【百度搜索】文本框中输入想要搜索图片的关键字，如输入"玫瑰"，如下图所示。

第3步 单击【搜索】按钮，即可打开有关"玫瑰"的图片搜索结果，如下图所示。

第4步 单击自己喜欢的玫瑰图片，即可显示该图片，如下图所示。

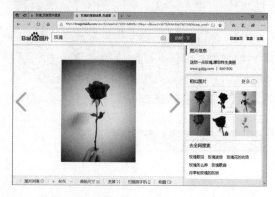

3. 搜索音乐

使用百度搜索引擎搜索音乐的具体操作步骤如下。

第1步 打开百度首页，将鼠标放置在【更多产品】按钮之上，在弹出的下拉列表中选择【音乐】选项，如下图所示。

第2步 进入"千千音乐"页面，在文本框中

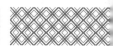

输入想要搜索音乐的关键字，如输入"回家"，如下图所示。

家"的音乐搜索结果，如下图所示。

 单击【搜索】按钮，即可打开有关"回

8.5 实战 4：下载网络资源

网络就像一个虚拟的世界，在网络中用户可以搜索到几乎所有的资源，当遇到自己想要保存的数据时，就需要将其从网络下载到自己的电脑硬盘中。

8.5.1 保存网页上的图片

在上网的时候，我们可能遇到一些好的图片，希望保存下来设置为壁纸或作其他用途，本节讲述如何将这些照片保存下来。

 在打开包含图片的网页中，右击图片，在弹出的快捷菜单中，单击【将图片另存为】按钮，如下图所示。

文本框中，可以选择保存的位置，也可以单击左侧的导航栏选择保存的磁盘，然后在【文件名】文本框中输入文件名称，然后单击【保存】按钮即可保存图片，如下图所示。

 弹出【另存为】对话框，在顶部路径

8.5.2 重点：保存网页上的文字

在使用电脑时，如果遇到比较好的文字内容，可以将它保存下来，发送给其他人或者保存到电脑上，具体操作步骤如下。

第1步 打开一个包含文本信息的网页，如下图所示。

第2步 按住鼠标左键，并拖曳鼠标选择需要复制的文字内容，右击，在弹出的快捷菜单中单击【复制】按钮，如下图所示。

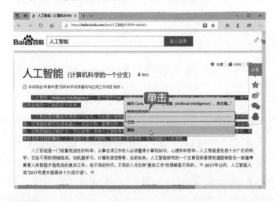

第3步 单击【开始】按钮，在程序列表中选择【Windows附件】→【记事本】选项，打开【记事本】应用窗口，如下图所示。

第4步 在记事本窗口中，右击空白处，在弹出的快捷菜单中，单击【粘贴】按钮，即可将网页的文本信息粘贴到记事本中，执行【文件】→【保存】命令，即可保存。在实际使用中，也可以将复制的信息粘贴到QQ和微信聊天窗口，发送给其他人，如下图所示。

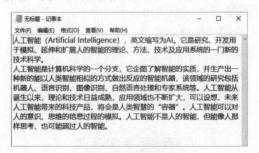

8.5.3 重点：使用浏览器下载文件

用IE浏览器直接下载是最普通的一种下载方式，但是这种下载方式不支持断点续传。一般情况下只在下载小文件的情况下使用，对于下载大文件就很不适用。

下面介绍在浏览器中直接下载文件的方法，一般网上的文件以 .rar、.zip 等后缀名存在，使用 IE 浏览器下载后缀名为 .zip 文件的具体操作步骤如下。

第1步 打开要下载的文件所在的页面，单击需要下载的链接，如这里单击【下载】链接，如下图所示。

第2步 在页面的下方显示下载信息提示框，提示用户是否运行或保存此文件，单击【保存】按钮右侧的下拉按钮，在弹出的下拉列表中选择【另存为】选项，如下图所示。

| 提示 | ::::::::

在单击网页上的链接时，会根据链接的不同而执行不同的操作，如果单击的链接指向的是一个网页，则会打开该网页，当链接为一个文件时，才会打开【文件下载】对话框。

第3步 打开【另存为】对话框，并选择保存文件的位置，单击【保存】按钮，如下图所示。

第4步 网页即可开始下载文件，并显示下载的进度，如下图所示。

第5步 下载完成后，页面底部显示"已完成下载"信息，如下图所示。

第6步 单击【打开】按钮，可以打开文件进行查看；单击【打开文件夹】按钮，可以打开下载文件所在的位置；单击【查看下载】按钮，可以查看下载列表。这里单击【打开文件夹】按钮，如下图所示。

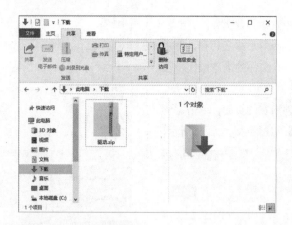

8.5.4 重点：使用浏览器下载软件

一般情况下，用户下载软件都要到软件的官方网站上去下载最新的软件，下面以下载 360 安全卫士软件为例进行讲解，具体操作步骤如下。

第1步 打开浏览器，在地址栏中输入"http://www.360.cn/"，按【Enter】键，打开 360 主页，在其中找到软件下载区域，在 360 安全卫士名称下，单击【下载】按钮，如下图所示。

第2步 在页面的下方显示出下载提示框，提示用户是否运行或保存此文件，如下图所示。

第3步 单击【保存】按钮右侧的下拉按钮，在弹出的下拉列表中选择【另存为】选项，如下图所示。

第4步 弹出【另存为】对话框，在其中选择软件保存的位置，并输入软件的名称，如下图所示。

第5步 单击【保存】按钮，开始下载软件，下载完毕后，弹出下载完成信息提示，单击【查

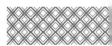

看下载】按钮，如下图所示。

第6步 打开【查看下载】窗口，在其中可以看到已经下载完成的 360 安全卫士软件，如下图所示。

使用迅雷下载工具

迅雷是当前使用比较广泛的下载软件之一，该软件使用的多资源超线程技术是基于网络原理的，能够将网络上存在的服务器和计算机资源进行有效整合，构成独特的迅雷网络,通过迅雷网络各种数据文件能够以最快的速度进行传递。使用迅雷下载工具几乎可以下载网络资源中的各种文件,如电影、音乐、软件等。不过,要想使用迅雷下载工具下载网络资源,首先要做的是安装迅雷工具到本台电脑中,然后再搜索想要下载的网络资源。下图所示为使用迅雷工具下载电影的工作界面。

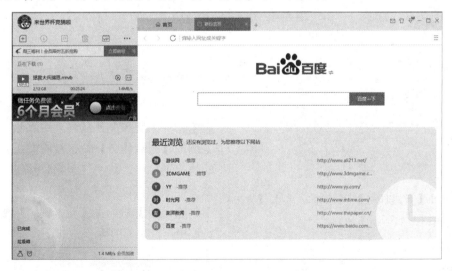

在电脑中下载并安装了迅雷软件后，就可以下载各种文件了，下载网络资源的具体操作步骤如下。

第1步 启动迅雷软件后，在网页中搜索要下载的文件资源，如进入"酷狗音乐"下载客户端页面，单击【立即下载】按钮，如下图所示。

第2步 则自动弹出【新建任务】对话框，如下图所示。

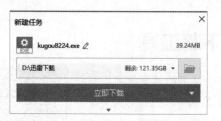

第6步 待下载完毕后，桌面右下角即会弹出【迅雷－下载完成提示】对话框，如下图所示。单击【立即打开】按钮，即可打开该文件，单击【打开文件夹】按钮，可以打开下载文件所在的文件夹，如下图所示。

第3步 如要更改下载的存储位置，则单击【浏览】按钮，选择文件的下载位置后，单击【确定】按钮，如下图所示。

第7步 另外，也可以打开迅雷界面，在【已完成】列表中查看下载的文件，如下图所示。

第4步 返回【新建任务】对话框，单击【立即下载】按钮，如下图所示。

第8步 如果将该文件从列表中删除，则单击上侧的【删除任务】按钮或右击，在弹出的快捷菜单中，单击【删除】按钮，均可将该文件删除至垃圾箱。如果要从列表和电脑中删除，则需要单击【彻底删除】按钮，执行该操作，如下图所示。

第5步 即可快速下载该文件，并在迅雷下载界面查看下载的进度，如下图所示。

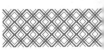

◇ 调整网页文字内容大小

在使用浏览器时，可以调整放大或缩放网页，以满足用户的阅读需求，具体操作步骤如下。

第1步 缩放网页。在浏览器的工作界面中，按住【Ctrl】键，然后向下滚动鼠标滑轮，即可向下缩放页面，直至满意后，松开鼠标滑轮和按键即可，如下图所示。

第2步 放大网页。按住【Ctrl】键，然后向上滚动鼠标滑轮，即可向上放大页面，直至满意后，松开鼠标滑轮和按键即可，如下图所示。

> **| 提示 |**
>
> 另外，也可以按【Ctrl+-】组合键缩放页面显示，按【Ctrl++】组合键放大页面显示。

第3步 恢复默认显示。缩放或放大显示页面后，如果要恢复默认页面显示，则可按【Ctrl+0】组合键，如下图所示。

◇ 清除网页浏览记录

用户每浏览一个页面，都会产生一个记录，这样可以方便用户查询记录，并快速跳转至该网页。不过，方便的同时，不仅容易将自己的浏览隐私暴露出来，也会占用系统空间。此时，用户可以将其记录清除，具体操作步骤如下。

第1步 打开浏览器，单击【设置及其他】按钮…，然后选择【设置】→【选择要清除的内容】选项，如下图所示。

第2步 在弹出的【清除浏览数据】菜单列表中，选择要清除的数据选项，单击【清除】按钮，即可清除记录信息。如果将【关闭浏览器时始终清除历史记录】按钮设置为"开"，则在每次关闭浏览器时，就会自动清除浏览记录，如下图所示。

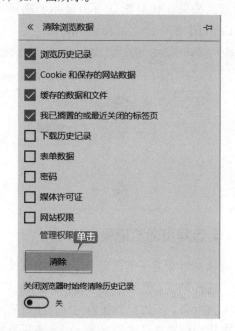

◇ 屏蔽广告弹窗

在使用电脑浏览网页中，会经常遇到各种各样的广告弹窗，影响用户正常地使用电脑。下面介绍如何使用 360 安全卫士屏蔽广告弹窗，具体操作步骤如下。

第1步 打开 360 安全卫士，单击顶部的【功能大全】图标，进入【全部工具】界面，选择【数据安全】选项，单击【弹窗过滤】工具右上角的【添加】按钮，如下图所示。

第2步 下载并添加成功后，即会弹出【弹窗过滤器】窗口，如下图所示。

第3步 单击【开启过滤】按钮，即会弹出【360安全卫士】窗口，并加载广告拦截插件，如下图所示。

第4步 此时，单击【手动添加】图标，可以对弹窗进行管理，开启对相应软件的过滤。单击【手动定位】图标，可以使用鼠标锁定弹窗添加过滤，如下图所示。

第9章
便利生活——网络的生活服务

本章导读

网络除了可以方便人们娱乐、下载资料等，还可以帮助人们进行生活信息的查询，常见的有查询日历、查询天气、查询车票等。另外，网上炒股、网上理财和网上购物也是网络带给用户的方便。

思维导图

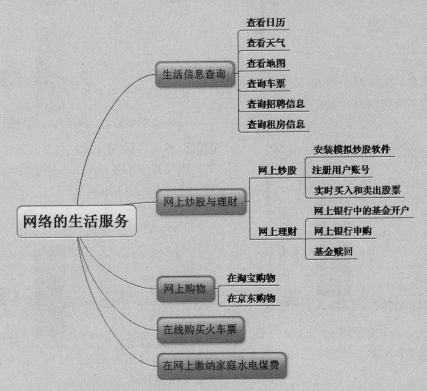

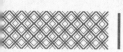

9.1 实战 1：生活信息查询

随着网络的普及，人们生活节奏加快，现在很多生活信息都可以足不出户在网上进行查询，就拿天气预报来说，再也不用守时守点地听广播或看电视了。

9.1.1 查看日历

日历用于记载日期等相关信息，用户如果想要查询有关日历的信息，不用再去找日历本了，可以在网上进行查询，具体操作步骤如下。

第1步 打开 Microsoft Edge 浏览器，在地址栏中输入百度搜索网址 "http://www.baidu.com"，按下【Enter】键，即可打开百度首页，如下图所示。

第2步 在【搜索】文本框中输入"日历"，即可在下方的界面中列出有关日历的信息，如下图所示。

第3步 单击【日历】年份后面的下拉按钮，可以在弹出的下拉列表中查询日历的年份，如下图所示。

第4步 单击月份后面的下拉按钮，在弹出的下拉列表中选择日历的月份，如下图所示。

第5步 单击【假期安排】右侧的下拉按钮，则可以在弹出的下拉列表中选择本年份的假期安排信息，如下图所示。

第6步 单击【返回今天】按钮，即可返回到当前系统的日期。

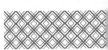

9.1.2 查看天气

天气关系着人们的生活，尤其是在出差或旅游时一定要知道所到地当天的天气如何，这样才能有的放矢地准备自己的衣物。

在网上查询天气的具体操作步骤如下。

第1步 启动 Microsoft Edge 浏览器，打开百度首页，在【搜索】文本框中输入想要查询天气的城市名称，如这里输入"成都天气预报"，即可在下方的界面中列出有关成都天气预报的查询结果，如下图所示。

第2步 单击【四川成都天气预报 一周天气预报 中国天气网】超链接，即可在打开的页面中查询成都最近一周的天气预报，包括气温、风向等，如下图所示。

第3步 除了可以利用百度进行查询天气外，用户经常上的 QQ 登录窗口中也为用户列出了实时天气情况及最近 3 天的天气预报。登录 QQ，然后将鼠标指针放置在 QQ 登录窗口右侧的天气预报区域，这时会在右侧弹出天气预报面板，在其中列出了 QQ 登录地最近 3 天的天气预报，如下图所示。

9.1.3 查看地图

地图在人们的日常生活中是必不可少的，尤其是在出差、旅游时，那么如何在网上查询平面地图呢？具体操作步骤如下。

第1步 启动 Microsoft Edge 浏览器，打开百度首页，单击【地图】链接，即可打开百度地图页面，在其中显示了当前城市的平面地图，如下图所示。

第 2 步 将鼠标指针放置在地图中，当鼠标指针变成手形时，按住鼠标左键不放，即可来回移动地图，如下图所示。

第 3 步 在百度地图首页中单击【切换城市】链接，打开【城市列表】对话框，在其中可

以选择想要查看的其他城市的地图，如下图所示。

第 4 步 如这里单击【北京】链接，就可以在页面中显示出北京的平面地图，如下图所示。

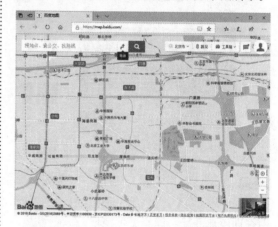

9.1.4 查询车票

在出差、旅游及探亲的时候，如果没有列车车次时刻表，或者是列车车次时刻表已经过期，那么就可以在网上进行火车时刻表查询。

查询火车时刻表的具体操作步骤如下。

第 1 步 启动 Microsoft Edge 浏览器，在地址栏中输入火车票查询网站的网址"http://www.12306.cn"，，然后按【Enter】键即可进入下图所示网站首页。

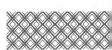

第2步 在网站首页页面，单击【车票】超链接，并在【出发地】文本框中输入出发地点，在【到达地】文本框中输入目的地，并选择出发的日期，单击【查询】按钮，如下图所示。

第3步 即可在打开的页面中查询所有符合条件的列车时刻表，如下图所示。

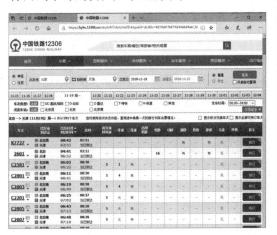

第4步 单击车次按钮，即可弹出这趟车所经过的车站名称、到站时间、出站时间和停留时间等信息，如下图所示。

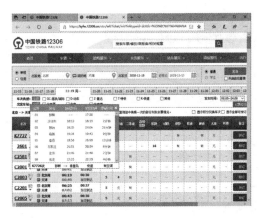

第5步 单击座位类型下方的数字，展开该车次的票价信息，如下图所示。

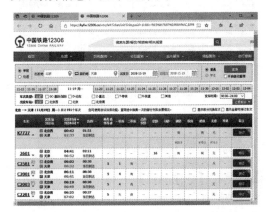

第6步 将鼠标光标指向页面的【车票】超链接，在下方弹出的更多业务信息中，可以查看或办理更多业务，如购票、退票及变更到站等，如下图所示。

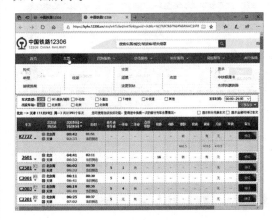

9.1.5 查询招聘信息

随着 Internet 的普及与发展，网上出现了很多人才市场，既可以在网上发布企业招聘信息，也可以发布个人求职信息，为人才流动提供了及时迅速的信息服务，这里以在前程无忧招聘网（http://www.51job.com/）上查询招聘信息为例，介绍查询招聘信息的具体操作步骤。

第 1 步 启动 Microsoft Edge 浏览器，在地址栏中输入前程无忧招聘网的网址"http://www.51job.com/"，按【Enter】键，进入招聘网首页，如下图所示。

第 2 步 在【地区频道】区域中单击想要查找的招聘信息所在城市，如这里选择【成都】，进入【前程无忧 成都】网站首页，在文本框中输入职位信息，如输入"UI 交互设计师"，单击【搜索】按钮，如下图所示。

第 3 步 即可搜索相关职位信息，如下图所示。

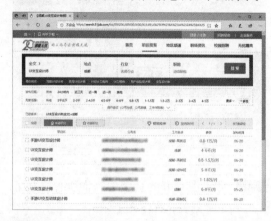

第 4 步 选择感兴趣的职位信息，单击可查看岗位信息介绍及公司信息，如果对该职位有兴趣，则可以单击【申请职位】按钮进行申请，如下图所示。

9.1.6 查询租房信息

初到一个城市，首先需要解决的问题就是住房，而租房子是解决这一问题最简单有效的方法，那么如何查找租房信息呢？下面介绍在 58 同城网上查询租房信息的方法，具体操作步骤如下。

第1步 启动 Microsoft Edge 浏览器，在地址栏中输入赶集网的网址"http://www.58.com"，按【Enter】键，进入 58 同城的首页，并定位到成都这个城市，如下图所示。

第2步 单击【房产】图标超链接，进入【58同城·房产】页面，可以看到【租房】区域下显示的租房条件分类。这里单击【查看全部】链接，如下图所示。

第3步 即可进入全部房源页面，如下图所示。

第4步 选择要租房的区域、租金、厅室及方式等，设置后即可筛选符合条件的租赁信息，如下图所示。

第5步 单击想要查看房屋信息的超链接，即可在打开的页面中查看房屋的介绍信息及联系方式。如果喜欢这个房子，可以单击【电话联系 TA】按钮，即会显示业主联系方式，如下图所示。

| 提示 |

在租房过程中，签约前切勿付订金、押金、租金等一切费用！务必实地看房，查验房东和房屋证件！

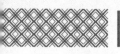
 9.2 实战 2：网上炒股与理财

为了提高生活的质量，很多人越来越重视财产的升值，通过一些理财方式赚取更多的收入，常见的理财方式包括网上炒股和网上购买理财产品。

9.2.1 网上炒股

互联网的普及为网上炒股提供了很多方便，投资者在网上就能够及时获得全面而且丰富的股票资讯，网上炒股方便快捷，成本低廉。使用模拟炒股软件进行炒股，可以有效地避免新股民不懂炒股而误操作导致损失。下面以模拟炒股软件为例，介绍网上炒股买入与卖出的具体操作步骤。

1. 安装模拟炒股软件

软件下载完成后，即可进行安装操作，具体操作步骤如下。

第1步 在电脑中找到所下载文件的安装程序 setup.exe，双击安装程序，将会出现一个【安装－股城模拟炒股标准版】对话框，单击【下一步】按钮，如下图所示。

第2步 弹出【选择目标位置】对话框，根据需要设置安装程序的目标文件夹，单击【下一步】按钮，如下图所示。

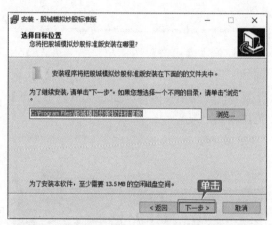

第3步 弹出【选择开始菜单文件夹】对话框，根据需要设置快捷方式的放置路径，单击【下一步】按钮，如下图所示。

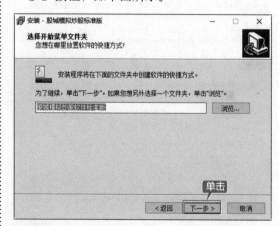

第4步 弹出【准备开始安装】对话框，核实安装参数，无误后单击【安装】按钮，如下图所示。

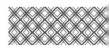

第 5 步 系统即可开始自动安装软件，并显示安装的进度，安装完成后，弹出【股城模拟炒股标准版安装完成】对话框，单击【完成】按钮，即可完成股城模拟炒股软件的安装，如下图所示。

2. 注册用户账号

在使用股城模拟炒股软件之前，投资者需要先进行用户注册，具体操作步骤如下。

第 1 步 股城模拟炒股软件安装成功之后，双击桌面上的股城模拟炒股的快捷方式图标，打开【登录股城模拟炒股软件 2012 标准版 V3.1.8】对话框，单击【免费注册】按钮，如下图所示。

第 2 步 打开【股城网－通行证注册】页面，根据提示填写完注册信息，单击页面下的【我接受协议 注册账号】按钮，即可完成用户的注册，如下图所示。

3. 实时买入和卖出股票

实时买卖是指在股市开盘交易的时间（即周一到周五的每天 9:30–11:30，13:00–15:00）之内进行的买卖操作，除这两个时间段以外，是不能进行实时买卖操作的，将会弹出一个不能进行交易的提示信息。

在股城模拟炒股平台上模拟股票实时买入的具体操作步骤如下。

第 1 步 在股城模拟炒股软件的登录对话框中输入股城账户、密码和站点等信息，如下图所示。

第2步 单击【登录】按钮，以会员的身份登录股城模拟炒股软件，如下图所示。

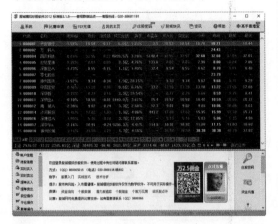

第3步 在股城模拟炒股平台界面下方的工具栏中，单击【实时买入】按钮，即可打开【实时买入】面板，如下图所示。

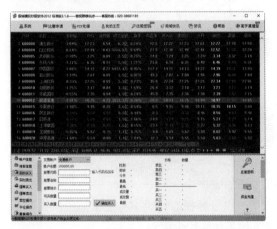

第4步 在【股票代码】文本框中输入个股代码，本实例输入"深发展 A"的代码"000001"，按【Enter】键，即可显示【股票名称】【股票现价】【可买数量】等基本信息，在【买入数量】文本框中输入"300"，如下图所示。

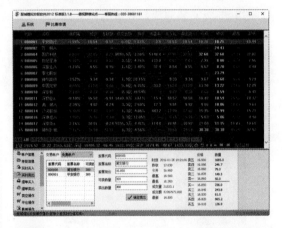

第5步 单击【确定买入】按钮，弹出交易成功对话框，单击【OK】按钮即可，如下图所示。

在股城模拟炒股平台上模拟股票实时卖出的具体操作步骤如下。

第1步 在股城模拟炒股平台界面下方的工具栏中，单击【实时卖出】按钮，即可打开【实时卖出】面板，如下图所示。

第2步 在【实时卖出】面板的股票列表中单击要卖出的股票，即可在其右侧出现该股票的股票代码、股票名称等信息，在【卖出数量】文本框中输入数量"300"，单击【确定卖出】按钮，如下图所示。

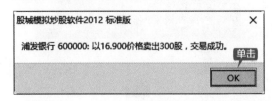

第3步 弹出交易成功对话框，单击【OK】按钮即可完成实时卖出股票，如下图所示。

9.2.2 网上理财

股市市场变化莫测，风险较大，而且需要花费很多的时间去关注，很多忙碌的年轻人没有这么多时间去关注股市，因此不少人选择了更为省心的理财方式，那就是网上购买基金。

1. 网上银行中的基金开户

在网上银行中开通基金账户是进行网上基金交易的首要条件，在开通基金账户之前，投资者必须拥有一个银行的活期卡账户。例如，投资者想要在交通银行的网上银行中开通基金账户，必须先申请一张交通银行的活期卡，这就需要到交通银行的柜台前填写有关申请单、办理相关手续，获取银行卡号，然后再到网上银行进行相关的设置。

下面就以已经申请好银行账户为例，来介绍在招商银行开通基金账户，具体操作步骤如下。

第1步 进入招商银行首页，单击【个人网上银行大众版】按钮，进入【个人银行大众版】主页，如下图所示。

第2步 单击页面右侧的【立即下载】按钮，弹出【一网通网盾】页面，在其中介绍了在使用网上银行之前必须安装一网通网盾的原因，如下图所示。

第3步 单击任意一个下载链接，下载并安装一网通网盾，如下图所示。

第4步 在安装好一网通网盾之后，在大众版登录页面中输入卡号、密码和附加码等信息，如下图所示。

第5步 单击【登录】按钮，登录到个人银行大众版页面中，在其中可以看到该页面集中了银行账户管理、各种投资理财账户管理、贷款管理、自助缴费、网上支付等多种功能，如下图所示。

第6步 单击页面左下角的【基金首页】选项，进入【基金首页】页面。如果是第一次使用该基金管理页面，应该首先开通该网银账号的基金理财专户，单击页面中的【网上开户】按钮，进入开户页面，在其中输入各种信息，带"*"号的是必须填写的内容，如下图所示。

第7步 在设置好各种信息后，单击【确定】按钮，即可开通成功。返回到基金首页，在其中输入理财专户密码，再单击【确定】按钮，即可进入基金账户界面，如下图所示。

2. 网上银行申购

在网上银行申购基金的操作非常简单，这为很多初学基金理财的人带来了极大的方便，下面就来介绍如何在招商银行的网上银行申购基金，具体操作步骤如下。

第1步 进入招商银行的网上银行基金首页，选择【基金产品】选项卡，进入基金产品页面，如下图所示。

第2步 单击【购买】链接，进入【基金申购】页面，在【理财专户购买】文本框中输入购买的金额，单击【确定】按钮，如下图所示。

第3步 进入【购买确认】页面，在其中查看购买的基金名称、交易币种、理财专户余额、申购金额汇总等，单击【确定】按钮，如下图所示。

第4步 弹出一个信息提示框，提示用户所填写的资料是否正确无误。如果确认无误，则单击【确定】按钮，打开【申购基金交易已受理】页面，在其中提示用户交易委托已经受理，如下图所示。

第5步 返回网上银行基金首页，单击【交易申请】按钮，进入交易申请页面，在其中可以查看用户最近提交的基金购买或赎回申请。如果已经交易成功，则不会显示在该窗口中，如果还未交易成功，则会在显示在该窗口中，且状态是"在途申请"，如下图所示。

3. 基金赎回

当购买了几只基金后，如果觉得是赎回的时机了，就可以通过网上银行进行基金赎回操作了，具体操作步骤如下。

第1步 进入网上银行的基金首页，选择【我的账户】选项卡，在其中可以看到投资者所购买的基金收益情况，单击【赎回】按钮，如下图所示。

第2步 弹出【验证专户密码】对话框，在其中进行理财专户的验证，单击【确定】按钮，如下图所示。

第3步 进入【赎回】页面，在其中输入赎回的份数，单击【确定】按钮，如下图所示。

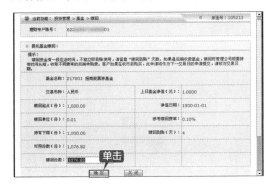

第4步 弹出一个信息提示框，提示用户所填写的资料是否正确无误。如果确认无误，则单击【确定】按钮，打开【赎回基金交易已受理】页面，提示用户交易委托已经受理，如下图所示。

第5步 另外，在基金赎回后，如果长期不再购买该基金公司的基金的话，就可以关闭该基金公司的理财账户了。在基金首页中选择【基金账户】选项卡，进入基金账户页面，如下图所示。

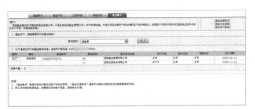

第6步 单击基金前的【关户】链接，进入【关户】页面，单击【确定】按钮，如下图所示。

第7步 弹出一个信息提示框，提示用户确定要关闭该基金账户吗？单击【确定】按钮，打开【基金公司关户交易已受理】页面，提示用户基金公司关户交易已经受理。

9.3 实战 3：网上购物

网上购物就是通过互联网检索商品信息，并通过电子订购单发出购物请求，然后进行网上支付，厂商通过邮购的方式发货，或是通过快递公司送货上门。

9.3.1 重点：在淘宝购物

要想在淘宝网上购买商品，首先要注册一个账号，才可以以淘宝会员的身份在其网站上进行购物，下面介绍如何在淘宝网上注册会员并购买物品。

第一步：注册淘宝会员。

第1步 启动 Microsoft Edge 浏览器，在地址栏中输入"http://www.taobao.com"，打开淘宝网首页，如下图所示。

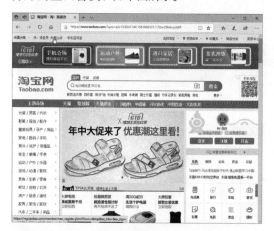

第2步 单击页面左上角的【免费注册】按钮，打开【注册协议】工作界面，单击【同意协议】按钮，如下图所示。

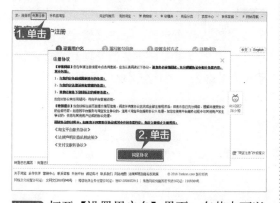

第3步 打开【设置用户名】界面，在其中可以

输入自己的手机号码进行注册，如下图所示。

第4步 单击【下一步】按钮，打开【验证手机】界面，在其中输入淘宝网发给手机的验证码，单击【确认】按钮，如下图所示。

第5步 打开【填写账户信息】界面，在其中输入相关的账户信息，单击【提交】按钮，如下图所示。

第6步 打开【设置支付方式】界面，填写银行卡、姓名、手机号等信息，单击【同意协定并确定】，如下图所示。

第7步 打开【用户注册】页面，在其中显示用户注册成功信息，如下图所示。

第二步：在淘宝网上购买商品。

第1步 在淘宝网的首页搜索文本框中输入自己想要购买的商品名称，如这里想要购买一个手机壳，就可以输入"手机壳"，单击【搜索】按钮，如下图所示。

第2步 弹出搜索结果页面，可以在筛选条件下，设置搜索条件，精确地搜索到商品，如下图所示。

第3步 单击其图片，弹出商品的详细信息页面，在【颜色分类】中选择商品的颜色分类，并输入购买的数量，单击【立刻购买】按钮，如下图所示。

第4步 弹出发货详细信息页面，设置收货人的详细信息和运货方式，单击【提交订单】按钮，如下图所示。

第5步 弹出支付宝【我的收银台】窗口，在其中输入支付宝的支付密码，单击【确认付款】按钮，如下图所示。

第6步 即可完成整个网上购物操作，并在打开的界面中显示付款成功的相关信息，下面只需要等待快递送货即可，如下图所示。

9.3.2 重点：在京东购物

京东商城网主要是电子类的商品，为广大用户提供便利可靠的高品质网购专业平台，下面介绍如何在京东商城购买电子类商品，具体操作步骤如下。

第1步 启动 Microsoft Edge 浏览器，在地址栏中输入 "http://www.jd.com"，打开京东商城的首页，单击页面上的【登录】超链接，如下图所示。

| 提示 |

如果没有账户，可单击【免费注册】超链接，根据提示注册账号即可。

第2步 打开京东商城的登录界面，在其中输入用户名和密码，单击【登录】按钮，如下图所示。

第3步 即可以会员的身份登录到京东商城，如下图所示。

第4步 在京东商城的搜索栏中输入想要购买的电子商品，如这里想要购买一部华为品牌的手机，可以在搜索框中输入"华为P20"，单击【搜索】按钮，如下图所示。

<u>第 5 步</u> 即可搜索出相关的产品信息，选择要购买的产品，如下图所示。

<u>第 6 步</u> 进入商品的详细信息界面，在其中可以查看相关的购买信息，以及商品的相关说明信息，如商品颜色、版本及内存等，单击【加入购物车】按钮，如下图所示。

<u>第 7 步</u> 即可将自己喜欢的商品放置到购物车中，这时可以去购物车结算，也可以继续在网站选购其他的商品。这里单击【去购物车结算】按钮，如下图所示。

<u>第 8 步</u> 即可进入商品的结算界面，在其中显示了商品的价位、购买的数量等信息，单击【去结算】按钮，如下图所示。

<u>第 9 步</u> 进入【填写并核对订单信息】界面，在其中设置收货人信息、支付方式等信息，单击【提交订单】按钮，如下图所示。

| 提示 |

京东自营商品支持货到付款，用户可以在收到商品后，确认没问题，再将款项支付给送货师傅。

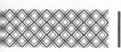
第10步　进入订单付款界面，在其中可以选择付款的银行信息，最后单击【立即支付】按钮，即可完成在京东商城购买电子产品的相关操作，如下图所示。

9.4 实战 4：在线购买火车票

现在很多的人会选择在网上购买火车票，这样方便又快捷，而且不用去排队，也避免出现一些意外。不过，在线购买火车票一定要到官方网站，铁路部门唯一网络官方网址为"www.12306.cn"。在线购买火车票的具体操作步骤如下。

第1步　启动浏览器，在地址栏中输入官方购票网站"www.12306.cn"，按【Enter】键，打开该网站的首页，如下图所示。

第2步　在网页右上角中，单击【登录】超链接，如下图所示。

第3步　进入【登录】页面，在其中输入用户名与密码，并根据提示选择验证信息，单击【立即登录】按钮，如下图所示。

第4步　即可登录到购票网站中，并进入【个人中心】页面，如下图所示。

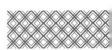

第5步 单击【车票】→【单程】超链接，进入如下页面，在其中输入车票的出发地、目的地、出发日期、车次类型、发车时间等信息，单击【查询】按钮，如下图所示。

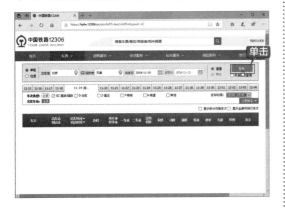

第6步 即可查询符合条件的火车票信息，在要乘坐的车次后方单击【预订】按钮，如下图所示。

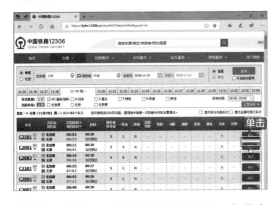

第7步 系统进入【列车信息】页面，在其中添加乘客信息，单击【提交订单】按钮，如下图所示。

第8步 弹出【请核对以下信息】提示框，在其中核实自己的车票信息，确认没有错误后可以单击【确认】按钮，如下图所示。

第9步 进入【订单信息】页面，在其中可以查看自己的订单信息，单击【网上支付】按钮，如下图所示，按照网站的提示进行支付，即可完成在线购买车票的操作。

第10步 购票成功后，前往出发地火车站自助取票大厅的取票机，选择"互联网取票"，然后将身份证放到"二代身份证"标识的位置，待出票后，在机器的出票口拿走车票即可。

9.5 实战5：在网上缴纳家庭水电煤费

有了网络支付，用户就可以在网上缴纳日常水电煤费，不需要再去营业厅进行缴纳，具体操作步骤如下。

第1步 打开浏览器，通过百度搜索引擎，搜索"支付宝"官网，并进入支付宝官方网站，在页面中，单击【登录】按钮。如没有账户，则单击【立即注册】按钮，根据提示注册即可，如下图所示。

第2步 弹出登录对话框，输入支付宝账号和密码，单击【登录】按钮，如下图所示。

第3步 登录成功后，单击底部【生活好助手】菜单栏中的【水电煤缴费】图标，如下图所示。

第4步 选择缴纳的业务，如单击【缴燃气费】按钮，进行燃气费缴纳，如下图所示。

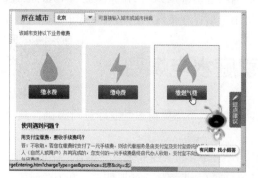

第5步 在【公用事业单位】中，选择所在城市的缴纳单位，并在【用户编号】中输入燃气使用编号，单击【查询】按钮，如下图所示。

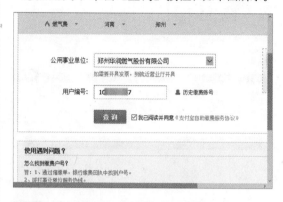

第6步 可查询到欠费信息。输入缴费的金额，单击【去缴费】按钮，如下图所示。

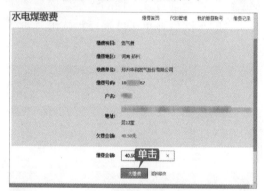

第7步 进入付款界面，选择要缴纳的银行卡信息，然后输入支付宝支付密码，单击【确认付款】按钮进行付款即可，如下图所示。

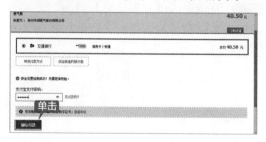

提示

如果是第一次使用，可根据提示添加银行卡并设置支付密码信息。

使用微信滴滴打车

随着网络约车的普及，出行非常方便，尤其是滴滴打车在年轻人出行中占据了重要位置。网络约车极为方便，其中滴滴打车使用最为普遍，用户不仅可以在支付宝中下单，还可以在微信中下单，另外，还可以在手机下载客户端进行使用。由于微信和支付宝中已经集成了滴滴打车的功能，因此不需要再进行下载，可以直接使用，下面以滴滴打车为例，介绍其具体操作步骤。

第1步 打开手机中的微信，点击底部的【我】按钮，进入如下图界面，然后点击【支付】按钮。

第2步 进入【支付】界面，在【第三方服务】区域下，点击【滴滴出行】图标，如下图所示。

第3步 进入【滴滴出行】界面，点击【快车】按钮，如下图所示。

第4步 输入起点和目的地位置，点击【呼叫快车】按钮，叫车成功后，司机就会根据位置信息去起点位置，此时只需等待车到来。同时，司机也会根据你提供的手机信息进行联系，以确认准确的位置。搭车成功，到达目的地后根据提示付款即可，如下图所示。

◇ 如何网上申请信用卡

信用卡除了可以去银行的营业厅申请，也可以到网上申请，由于网上开通信用卡申请的银行很多，开通的方式也是大同小异的，所以下面就以一家银行为例，来介绍网上申请信用卡的具体操作步骤。

第1步 在银行的网站中，找到信用卡申请服务功能模块，如下图所示。

第2步 单击【信用卡在线申请】超链接，进入【信用卡申请】界面，在其中输入相关信息，如下图所示。

第3步 单击【下一步】按钮，打开【信用卡申请】协议界面，选中下方的复选框，表示愿意遵守相关协议，单击【下一步】按钮，如下图所示。

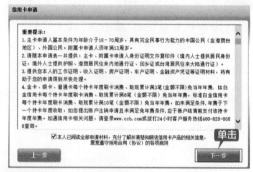

第4步 进入【基本资料】填写界面，在其中根据提示输入基本资料，如下图所示。

第5步 单击【下一步】按钮，打开【工作资料】界面，在其中输入工作资料信息，如下图所示。

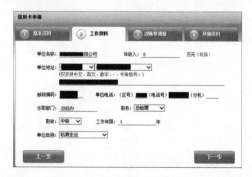

第6步 单击【下一步】按钮，进入【对账单地址】

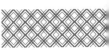

界面，在其中根据提示输入对账单的相关地址，如下图所示。

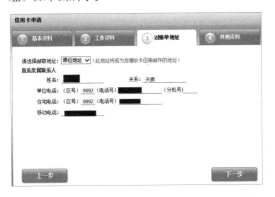

第7步 单击【下一步】按钮，打开【其他资料】界面，在其中根据提示输入其他资料，如下图所示。

第8步 单击【下一步】按钮，打开【您的申请】界面，在其中可以查看自己的基本资料，并输入手机验证码，如下图所示。

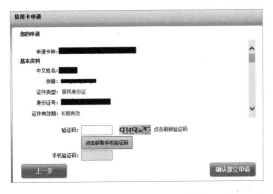

第9步 单击【确认提交申请】按钮，即可完成信用卡的网上申请操作。

| 提示 |

信用卡申请完成后，银行会通过客服联系用户，一般有两种情况：银行要求用户带上相关证件去营业厅办理，或者银行工作人员上门帮用户办理。只要身份等核实正确，用户符合开通信用卡的条件，那么用户的网上申请信用卡就算成功了。

◇ **使用比价工具寻找最便宜的卖家**

惠惠购物助手比价工具能够进行多站比价，显示历史价格曲线，寻找网上最便宜的卖家，将商品添加到"想买"清单后还可开通降价提醒，帮用户轻松省钱。

使用惠惠购物助手比价工具寻找最便宜卖家的具体操作步骤如下。

第1步 启用360安全浏览器，单击浏览器工作界面右上角的【扩展】按钮，在弹出的快捷菜单中选择【扩展中心】选项，如下图所示。

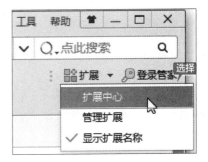

第2步 进入360安全浏览器的扩展中心页面，在其中选择【全部分类】选项，并在左侧的列表中选择【生活便利】选项，进入【生活便利】信息页面，如下图所示。

第3步 单击【惠惠购物助手】下方的【安装】按钮，即可安装惠惠购物助手，如下图所示。

第 4 步　安装完毕后，弹出一个信息提示框，提示用户是否要添加"惠惠购物助手"，如下图所示。

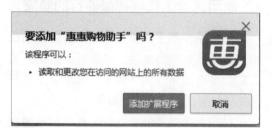

第 5 步　单击【添加扩展程序】按钮，即可将惠惠购物助手添加到 360 安全浏览器的扩展中，如下图所示。

第 6 步　重新启动 360 安全浏览器，在商品购

物页面中可以看到添加的惠惠购物助手，将鼠标指针放置在【其他 7 家报价】选项卡上，在弹出的界面中可以查看其他购物网站该商品的报价，如下图所示。

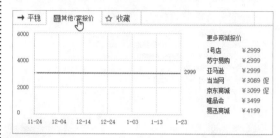

第 7 步　在商品详细信息页面的下方显示【惠惠购物助手】的工具条，如下图所示。

第 8 步　单击【更多报价】超链接，进入商品比价页面，在其中可以看到该商品在其他购物网站的详细报价信息，如下图所示。

第10章
影音娱乐——多媒体和网络游戏

本章导读

网络将人们带进了一个更为广阔的影音娱乐世界，丰富的网上资源给网络增加了无穷的魅力。无论是谁，都可以在网络中找到自己喜欢的音乐、电影和网络游戏，并能充分体验音频与视频带来的听觉、视觉上的享受。

思维导图

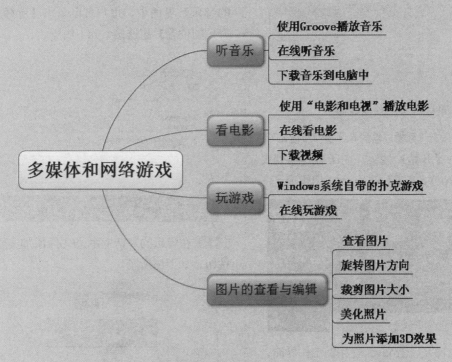

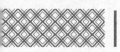

10.1 实战1：听音乐

在网络中，音乐一直是热点之一，只要电脑中安装有合适的播放器，就可以播放从网上下载的音乐文件，如果电脑中没有安装合适的播放器，还可以到专门的音乐网站听音乐。

10.1.1 使用 Groove 播放音乐

Windows 10 系统在开始菜单里有 Groove 音乐功能，该功能可以播放音乐及搜索音乐，在使用电脑时可以通过该功能播放自己喜欢的音乐。

如果用户播放电脑上的单个音乐，双击音乐文件或右击打开，即可播放。如果音乐文件较多，则需要批量添加到播放列表中，如下图所示

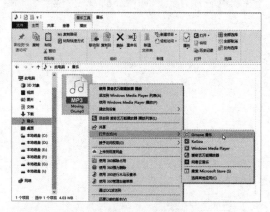

1. 添加音乐文件到播放器

添加音乐文件到播放器的具体操作步骤如下。

第1步 单击【开始】按钮，在所有程序列表中选择【Groove 音乐】选项，如下图所示。

第2步 首次打开【Groove 音乐】工作界面，软件会进行一些准备和设置工作，如下图所示。

第3步 片刻后，即会进入软件界面。在【我的音乐】界面中，用户可以单击【选择查找音乐的位置】超链接，如下图所示。

第4步 在弹出的对话框中，单击【添加文件夹】按钮，如下图所示

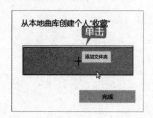

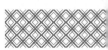

第5步 在弹出的【选择文件夹】对话框中，选择电脑中的音乐文件夹位置，并单击【将此文件夹添加到 音乐】按钮，如下图所示。

第6步 单击【完成】按钮，即可自动添加音乐文件到播放列表中，如下图所示。

第7步 返回 Groove 音乐界面，即可看到添加的音乐文件，如下图所示。

第8步 选择要播放的音乐，并单击选中歌曲名称前的复选框，单击【播放】按钮，如下图所示。

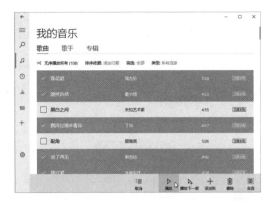

第9步 随即将选中的音乐文件添加到正在播放的列表中，用户可以通过界面下方的控制按钮，管理音乐的播放，如下图所示。

2. 创建播放列表

用户可以根据自己的喜好，创建播放列表，方便自己聆听歌曲，具体操作步骤如下。
第1步 在 Groove 音乐界面，单击左侧【新建播放列表】按钮＋，如下图所示。

第2步 在弹出的对话框中，设置播放列表的名称，并单击【创建播放列表】按钮，如下图所示。

第3步 即可创建播放列表，并进入其界面，如下图所示。

第4步 单击界面左侧【我的音乐】按钮，可在【歌曲】列表中选择要添加的歌曲，并单

击【添加到】按钮，在弹出的列表中，选择要添加的播放列表，如下图所示。

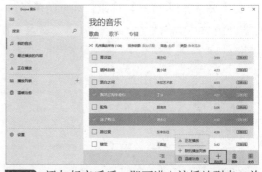

第5步 添加好音乐后，即可进入该播放列表，单击【全部播放】按钮，即可播放音乐，如下图所示。

10.1.2 在线听音乐

要想在网上听音乐，最常用的方法就是访问音乐网站，然后单击想要听的音乐的超链接，就可以在网上欣赏美妙的音乐了。

1. 在网页中听音乐

大部分音乐网站都收录了数万首歌曲，那么如何才能在众多的歌曲中找到自己喜欢的？下面具体介绍一下如何在音乐网站上查找自己喜欢的歌曲，具体操作步骤如下。

第1步 打开浏览器，进入百度首页，单击【更多产品】超链接，在弹出的菜单中，单击【音乐】超链接，如下图所示。

第2步 进入百度音乐页面，在搜索文本框中输入要搜索的歌曲名称，并单击【百度一下】超链接，如下图所示。

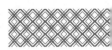

2. 在音乐软件中听音乐

在网页中播放音乐，虽然比较方便，但是与音乐播放器相比，歌曲音质并不是特别好，如果想播放更高品质的音乐，可以尝试使用音乐播放软件进行播放。下面以"酷我音乐"为例，介绍音乐播放器在线听音乐的方法，具体操作步骤如下。

第1步 下载并安装"酷我音乐"，并启动软件，进入其主界面，如下图所示。

第2步 在酷我音乐盒界面左侧，可选择【推荐】【电台】【MV】【分类】【歌手】【排行】【我的电台】等。这里选择【分类】菜单，进入该界面，如选择【特色】分类下的【戏剧】选项，如下图所示。

> **提示**
>
> 用户还可以在音乐页面中选择已有分类或推荐歌曲，试听页面上的音乐。

第3步 可搜索出相关的歌曲列表，如下图所示，选择要试听的音乐，单击右侧的【播放】按钮▷。

第2步 即可打开音乐播放窗口，自动播放该歌曲，如下图所示。

第3步 即可进入【戏剧】界面，并显示了音乐列表，单击戏曲名即可播放，如下图所示。

第4步 单击【打开歌词/MV】按钮，如下图所示，即可同步显示歌词。

第5步 如果歌曲名后有"MV"图标 MV，则表明该歌曲有MV，可以单击【观看MV】按钮，可以查看歌曲的MV，如下图所示。

10.1.3 重点：下载音乐到电脑中

下载音乐到电脑中，即使没有网络，也可以随时播放电脑中的音乐。下载音乐的方式有很多种，如在网页中下载，在音乐播放软件中缓存到电脑中等，下面以"QQ音乐"为例，介绍下载音乐的方法，具体操作步骤如下。

第1步 下载并安装"QQ音乐"软件，启动软件进入主界面，单击左上角的【登录】按钮，如下图所示。

第2步 弹出登录对话框，输入QQ账号和密码，单击【立即登录】按钮，如下图所示。

| 提示 |

QQ音乐，只有登录账号，才能进行下载音乐。

第3步 在顶部搜索框中输入要下载的音乐，如输入"西厢记"，即可搜索出相应的音乐列表，在要下载的音乐名称后，单击【下载】按钮 ⬇，如下图所示。

第4步 弹出音乐品质选择列表，选择要下载的品质，如这里选择【HQ高品质】选项，如下图所示。

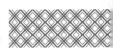

即可看到下载的歌曲。右击本地歌曲列表中的歌曲，在弹出的快捷菜单中，单击【浏览本地文件】按钮，如下图所示。

第5步 即可添加下载任务，选择界面左侧的【本地和下载】选项，在【正在下载】列表中即可看到下载的音乐，如下图所示。

第6步 下载完成后，选择【本地歌曲】选项，

第7步 即可打开下载的歌曲所在的文件夹，查看下载的歌曲，如下图所示。

 实战2：看电影

以前看电影要到电影院，而且片子固定，但自从有了网络，人们就可以在线看电影了，而且不受时间与地点的限制，同时片源丰富，甚至可以观看世界各地的电影。

10.2.1 使用"电影和电视"播放电影

Windows 10 系统中新增了全新的电影和电视应用，这个应用可以给用户提供更全面的视频服务，使用"电影和电视"播放电影的具体操作步骤如下。

第1步 在电脑中找到电影文件保存的位置，并打开该文件夹，如下图所示。

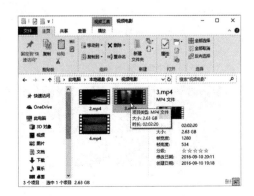

第2步 选中需要播放的电影文件并右击，在弹出的快捷菜单中选择【打开方式】→【电影和电视】选项，如下图所示。

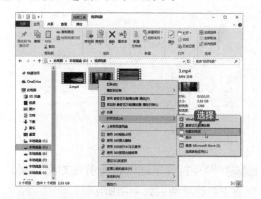

第3步 即可在【电影和电视】应用中播放电影文件，如下图所示。

10.2.2 在线看电影

在网页中除了可以观看视频外，还可以看电影，这里以在优酷网中看电影为例，在网页中看电影的具体操作步骤如下。

第1步 打开 IE 浏览器，在地址栏中输入优酷网网址"www.youku.com"，然后按【Enter】键，即可进入优酷网主页，如下图所示。

第2步 单击【电影】按钮，进入优酷电影页面，可以根据分类查找自己喜欢观看的电影及频道，如下图所示。

第3步 也可以在搜索文本框中输入自己想看的电影名称，如这里输入"起跑线"，按【Enter】键进行搜索，即可在打开的页面中查看有关"起跑线"的电影搜索结果。单击【播放国语版】按钮，如下图所示。

第4步 即可在打开的页面中观看该电影，在播放画面上双击可全屏观看电影，如下图所示。

10.2.3 重点：下载视频

用户可以将网站或播放器中的在线视频下载到电脑中，如使用迅雷工具可以下载网页中的视频，也可以使用播放器中的缓存功能，离线下载到电脑中，即便在没网或者网速卡顿的情况下，也可方便快捷地观看视频。下面以"爱奇艺"为例，介绍如何下载视频到电脑中。

第1步 打开"爱奇艺"视频客户端，在顶部搜索栏中输入要搜索的视频名称，单击【搜索】按钮，如下图所示。

第2步 即可搜索出相关的视频列表，在要观看的视频结果中，单击【下载】按钮，如下图所示

| 提示 |

使用爱奇艺、优酷、腾讯及乐视视频客户端缓存视频，仅支持视频来源为本网站的视频缓存下载，如搜索结果中，视频来源显示为爱奇艺，则可以下载。

第3步 在弹出的【新建下载任务】对话框中，选择要下载的清晰度、内容，并设置保存的位置后，单击【下载】按钮，如下图所示。

第4步 弹出提示框，单击【确定】按钮，则

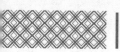

仍停留当前页面；单击【查看列表】按钮，则进入下载列表中，如下图所示。

第5步 进入下载列表，可以看到下载的进度及情况，如下图所示。

第6步 下载完成后，即可在【已完成】列表中，查看下载完成的视频列表，单击右侧的【播放】按钮 ▷，即可播放该视频；单击【下载更多】按钮，则可打开【新建下载任务】对话框，选择更多的下载任务，如下图所示。

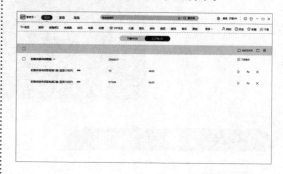

10.3 实战 3：玩游戏

　　网络游戏已经成为大多数年轻人休闲娱乐的方式，目前，网络游戏非常多，常用的网络游戏主要可以分为棋牌类游戏、休闲类小游戏、在线网络游戏等类型。

10.3.1 Windows 系统自带的扑克游戏

　　蜘蛛纸牌是 Windows 系统自带的扑克游戏，该游戏的目标是以最少的移动次数移走玩牌区的所有牌。根据难度级别，牌由 1 种、2 种或 4 种不同的花色组成。纸牌分 10 列排列，每列的顶牌正面朝上，其余的牌正面朝下，其余的牌叠放在玩牌区右下角。

　　蜘蛛纸牌的玩法规则如下。

　　（1）要想赢得一局，必须按降序从 K 到 A 排列纸牌，将所有纸牌从玩牌区移走。

　　（2）在中级和高级中，纸牌的花色还必须相同。

　　（3）在按降序成功排列纸牌后，该列纸牌将从玩牌区移走。

　　（4）在不能移动纸牌时，可以单击玩牌区底部的发牌叠，系统就会开始新一轮发牌。

　　（5）不限制一次仅移动一张牌。如果一串牌花色相同，并且按顺序排列，则可以像对待一张牌一样移动它们。

　　启动蜘蛛纸牌游戏的具体操作步骤如下。

第1步 单击【开始】按钮，在弹出的【开始屏幕】中单击【Microsoft Solitaire Collection（微软纸牌集合）】图标，如下图所示。

第2步 进入【Microsoft Solitaire Collection】（微软纸牌集合）窗口，提示用户"欢迎玩 Microsoft Solitaire Collection"，单击【确定】按钮，如下图所示。

第3步 进入【Microsoft Solitaire Collection】窗口，如下图所示。

第4步 单击【Spider】（蜘蛛纸牌）图标，弹出【蜘蛛纸牌】窗口，如下图所示。

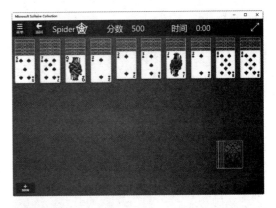

第5步 单击【菜单】按钮，在弹出的下拉列表中选择【游戏选项】选项，在打开的【游戏选项】界面中可以对游戏的参数进行设置，如下图所示。

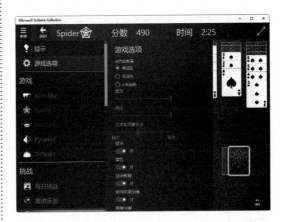

提示

如果用户不知道该如何移动纸牌，可以选择【菜单】→【提示】选项，系统将自动提示用户该如何操作。

第6步 按降序从 K 到 A 排列纸牌，直到将所有纸牌从玩牌区移走，如下图所示。

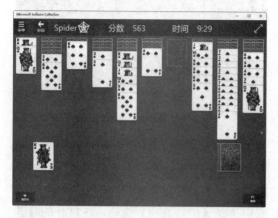

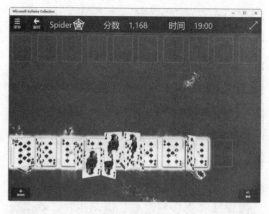

第 7 步 根据移牌规则移动纸牌，单击右下角的列牌可以发牌。在发牌前，用户需要确保没有空当，否则不能发牌，如下图所示。

第 9 步 飞舞效果结束后，将会弹出【恭喜】界面，在其中显示用户的分数、玩游戏的时间、排名等信息，如下图所示。

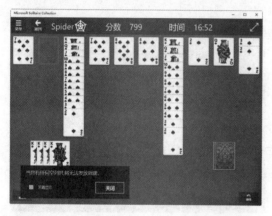

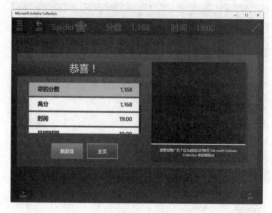

第 8 步 所有的牌按照从大到小排列完成后，系统会弹出飞舞的效果，如下图所示。

第 10 步 单击【新游戏】按钮，即可重新开始新的游戏。单击【主页】按钮，即可退出游戏，返回【Microsoft Solitaire Collection】窗口。

10.3.2 重点：在线玩游戏

斗地主是大多数人都比较喜欢的在线多人网络游戏，其趣味性十足，且不用太多的脑力，是游戏休闲最佳的选择，下面就以在 QQ 游戏大厅中玩斗地主为例，来介绍一下在 QQ 游戏大厅玩游戏的具体操作步骤。

第 1 步 在 QQ 登录界面中单击【QQ 游戏】图标，如下图所示。

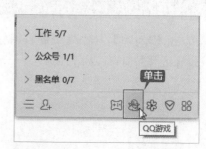

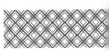

第2步 如果电脑中没有安装QQ游戏软件，则会弹出【在线安装】对话框，单击【安装】按钮即可安装。如果已经安装QQ游戏软件，则直接进入QQ游戏大厅界面，如下图所示。

第3步 单击【安装】按钮后，即可下载并安装软件，根据提示进行安装即可，如下图所示。

第4步 登录完成后，即可进入QQ游戏大厅，初次使用时无任何游戏，可单击【去游戏库找】按钮，如下图所示。

第5步 进入游戏库列表，选择游戏的分类，并在右侧的列表中选择要添加的游戏，并单击【添加游戏】按钮，如下图所示。

第6步 弹出【下载管理器】对话框，在其中显示欢乐斗地主的下载进度，如下图所示。

第7步 下载完成后，会自动安装并进入游戏主界面，如下图所示。选择要进行的游戏模式，如单击"经典模式"。

第8步 选择经典模式下的玩法，如"经典玩法"，如下图所示。

第9步 选择经典玩法下的"新手场"，如下图所示。

也可以使用一定的道具，如"超级加倍""记牌器"等，如下图所示。

第10步 进入新手场后，单击【开始游戏】按钮，如下图所示。

第12步 本局游戏结束后，可再次单击【开始游戏】按钮，开始新的游戏。

第11步 软件会自动匹配玩家，并发牌，玩家可以根据所持牌情况，决定是否要"叫地主"。

10.4 实战4：图片的查看与编辑

Windows 10 操作系统自带的照片功能，给用户带来了全新数码体验，该软件提供了高效的图片管理，数码照片管理、编辑、查看等功能。

10.4.1 查看图片

使用照片查看图片的具体操作步骤如下。

第1步 打开图片所在的文件夹，即可以缩略图的形式展现图片，如下图所示。

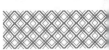

第2步 如果要查看某个图片，则双击要查看的图片，即可打开"照片"应用查看图片，单击【下一个】按钮，可以切换至下一张照片，如下图所示。

照片，且弹出控制器，可以拖曳滑块，调整照片大小，如下图所示。

提示

按住【Alt】键的同时，向上或向下滚动鼠标滑轮，可以向上或向下切换照片。

提示

按住【Ctrl】键的同时，向上或向下滚动鼠标滑轮，可以放大或缩小照片大小比例，也可以双击照片，放大或缩小照片大小比例。按【Ctrl+1】组合键为实际大小显示照片，按【Ctrl+0】组合键为适应窗口大小显示照片。

第3步 按【F5】键，即可以以全屏幻灯片的形式查看照片，照片上无任何按钮，且自动切换并播放该文件夹内的照片，按【Esc】键退出幻灯片浏览，如下图所示。

第5步 当单击【缩小】按钮，可以将照片恢复到原始比例，如下图所示。

第4步 单击【放大】按钮，可以放大显示

10.4.2 旋转图片方向

在查看图片时，如果发现照片显示颠倒，可以通过旋转图片纠正照片的显示。

第1步 打开要旋转的图片，单击【旋转】按钮或按【Ctrl+R】组合键，如下图所示。

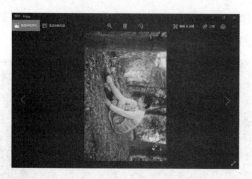

如下图所示。

第 2 步 图片即会向右逆时针旋转 90°，再次单击则再次旋转，直至旋转为合适的方向即可，

10.4.3 裁剪图片大小

在编辑图片时，为了突出图片主体，可以将多余的图片留白进行裁剪，以达到更好的效果，具体操作步骤如下。

第 1 步 打开要裁剪的图片，单击【编辑 & 创建】按钮，在弹出的快捷菜单中，选择【编辑】选项或直接按【Ctrl+E】组合键，如下图所示。

第 2 步 进入编辑模式，单击【裁剪和旋转】按钮，如下图所示。

第 3 步 将鼠标指针移至定界框的控制点上，单击并拖动鼠标调整定界框的大小，如下图所示。

第 4 步 也可以单击【纵横比】按钮，选择要调整的纵横比，左侧预览窗口即可显示效果，如下图所示。

第 5 步 尺寸调整完毕后，单击【完成】按钮，即可完成调整；单击【保存】按钮，则替换原有照片为当前编辑后的照片；单击【保存副本】按钮，则另存为一个新照片，原照片则继续保留。这里单击【保存副本】按钮，如下图所示。

生改变，并进入图片预览模式，如下图所示。

第6步 即为生成一个新照片，其文件名会发

10.4.4 重点：美化照片

除了基本编辑外，使用"照片"应用，还可以增强照片的效果和调整照片的色彩等，具体操作步骤如下。

第1步 打开要美化的照片，单击【编辑＆创建】按钮，在弹出的快捷菜单中，选择【编辑】选项或直接按【Ctrl+E】组合键，如下图所示。

第2步 进入照片编辑模式，单击【增强照片】按钮，如下图所示。

第3步 照片即会自动调整，并显示调整后的效果，也可用鼠标拖曳调整增强强度，如下图所示。

第4步 也可以为照片应用滤镜，单击可查看滤镜效果，如下图所示。

第5步 选择【调整】选项卡，拖曳鼠标可调整颜色、清晰度及晕影等，调整完成后，单击【保存】按钮即可，如下图所示。

10.4.5 新功能：为照片添加 3D 效果

除了一些简单的照片编辑和美化，照片应用还增加了创建 3D 效果功能，具体操作步骤如下。

第1步 打开要编辑的照片，单击【编辑＆创建】按钮，在弹出的快捷菜单中，选择【添加 3D 效果】选项，如下图所示。

第2步 即可打开 3D 照片编辑器，如下图所示。在界面右侧展示了内置的 3D 效果。

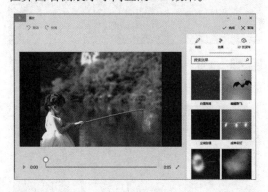

第3步 如单击【欢乐时刻】效果，进入编辑界面，可以移动效果附加到图片中的某一处位置及设置效果展示的时间，也可以设置效果的音量大小，如下图所示。

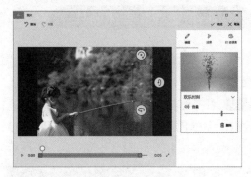

第4步 设置完成后，单击【完成】按钮，即会保存你的作品，如下图所示。

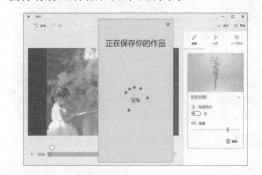

第5步 保存完毕后，会生成一个 MP4 格式的小视频，如下图所示。

举一反三

将喜欢的音乐／电影传输到手机中

在电脑上下载的音乐或电影只能在电脑上收听或观看，如果用户想要把音乐或电影传输到手机中，进而随时随地都能享受音乐或电影带来的快乐，该如何处理呢？下面就来介绍如何将电脑上的音乐或电影传输到手机中。目前，几乎任何一部智能手机都能随时随地进行网络连接，这样用户就可以利用无线网络来实现电脑与手机的相互连接，进而传输数据，不过这种方法需要借助第三方软件来完成，如 QQ 软件、微信等，如下图所示为电脑与手机进行无线传输数据的效果。

另外，使用数据线也可以实现电脑与手机的数据传输，这种方法所用到的原理是将手机转换为移动存储设备来完成，如下图所示为手机转换成移动存储设备在电脑中的显示效果，其中 U 盘 (I:) 和 U 盘 (J:) 就是手机转换成 U 盘之后在电脑中显示的效果。

将喜欢的音乐或电影传输到手机中的具体操作步骤如下。

1. 使用无线网络进行传输

第1步 打开 QQ 登录界面，单击【我的设备】选项，展开我的设备列表，如下图所示。

第2步 双击【我的 Android 手机】按钮，即可打开如下图所示界面。

第3步 单击【选择文件发送】按钮，打开【打开】对话框，在其中找到想要发送的音乐或电影文件，单击【打开】按钮，如下图所示。

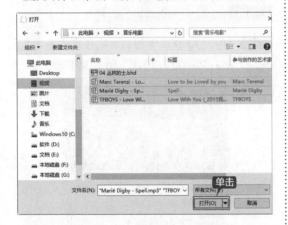

第4步 返回如下图所示界面，在其中可以看到添加的音乐或电影文件，并显示发送的进度。

第5步 在手机中登录自己的 QQ 账户，即可

显示如下图所示的温馨提示信息。

第6步 在手机中点击【全部下载】按钮，即可开始下载从电脑当中传输过来的音乐或电影文件，如下图所示。

第7步 下载完毕后，即可完成将电脑中的音乐或电影传输到手机中的操作。

2. 使用数据线进行传输

第1步 使用数据线将手机连接到电脑中，然后在电脑中打开需要传输的音乐或电影所在的文件夹，如下图所示。

完成的进度，如下图所示。

第 2 步 选中需要传输的音乐或电影并右击，在弹出的快捷菜单中选择【复制】选项，如下图所示。

第 5 步 完成之后，即可在 U 盘中查看复制之后的音乐或电影，如下图所示。

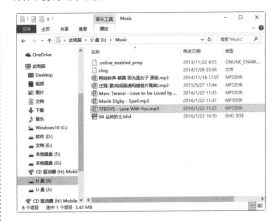

第 3 步 在电脑中打开手机转换成 U 盘后的盘符，并找到保存音乐文件的文件夹，将其打开，然后在空白处右击，在弹出的快捷菜单中选择【粘贴】选项，如下图所示。

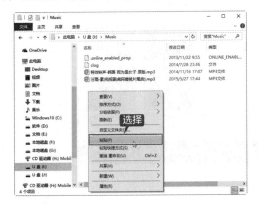

第 6 步 将手机与电脑断开连接，在手机中打开音乐播放器，即可打开如下图所示的界面。

第 7 步 使用手机点击【本地歌曲】按钮，即可在【本地歌曲】界面中查看复制之后的音乐文件，如下图所示。

第 4 步 打开粘贴提示框，在其中显示了文件

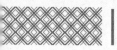

第 8 步　点击任何一首音乐，即可在手机中播放选中的音乐，这样就完成了将电脑中的音乐或电影传输到手机中的操作。

◇ 将歌曲剪辑成手机铃声

将歌曲剪辑成手机铃声的具体操作步骤如下。

第 1 步　双击桌面上的【酷狗音乐】快捷图标，打开【酷狗音乐】工作界面，如下图所示。

第2步 单击工作界面左侧的【更多】按钮，打开【更多】功能设置界面，如下图所示。

第3步 单击【铃声制作】图标，打开【酷狗铃声制作专家】对话框，如下图所示。

第4步 单击【添加歌曲】按钮，打开【打开】对话框，在其中选择一首歌曲，如下图所示。

第5步 单击【打开】按钮，返回【酷狗铃声制作专家】对话框，如下图所示。

第6步 单击【设置起点】和【设置终点】按钮，设置铃声的起点和终点，如下图所示。

第7步 在【第三步，保存设置：】设置区域中单击【铃声质量】右侧的【默认】下拉按钮，在弹出的下拉列表中选择铃声的质量，如下图所示。

第8步 设置完毕后，单击【保存铃声】按钮，打开【另存为】对话框，在其中输入铃声的名称，并选择铃声保存的类型，如下图所示。

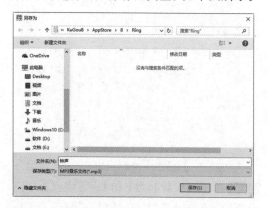

第9步 单击【保存】按钮，打开【保存铃声到本地进度】对话框，在其中显示铃声保存的进度，如下图所示。

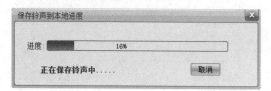

第10步 保存完毕后，会在【保存铃声到本地进度】对话框的下方显示【铃声保存成功！】的信息提示框，单击【确定】按钮，关闭对话框，如下图所示。

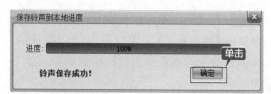

◇ 电影格式的转换

有时，用户的手机不支持电影的某种格式，如果要将这个电影放到手机或 iPad 中播放，这就需要将电影的格式转换成手机或 iPad 支持的格式。转换电影格式的具体操作步骤如下。

第1步 双击桌面上的【QQ 影音】快捷图标，打开【QQ 影音】工作界面，如下图所示。

第2步 单击【影音工具箱】按钮，在弹出的【影音工具箱】面板中单击【转码】按钮，如下图所示。

第3步 弹出【音视频转码】对话框，如下图所示。

第4步 单击【添加文件】按钮，打开【打开】对话框，在其中选择需要转码的电影文件，如下图所示。

第5步 单击【打开】按钮，返回【音视频转码】对话框中，在下方的窗格中可以看到添加的电影文件，如下图所示。

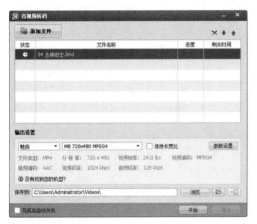

第6步 单击【输出设置】区域中的【魅族】右侧的下拉按钮，在弹出的下拉列表中选择需要的手机类型，如这里选择【三星】选项，如下图所示。

第7步 单击右侧型号下拉按钮，在弹出的型号列表中选择手机型号，如下图所示。

第8步 设置完毕后，单击【参数设置】按钮，打开【参数设置】对话框，在其中对电影的视频参数、音频参数进行设置，如下图所示。

第9步 设置完毕后，单击【确定】按钮，返回【音视频转码】对话框，如下图所示。

第10步 单击【开始】按钮，即可开始进行电影格式的转换，并显示转换的进度，如下图所示。

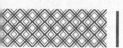

第 11 步 转换完成后，单击【打开输出文件目录】按钮，即可打开转换之后文件保存的文件夹，在其中可以看到电影格式转换后的文件，如下图所示。

第11章
通信社交——网络沟通和交流

📋 本章导读

随着网络技术的发展，目前网络通信社交工具有很多，常用的包括 QQ、微博、微信、电子邮件等，本章就来介绍这些网络通信工具的使用方法与技巧。

🎯 思维导图

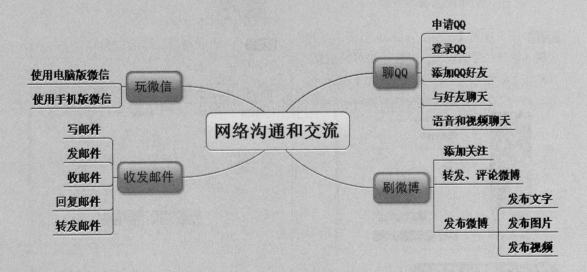

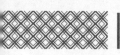

11.1 实战 1：聊 QQ

腾讯 QQ 是一款即时寻呼聊天软件，支持显示朋友在线信息、即时传送信息、即时交谈、即时传输文件。另外，QQ 还具有发送离线文件、超级文件、共享文件、QQ 邮箱、游戏等功能。

11.1.1 申请 QQ

要想使用 QQ 软件进行聊天，首先需要做的是安装并申请 QQ 账号，其中安装 QQ 软件与安装其他普通的软件一样，按照安装程序的提示一步一步地安装即可。这里不再赘述，下面具体介绍申请 QQ 账号的操作步骤。

第1步 双击桌面上的 QQ 快捷图标，即可打开【QQ】对话框，单击【注册账号】超链接，如下图所示。

第2步 即可进入【欢迎注册 QQ】界面，在其中输入注册账号的昵称、密码、手机号码信息，并单击【发送短信验证码】按钮，如下图所示。

第3步 手机收到短信验证码后，输入文本框中，并单击【立即注册】按钮，如下图所示。

第4步 注册成功后，即会得到 QQ 号码，如下图所示。

11.1.2 登录 QQ

申请完 QQ 账号后，用户即可登录自己的 QQ，具体操作步骤如下。

第1步 双击桌面上的 QQ 快捷图标，即可打开【QQ】对话框，输入申请的账号和密码，单击【登录】按钮，如下图所示。

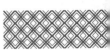

第2步 验证信息成功后，即可登录到 QQ 的主界面，如下图所示。

11.1.3 添加 QQ 好友

将朋友的QQ号码加到自己的QQ中，才可以进行聊天，添加 QQ 好友的具体操作步骤如下。

第1步 在 QQ 的主界面中，单击底部的【加好友】按钮，如下图所示。

第2步 打开【查找】对话框，在【查找】对话框上方的文本框中输入账号或昵称，如下图所示。

第3步 即可在下方显示出好友的相关信息，单击【加好友】按钮，如下图所示。

第4步 弹出【添加好友】对话框，在其中输入验证信息，单击【下一步】按钮，如下图所示。

第5步 在弹出的对话框中可以备注好友的姓名，然后对其进行分组，单击【下一步】按钮，如下图所示。

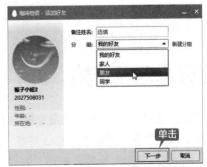

第6步 单击【下一步】按钮，即可将该申请加入好友信息发送给对方，然后单击【完成】

按钮，关闭【添加好友】对话框，如下图所示。

第7步 把添加好友的信息发送给对方后，对方好友的 QQ 账号下方会弹出验证消息的相关提示信息，如下图所示。

第8步 对方需单击【同意】按钮，弹出【添加】对话框，在其中输入备注姓名和选择分组信息，如下图所示。

第9步 单击【确定】按钮，即可完成好友的添加操作，在【验证消息】对话框中显示已同意信息，如下图所示。

第10步 这时 QQ 程序自动弹出与对方进行会话的对话框，如下图所示。

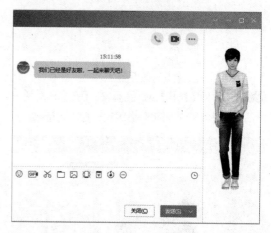

11.1.4 与好友聊天

收发信息是 QQ 最常用和最重要的功能，实现信息收发的前提是用户拥有一个自己的 QQ 号和至少有一个发送对象（即 QQ 好友）。给好友发送文字信息的具体操作步骤如下。

第1步 在 QQ 界面上选择需要聊天的好友头像，右击并在弹出的快捷菜单中选择【发送即时消息】选项，也可以双击好友头像，如下图所示。

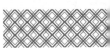

第4步 选择需要发送的表情，如"睡"图标，如下图所示。

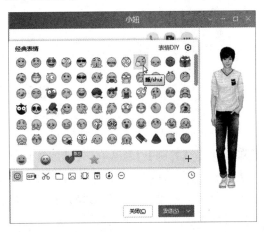

第2步 弹出【即时聊天】对话框，输入发送的文字信息，单击【发送】按钮，即可将文字聊天信息发送给对方，如下图所示。

第5步 单击【发送】按钮，即可发送表情，如下图所示。

第3步 在【即时聊天】对话框中单击【选择表情】按钮☺，弹出系统默认表情库，如下图所示。

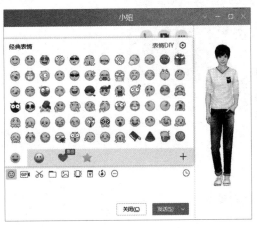

第6步 用户不仅可以使用系统自带的表情，还可以添加自定义的表情，单击【表情设置】按钮◉，在弹出的下拉列表中选择【添加表情】选项，如下图所示。

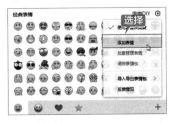

第7步 打开【打开】对话框，选择自定义的图片，如下图所示。

第8步 单击【打开】按钮，打开【添加自定义表情】对话框，在其中选择将自定义表情放置的位置，这里选择【我的收藏】选项，单击【确定】按钮，如下图所示。

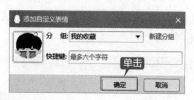

第9步 关闭【添加自定义表情】对话框，返回【即时聊天】对话框，单击【表情】按钮，

在弹出的表情面板中可以查看添加的自定义表情，如下图所示。

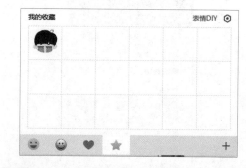

第10步 单击想要发送给好友的表情，然后单击【发送】按钮，即可将该表情发送给好友，如下图所示。

11.1.5 语音和视频聊天

QQ 软件不仅可使用户通过手动输入文字和图像的方式与好友进行交流，还可通过声音和视频进行信息沟通。在双方都安装了声卡及其驱动程序，并配备音箱或者耳机、话筒、摄像头的情况下，才可以进行语音和视频聊天。语音和视频聊天的具体操作步骤如下。

第1步 双击要进行语音聊天的 QQ 好友头像，在【聊天】对话框中单击【发起语音通话】按钮，如下图所示。

第 2 步 即可向对方发送语音聊天请求，如果对方同意语音聊天，会提示已经和对方建立了连接，此时用户可以调节麦克风和扬声器的音量大小，进行通话。如果要结束语音对话，则单击【挂断】按钮，结束语音聊天，如下图所示。

第 4 步 如果对方同意视频聊天，会提示已经和对方建立了连接并显示出对方的头像，如果没有安装好摄像头，则不会显示任何信息，但可以语音聊天，也可以发送特效、表情及文字等。如果要结束视频，单击【挂断】按钮即可，如下图所示。

第 3 步 双击要进行视频聊天的 QQ 好友头像，在弹出的【聊天】对话框中单击【发起视频通话】按钮 ，如下图所示，即可向对方发送视频聊天请求。

11.2 实战 2：刷微博

微博也称为微博客（MicroBlog），是一个基于用户关系的信息分享、传播及获取的平台，用户可以通过手机客户端、网络及各种客户端组件实现即时信息的分享。下面以新浪微博为例来介绍使用微博的方法与技巧。

11.2.1 添加关注

用户可以使用淘宝账户、QQ 账号、360 账号等，直接登录新浪微博，然后在微博当中添加关注、转发微博、评论微博和发布微博。在新浪微博中添加关注的具体操作步骤如下。

第 1 步 打开浏览器，打开新浪微博首页，并登录账号，进入如下【首页】页面。

第 2 步 用户可以通过搜索、推荐、发现等方式，关注自己感兴趣的微博用户。如单击【发现】超链接，进入如下页面，可以通过分类，查看推荐的用户，单击【关注】按钮 `+关注`。

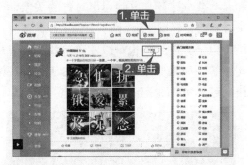

第 3 步 当该按钮显示为【已关注】 `已关注`，即表示已关注该微博用户。之后，当该用户有微博更新时，即会在【首页】显示，也可以

方便快速查看该用户微博信息，如下图所示。

第 3 步 另外，用户也可以单击页面顶端的用户名称，进入【我的主页】页面，在【关注】列表中，可以管理已关注的微博用户，如下图所示。

11.2.2 转发、评论微博

当看到自己想要转发和评论的微博后，用户可以转发并评论，具体操作步骤如下。

第 1 步 登录到自己的微博页面，在页面的下方显示的就是自己关注的微博用户发布的微博信息，如下图所示。

第 2 步 单击微博信息下面的【评论】按钮，即可打开评论界面，如下图所示。

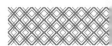

第3步 在文本框中可以输入评论的内容，如下图所示。

第4步 如果想要评论的同时转发这条微博，可以选中【同时转发到我的微博】复选框，如下图所示。

第5步 单击【评论】按钮 评论 ，即可转发并评论这条微博，如下图所示。

11.2.3 发布微博

在新浪微博中发布微博的具体操作步骤如下。

1. 发布文字

第1步 登录到自己的微博页面。在微博【首页】页面中的微博输入框中输入自己最近的心情、遇到的好笑的事情等，如下图所示。

第2步 另外，还可以在发表的言论中插入表情，单击文本框下侧的表情按钮 ☺ ，即可打开【表情】面板，如下图所示。

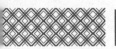
第3步 单击【表情】面板中的表情，即可将其添加到文本框中，单击【发布】按钮，如下图所示。

第4步 即可在微博首页下方显示出发布的微博，如下图所示。

另外，用户还可以在微博中发布图片、视频、音乐等，具体操作步骤如下。

2. 发布图片

第1步 微博【首页】页面，单击微博输入框下侧的【图片】按钮 ，如下图所示。

第2步 弹出【打开】对话框，在保存图片的文件夹中选中需要上传的图片，单击【打开】按钮，如下图所示。

第3步 即可开始上传图片，上传完成后，即可在【图片】面板之中显示图片的缩略图，如下图所示。

第4步 单击【添加标签】按钮 ，在微博输入框中输入微博内容，并单击【发布】按钮，

如下图所示。

第5步 即可将图片发布到自己的微博中，并在下方的列表中显示出来，如下图所示。

3. 发布视频

第1步 单击微博输入框下侧的【视频】按钮□视频，如下图所示。

第2步 打开【打开】文本框，选择要发布的视频，上传完成后，设置视频的信息，如下图所示，单击【完成】按钮。

第3步 在微博输入框中输入信息，单击【发布】按钮，即可将该微博发布，如下图所示。

 ## 11.3 实战 3：玩微信

　　微信是一种移动通信聊天软件，目前主要应用在智能手机上，支持发送语音短信、视频、图片和文字，可以进行群聊。

11.3.1 使用电脑版微信

微信除了手机客户端外，还有微信电脑版，使用微信电脑版可以在电脑上进行聊天，具体操作步骤如下。

第1步 打开微信 PC 版的下载页面，单击【下载】按钮，下载并安装微信，如下图所示。

第2步 启动微信，弹出含有二维码的对话框，提示用户使用微信扫一扫登录，如下图所示。

第3步 在手机端微信中，单击⊕按钮，在弹出的菜单中选择【扫一扫】选项，如下图所示。

第4步 扫描电脑桌面上的微信二维码，弹出【微信】界面，提示用户在手机上确认登录，如下图所示。

第5步 在手机界面中，即会弹出如下界面，点击【登录】按钮，如下图所示。

第6步 即可打开微信电脑版的即时聊天对话框，如下图所示。

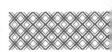

第7步 在即时聊天窗口中输入聊天信息，单击下方的【发送】按钮，如下图所示。

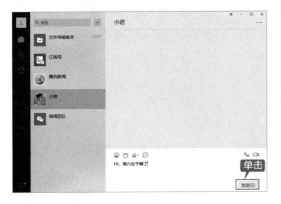

第8步 即可将文字信息发送给对方，与手机端聊天基本一样，如下图所示。

11.3.2 使用手机版微信

在手机上使用微信客户端聊天已经是一种非常普遍的聊天方式，下面介绍在手机上使用微信聊天的具体操作步骤。

第1步 在手机上点击微信标志，打开手机微信登录界面，如下图所示。

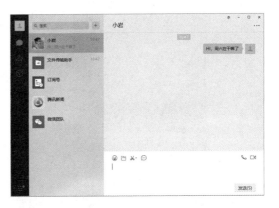

第9步 单击【表情】按钮，可以打开微信电脑版的表情面板，在其中可以选择表情，然后单击【发送】按钮，将表情发送给好友，如下图所示。

第2步 在【请填写密码】文本框中输入微信登录密码，如下图所示。

第3步 点击【登录】按钮，登录到手机微信，如下图所示。

第4步 使用手机点击微信好友的头像，打开与之聊天的窗口，在其中显示了与该好友聊天的聊天记录，如下图所示。

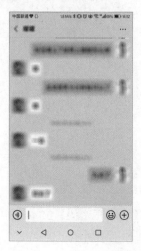

第5步 点击表情图标，即可打开表情面板，在其中点击想要发送给好友的表情，如下图所示。

第6步 点击【发送】按钮，即可将该表情发送给好友，如下图所示。

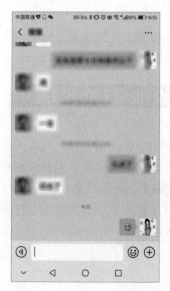

第7步 点击聊天窗口中的文本横线，即可激活手机中的输入法，在其中可以输入文本聊天内容，如下图所示。

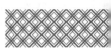

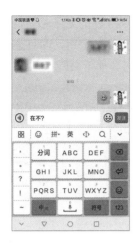

第9步 点击聊天界面左侧的【 ◎ 】按钮，可以激活语音说话功能；点击【按住说话】按钮不放，对着手机说话，并发送给对方，这样就省去了打字的麻烦，如下图所示。

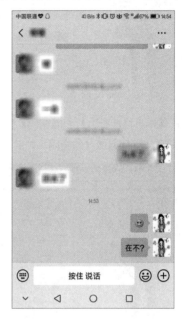

第8步 点击【发送】按钮，即可将文本聊天内容发送给好友，如下图所示。

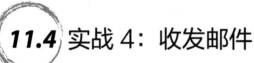

11.4 实战 4：收发邮件

收发电子邮件都是通过固定的电子邮箱实现的,并不是每个人都可以随意地使用电子邮箱,只有申请了一定的电子邮箱账号才能领略收发电子邮件的魅力,下面以在 163 网易邮箱中收发电子邮件为例进行介绍。

11.4.1 写邮件

要想使用电子邮箱收发邮件,首先必须先登录电子邮箱。登录电子邮箱的具体操作步骤如下。
第1步 在浏览器的地址栏中输入 163 邮箱的网址"http://mail.163.com/"，按【Enter】键或单击【转至】按钮，即可打开 163 邮箱的登录页面，如下图所示。

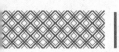

第 2 步 在【邮箱地址账号】和【密码】文本框中输入已拥有的 163 邮箱账号和密码，如下图所示。

第 3 步 单击【登录】按钮，即可进入到邮箱页面中，如下图所示。

11.4.2 发邮件

第 4 步 登录到自己的电子邮箱后，单击左侧列表中的【写信】按钮，即可进入到电子邮箱的编辑窗口，如下图所示。

第 5 步 在【收件人】文本框中输入收件人的电子邮箱地址；在【主题】文本框中输入电子邮件的主题，相当于电子邮件的名字，最好能让收件人迅速了解邮件内容并判断其重要性，然后在下面的空白文本框中输入邮件的内容，如下图所示。

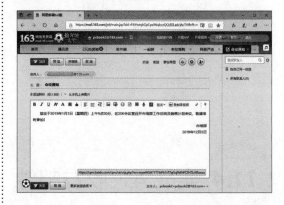

写好的邮件一般分为两种，一种是不带附件的，另一种是带有附件的。发送这两种邮件的方法不同，主要区别在于在发送邮件之前是否需要添加附件。

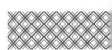

1. 发送不带附件的邮件

第1步 写好邮件后，单击【发送】按钮，即可开始发送电子邮件，在发送的过程中为了防止垃圾邮件泛滥，需要输入验证信息，输入名称后，单击【保存并发送】按钮，发送电子邮件，如下图所示。

第2步 发送成功后，窗口中将出现【发送成功】的提示信息，如下图所示。

2. 发送带有附件的邮件

发送带有附件的电子邮件的具体操作步骤如下。

第1步 打开电子邮件的写信编辑窗口，在【收件人】文本框中输入收件人的电子邮箱地址，在【主题】文本框中输入邮件的主题，如下图所示。

第2步 单击【添加附件】按钮，弹出【打开】对话框，在其中选择要上传的文件，如这里选择图片，如下图所示。

第3步 单击【打开】按钮，即可完成附加文件或图片的添加，系统开始自动上传图片，如下图所示。

第4步 上传附件完成后，显示添加的附件的大小和名称，如下图所示。

第5步 附件添加完成后，在下方的信件编辑区域输入发送信件的内容，如下图所示。

第 6 步 单击【发送】按钮，即可将带有附件

的电子邮件发送出去，并提示用户发送成功，如下图所示。

11.4.3 收邮件

登录到自己的电子邮箱之后，就可以查看其中的电子邮件了，查看电子邮件的具体操作步骤如下。

第 1 步 当登录到自己的电子邮箱后，如果有新的电子邮件，则会在邮箱首页中显示"未读邮件"的提示信息，如下图所示。

第 2 步 单击邮箱页面左侧栏中的【收件箱】按钮，或单击页面中的【未读邮件】超链接，即可打开【收件箱】，别人发来的邮件都会显示在其中，如下图所示。

第 3 步 双击未读的邮件，即可在打开的页面中阅读邮件内容，如下图所示。

> **提示**
>
> 在【收件箱】的邮件列表中显示了各封电子邮件的发件人、主题、日期及邮件的大小。如果邮件名称前面有一个封闭的信封标记✉，则表示该邮件未读；如果有一个回形针标记📎，则表示该邮件内容含有附件。

11.4.4 回复邮件

当收到对方的邮件后，用户需要及时回复邮件，回复邮件的具体操作步骤如下。

第1步 打开一封邮件，单击【回复】按钮，进入到回复状态，这时发现系统已经把对方的 E-mail 地址自动填写到【收件人】文本框中了，对方发过来的邮件内容也出现在编辑区，如下图所示。

第2步 此时在编辑区写上要回复的内容，单击【发送】按钮，即可将回复信发出，如下图所示。

11.4.5 转发邮件

当收到一封邮件后，如果需要将该邮件发送给其他人，则可以利用邮箱的转发功能进行转发，具体操作步骤如下。

第1步 打开一封需要转发的邮件，单击【转发】按钮，如下图所示。

第2步 邮箱进入转发状态，即邮件内容将自动出现在编辑区，邮件的主题也自动填写，并添加了【转发】标识信息。在【收件人】文本框中输入需要转发人的邮箱地址，然后单击【发送】按钮，即可将邮件转发出去，如下图所示。

举一反三

使用 QQ 群聊

群是为 QQ 用户中拥有共性的小群体建立的一个即时通信平台，如"老乡会"和"我的同学"等群，每个群内的成员可以对某些感兴趣的话题相互沟通。QQ 群只有 QQ 会员或级别已经达到太阳的普通会员才能创建。群的成员除了可以在 QQ 客户端自由地进行讨论外，还可以享受腾讯提供的多人语音聊天、QQ 群共享和 QQ 相册和超值网站资源等，如下图所示为一个生活休闲同乡类的群聊窗口。

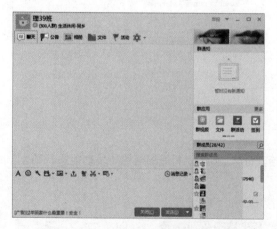

使用 QQ 群进行聊天的具体操作步骤如下。

1. 加入 QQ 群

第1步 在 QQ 面板中单击【加好友】按钮，如下图所示。

第2步 弹出【查找】对话框，选择【找群】选项卡，在下面的文本框中输入群号，如下图所示。

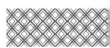

第3步 单击【查找】按钮，即可在网络上查找到需要查找的群，单击【加群】按钮，如下图所示。

第4步 弹出【添加群】对话框，在验证信息文本框中输入相应的内容，如下图所示。

第5步 单击【下一步】按钮，即可将申请加入群的请求发送给该群的群主，如下图所示。

第6步 如果群创建者通过验证，即可成功加入该群。单击信息提示框，即可打开群聊天窗口，在其中就可以进行聊天了，如下图所示。

2. QQ 群在线文字聊天

第1步 在打开的 QQ 主界面中，选择【联系人】→【群聊】选项，在【我的群聊】列表中，选择需要聊天的 QQ 群并双击，打开【聊天】对话框，输入相关文字信息，单击【发送】按钮，即可进行文字聊天，如下图所示。

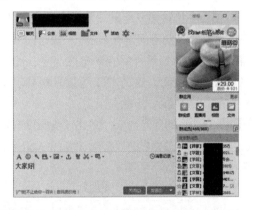

第2步 如果用户和群中的某个 QQ 好友私聊，可以在【群成员】列表中选择 QQ 好友的头像，右击并在弹出的快捷菜单中选择【发送消息】选项，如下图所示。

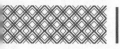
第3步 在弹出的【聊天】对话框中，输入相关文字信息，单击【发送】按钮，即可进行私聊。私聊的信息其他的群成员是看不到的，如下图所示。

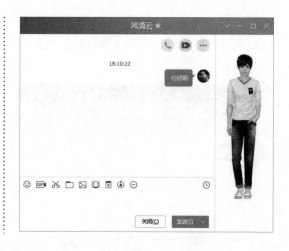

◇ **使用 QQ 导出手机相册**

  使用手机拍照已经是非常普遍的现象了，但是手机的存储空间是有限的，一段时间后，需要将手机中的照片保存到电脑当中，给手机释放存储空间，使用 QQ 可以轻松导出手机相册，具体操作步骤如下。

第1步 在 QQ 的登录界面中单击【我的设备】选项，在打开的列表中选择【我的 Android 手机】选项，如下图所示。

第2步 弹出如下图所示界面。

第3步 单击【导出手机相册】按钮，打开【导出手机相册】对话框，提示用户正在连接手机，如下图所示。

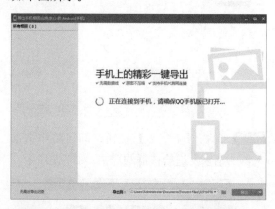

第4步 连接成功后，弹出如下图所示界面，在其中列出了手机当中的相册。

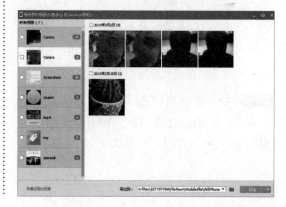

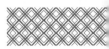
第5步 在【所有相册】列表中选中需要导出的相册，单击【导出】按钮，如下图所示。

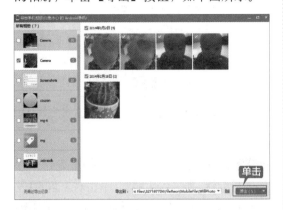

第6步 打开【流量提示】信息提示框，提示用户的手机当前未处于 Wi-Fi 连接环境，需要消耗手机的流量，单击【继续导出】按钮，如下图所示。

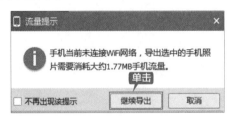

第7步 开始导出手机相册，并在下方显示导出的进度，如下图所示。

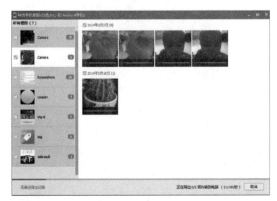

第8步 导出完成后，会在【导出手机相册】窗口的上方弹出导出成功的信息提示，如下图所示。

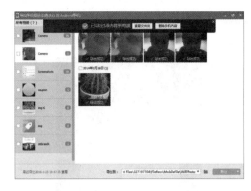

第9步 单击【查找文件夹】按钮，会打开电脑中存储手机相册的文件夹，在其中可以看到导出的照片信息，如下图所示。

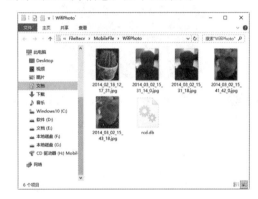

◇ 使用手机收发邮件

使用手机可以收发邮件，这需要在手机中安装具有收发邮件功能的第三方软件，这里以 "WPS Office" 办公软件为例，介绍使用手机收发邮件的具体操作步骤与方法。

第1步 在手机中打开 "WPS Office" 办公软件，将要发送的文件显示在屏幕上，单击屏幕上方的邮件图标，在弹出的列表中单击【邮件发送】按钮，如下图所示。

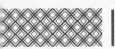

第2步 弹出如下图所示提示，选择【电子邮件】
选项。

第3步 输入邮箱账号和密码，单击【登录】
按钮，如下图所示。

第4步 输入收件人的邮箱，并对要发送的邮
件进行编辑，如输入主题等，单击右上角的【发
送】按钮即可将其发送至对方邮箱，如下图
所示。

第**3**篇

系统优化篇

本篇主要介绍系统优化，通过本篇内容的学习，读者可以掌握电脑的优化与维护及备份与还原等操作。

第12章
安全优化——电脑的优化与维护

🖢 本章导读

电脑的不断使用，会造成很多空间被浪费，用户需要及时优化和管理系统，包括电脑进程的管理与优化、电脑磁盘的管理与优化、清除系统垃圾文件、查杀病毒等，从而提高计算机的性能。本章就为读者介绍电脑系统安全与优化的方法。

◤ 思维导图

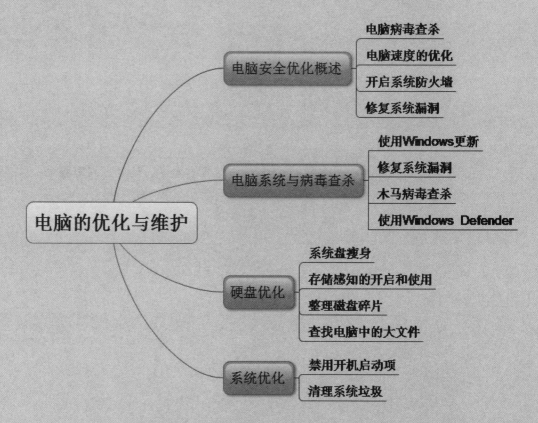

12.1 电脑安全优化概述

随着电脑大范围的普及和应用，电脑安全优化问题已经是电脑使用者面临的最大问题，而电脑病毒也不断出现，且迅速蔓延，这就要求用户要做好系统安全的防护，并及时优化系统，从而提高电脑的性能。对电脑安全优化主要从以下几个方面进行。

1. 电脑病毒查杀

使用杀毒软件可以保护电脑系统安全，可以说杀毒软件是电脑安全必备的软件之一。随着电脑用户对病毒危害的认识，杀毒软件也被逐渐地重视起来，各式各样的杀毒软件如雨后春笋般出现在市场中，使用杀毒软件可以保护电脑不受木马病毒的入侵，常见的电脑病毒防御查杀软件有 360 安全卫士、腾讯电脑管家等，如下图所示。

2. 电脑速度的优化

对电脑速度进行优化是系统安全优化的一个方面，用户可以通过整理磁盘碎片、更改软件的安装位置、减少启动项、转移虚拟内存和用户文件的位置、禁止不同的服务、更改系统性能设置，以及对网络进行优化等来实现，如下图所示。

3. 开启系统防火墙

防火墙可以是软件，也可以是硬件，它能够检查来自 Internet 或网络的信息，然后根据防火墙设置阻止或允许这些信息进入计算机系统。可以说防火墙是内部网络、外部网络及专用网络与外网之间的保护屏障，如下图所示。

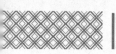

4. 修复系统漏洞

使用软件修复系统漏洞是常用的优化系统的方式之一。目前，网络上存在多种软件都能对系统漏洞进行修复，如 360 安全卫士、腾讯电脑管家等，如下图所示。

12.2 实战 1：电脑系统与病毒查杀

信息化社会面临着电脑系统安全问题的严重威胁，如系统漏洞木马病毒等，下面就来介绍电脑系统安全的防护与木马病毒的查杀。

12.2.1 使用 Windows 更新

Windows 更新是系统自带的用于检测系统更新的工具，使用 Windows 更新可以下载并安装系统更新，具体操作步骤如下。

第1步 按【Windows+I】组合键，打开【设置】窗口，在其中可以看到有关系统设置的相关功能，单击【更新和安全】图标，如下图所示。

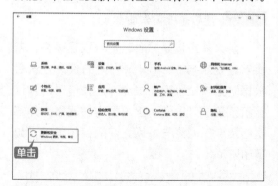

第2步 打开【更新和安全】窗口，在其中选择【Windows 更新】选项，单击【检查更新】按钮，即可开始检查网上是否存在有更新文件，如下图所示。

第3步 检查完毕后，如果存在有更新文件，则会弹出如下图所示的信息提示，提示用户有可用更新，并自动开始下载更新文件，部分更新会要求重启电脑。

第4步 系统更新完成后，再次打开【Windows 更新】窗口，在其中可以看到"你使用的是最新版本"信息提示，如下图所示。

第5步 单击【高级选项】超链接，打开【高级选项】设置工作界面，在其中可以设置更新的安装方式，如下图所示。

第6步 单击【查看更新历史记录】超链接，打开【查看更新历史记录】工作界面，在其中可以查看最近的更新历史记录，如下图所示。

12.2.2 重点：修复系统漏洞

系统漏洞是指 Windows 操作系统在逻辑设计上的缺陷或在编写时产生的错误，这个缺陷或错误可能会被不法者或者电脑黑客利用。通过植入木马、病毒等方式来攻击或控制整个电脑，从而窃取电脑中的重要资料和信息，甚至破坏电脑系统。修复系统漏洞的具体操作步骤如下。

第1步 双击桌面上的 360 安全卫士图标，打开【360安全卫士】工作界面，单击【系统修复】按钮，如下图所示。

第2步 打开【系统修复】工作界面，可以单

击【全面修复】按钮，修复电脑的漏洞、软件、驱动等；也可以在右侧的修复列表中选择【漏洞修复】选项，进行单项修复，如下图所示。

第3步 单击【漏洞修复】按钮，打开【漏洞修复】

工作界面，在其中开始扫描系统中存在的漏洞，如下图所示。

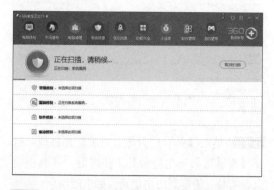

第4步 如果存在漏洞，按照软件指示进行修复即可，如下图所示。

第5步 如果没有漏洞，则会显示为如下图所示界面，单击【返回】按钮即可。

12.2.3 重点：木马病毒查杀

使用 360 安全卫士还可以查询系统中的木马文件，以保证系统安全，使用 360 安全卫士查杀木马的具体操作步骤如下。

第1步 在 360 安全卫士的工作界面中单击【木马查杀】按钮，进入 360 安全卫士木马查杀工作界面，在其中可以看到 360 安全卫士为用户提供了 3 种查杀方式，单击【快速查杀】按钮，如下图所示。

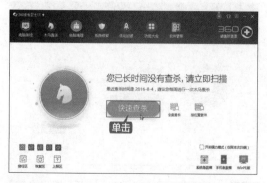

第2步 开始快速扫描系统关键位置，如下图所示。

第3步 扫描出危险项，即会弹出【一键处理】按钮，单击该按钮，如下图所示。

第4步 提示处理成功，单击【好的，立即重启】按钮，重启电脑完成处理；也可以单击【稍后我自行重启】按钮，自行重启电脑，如下图所示。

12.2.4 新功能：使用 Windows Defender

Windows Defender 是 Windows 10 中内置的安全防护软件，主要用于帮助用户抵御间谍软件和其他潜在的有害软件的攻击，另外还可以起到设备优化的作用。

第1步 单击右下角的 Windows Defender 图标，即可打开【Windows Defender 安全中心】界面，当某项类别出现异常问题时，即会显示提示，如图中出现 ⚠ 符号，这里单击【查看运行状况报告】按钮，如下图所示。

第2步 进入【设备性能和运行状况】界面，可以看到异常的项目，这里可以看到"存储容量"存在问题，单击右侧的【展开】按钮 ∨，如下图所示。

第3步 单击【打开设置】按钮，即可清理磁盘，如下图所示。

| 提示 |

磁盘清理主要是清除大文件，腾出更多的空间，如果是系统盘可以卸载长时间不使用的软件、删除 windows.old 文件等。系统盘的清理可以参见 12.3.1 小节内容。

第4步 当处理完异常问题后，Windows Defender 图标则会显示正常，如下图所示。

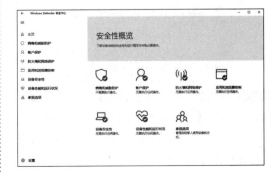

12.3 实战 2：硬盘优化

　　磁盘用久了，总会产生这样或那样的问题，要想让磁盘高效地工作，就要注意平时对磁盘的管理。

12.3.1 重点：系统盘瘦身

　　在没有安装专业的清理垃圾的软件前，用户可以手动清理磁盘中的临时文件，为系统盘瘦身。具体操作步骤如下。

第1步 按【Windows+R】组合键，打开【运行】对话框，在文本框中输入"cleanmgr"命令，单击【确定】按钮，如下图所示。

第2步 弹出【磁盘清理：驱动器选择】对话框，单击【驱动器】下方的下拉按钮，在弹出的下拉菜单中选择需要清理临时文件的磁盘分区，单击【确定】按钮，如下图所示。

第3步 弹出【磁盘清理】对话框，并开始自动计算清理磁盘垃圾，如下图所示。

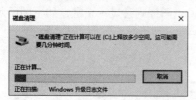

第4步 弹出【(C:)的磁盘清理】对话框，在【要删除的文件】列表中显示扫描出的垃圾文件和大小，选择需要清理的临时文件，单击【清理系统文件】按钮，如下图所示。

第5步 在弹出的提示框中，单击【删除文件】按钮，如下图所示。

第6步 系统开始自动清理磁盘中的垃圾文件，并显示清理的进度，如下图所示。

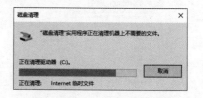

第7步 如果系统盘中存在旧的系统文件，可以在【(C:)的磁盘清理】对话框中，单击【清理系统文件】按钮，如下图所示。

如果觉得上述方法操作较为麻烦，可以使用 360 安全卫士上的【系统盘瘦身】工具，解决系统盘空间不足的问题，具体操作步骤如下。

第1步 启动 360 安全卫士，单击【功能大全】图标，然后单击【系统工具】类别下的【系统盘瘦身】图标，添加该工具，如下图所示。

第8步 系统开始计算系统盘中可释放的空间，如下图所示。

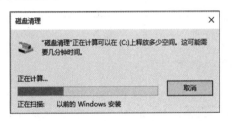

第2步 软件即会给出能够释放的空间，单击【立即瘦身】按钮，如下图所示。

第9步 选择要删除的系统文件，可显示可获得的磁盘空间，单击【确定】按钮，根据提示执行该操作，即可进行清除，如下图所示。

第3步 由于部分文件需要重启电脑后才能生效，单击【立即重启】按钮，重启电脑，如下图所示。

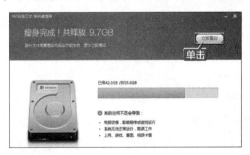

12.3.2 新功能：存储感知的开启和使用

存储感知是 Windows 10 中新增的一个关于文件清理的功能，开启该功能后，系统会通过删除不需要的文件，释放更多的空间，如临时文件、回收站内容、下载文件等。

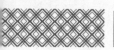

第1步 按【Windows+I】组合键，打开【设置】面板，然后单击【系统】图标，如下图所示。

第2步 进入【系统】面板，单击左侧【存储】选项，在右侧看到【存储感知】区域，将其按钮设置为"开"，即可开启该功能，Windows便可删除不需要的临时文件，释放更多的空间，如下图所示。

第3步 单击【更改详细设置】超链接，即可进入如下图所示界面。

第4步 设置运行存储感知的时间。用户可以在【Windows自定的时间】下拉列表中选择

时间，其中还包含每天、每周及每月，单击选择即可，如下图所示。

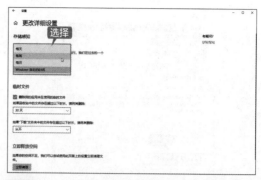

第5步 另外，也可以设置删除长时间未使用的临时文件的删除规则。如可以设置删除"回收站"和"下载"文件夹中超过设定时长的文件，如下图所示。

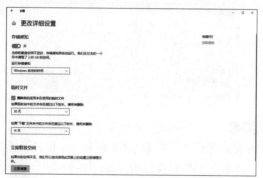

第6步 单击【立即释放空间】区域下的【立即清理】按钮，可以立即清理符合条件的临时文件，并释放空间，如下图所示。

12.3.3 整理磁盘碎片

随着时间的推移，用户在保存、更改或删除文件时，磁盘上会产生碎片。磁盘碎片整理程

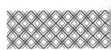

序是重新排列卷上的数据并重新合并碎片数据，这有助于计算机更高效地运行。在 Windows10 操作系统中，磁盘碎片整理程序可以按计划自动运行，用户也可以手动运行该程序或更改该程序使用的计划，具体操作步骤如下。

第1步 按【Windows+S】组合键打开 Cortana，在搜索框中输入"碎片整理和优化驱动器"后选择第一个搜索结果，如下图所示。

第2步 弹出【优化驱动器】对话框，在其中选择需要整理碎片的磁盘，单击【分析】按钮，如下图所示。

| 提示 |

固态硬盘和传统硬盘，在读写机制上有很大区别，不需要进行碎片整理操作，因此在该对话框中，固态磁盘的【分析】按钮，是不可单击的状态。

第3步 系统先分析磁盘碎片的多少，然后自动整理磁盘碎片，磁盘碎片整理完成后，单击【关闭】按钮即可，如下图所示。

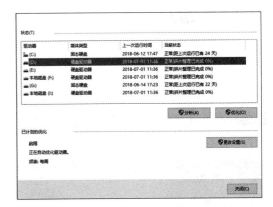

第4步 单击【更改设置】按钮，打开【优化驱动器】对话框，在其中可以设置优化驱动器的相关参数，如频率、日期、时间和驱动器等，最后单击【确定】按钮，系统会根据预先设置好的计划自动整理磁盘碎片并优化驱动器，如下图所示。

12.3.4 查找电脑中的大文件

使用 360 安全卫士的查找系统大文件工具可以查找电脑中的大文件，具体操作步骤如下。

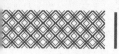

第 1 步 打开 360 安全卫士，单击【功能大全】图标，然后单击【系统工具】类别下的【查找大文件】图标，添加该工具，如下图所示。

第 2 步 打开【查找大文件】界面，选中要扫描的磁盘，单击【扫描大文件】按钮。

第 3 步 软件会自动扫描磁盘的大文件，在扫描列表中，选中要清除的大文件，单击【删除】按钮，如下图所示。

第 4 步 打开信息提示框，提示用户仔细辨别将要删除的文件是否确实无用，单击【我知道了】按钮，如下图所示。

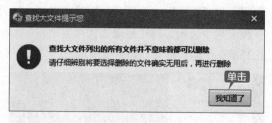

第 5 步 确定清除的文件没问题，单击【立即删除】按钮，如下图所示。

第 6 步 提示清理完毕后，单击【关闭】按钮即可，如下图所示。

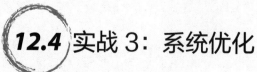

12.4 实战 3：系统优化

电脑使用一段时间后，会产生一些垃圾文件，包括被强制安装的插件、上网缓存文件、系统临时文件等，这就需要通过各种方法来对系统进行优化处理了，本节就来介绍如何对系统进行优化。

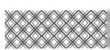

12.4.1 重点：禁用开机启动项

在电脑启动的过程中，自动运行的程序叫作开机启动项，开机启动程序会浪费大量的内存空间，并减慢系统启动速度。因此，要想提升开关机速度，就必须禁用一部分开机启动项，具体操作步骤如下。

第1步 在任务栏中右击并在弹出的快捷菜单中选择【任务管理器】选项，如下图所示。

第2步 即可打开【任务管理器】窗口，如下图所示。

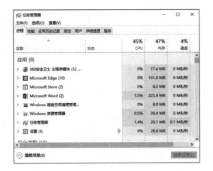

第3步 选择【启动】选项卡，进入【启动】界面，在其中可以看到系统当中的开机启动项列表，如下图所示。

第4步 选择开机启动项列表框中需要禁用的启动项，单击【禁用】按钮，即可禁用该启动项，如下图所示。

12.4.2 清理系统垃圾

360 安全卫士是一款完全免费的安全类上网辅助工具软件，拥有木马查杀、恶意插件清理、漏洞补丁修复、电脑全面体检、垃圾和痕迹清理、系统优化等多种功能。使用 360 安全卫士清理系统垃圾的具体操作步骤如下。

第1步 打开 360 安全卫士工作界面，单击【电脑清理】图标，然后单击页面显示的【全面清理】按钮，如下图所示。

第2步 软件即会扫描电脑中的垃圾文件，如下图所示。

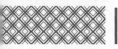
第3步 扫描完毕，即会显示有垃圾文件的软件垃圾、系统垃圾等，选中要清理的垃圾文件，然后单击【一键清理】按钮，如下图所示。

第4步 清理完成后，单击【完成】按钮即可，如下图所示。

举一反三

修改桌面文件的默认存储位置

用户在使用电脑时一般都会把系统安装到C盘，而很多的桌面图标也随之产生在C盘，当桌面文件越来越多时，不仅影响开机速度，而且电脑的响应时间也会变长；当系统崩溃需要重装电脑时，桌面文件就会丢失。桌面文件的存储位置默认放置在C盘，如果用户把桌面文件存储路径修改到其他盘符，所遇到的上述问题就不会存在了，那么如何修改桌面文件的默认存储位置呢，下面介绍详细的设置步骤。下图所示为桌面文件默认的存储位置。

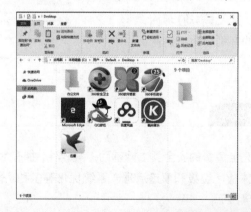

下面使用腾讯电脑管家修改桌面文件默认储存位置，具体操作步骤如下。

第1步 下载并启动电脑管家，选择底部的【工具箱】选项卡。然后在【系统】类别下，单击【软件搬家】图标，添加软件搬家工具，如下图所示。

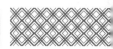

第2步 选择【本地磁盘（C:）】→【重要数据】→【桌面】选项，然后单击【选择位置】按钮，选择要更改的存储位置，然后单击【开始搬移】按钮，如下图所示。

第3步 软件即会对桌面文件进行搬移，如下图显示了进度情况。

第4步 搬移成功后，单击【确定】按钮即可。此后，桌面的所有放置的文件，都会显示在新路径下，如下图所示。

◇ 管理鼠标的右键菜单

电脑在长期使用的过程中，鼠标的右键菜单会越来越长，占了大半个屏幕，看起来绝对不美观、不简洁，这是由于安装软件时附带的添加右键菜单功能而造成的，那么如何管理右键菜单呢？使用360安全卫士的右键管理功能可以轻松管理鼠标的右键菜单，具体操作步骤如下。

第1步 在360安全卫士的【全部工具】操作界面中单击【右键管理】图标，如下图所示。

第2步 弹出【右键菜单管理】对话框，单击【立即管理】按钮，如下图所示。

第3步 当加载右键菜单后，即会显示当前右键菜单，如下图所示。

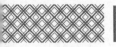

第 4 步 在要删除的菜单命令后，单击【删除】按钮，即可快速删除，如下图所示。

第 5 步 选择【已删除菜单】选项卡，可以查看已删除的右键菜单，单击【恢复】按钮↻即可恢复右键菜单，如下图所示。

◇ 新功能：更改新内容的保存位置

在 Windows 10 操作系统中，用户可以设定新内容的保存位置，如应用的安装位置、下载文件的存储位置、媒体文件保存位置等。

第 1 步 打开【设置】面板，执行【系统】→【存储】命令，即可看到【更改存储设置】区域。单击【更改新内容的保存位置】超链接，如下图所示。

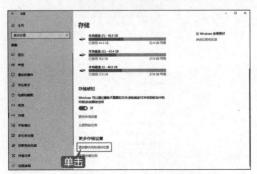

第 2 步 进入"更改新内容的保存位置"界面，即可看到应用、文档、音乐、图片、视频及地图的默认存储位置。

第 3 步 如果要更改某项的存储位置，单击下方的展开按钮∨，即可选择其他磁盘。如选择"新的应用将保存到"下方的展开按钮，即可打开磁盘下拉列表，选择要保存的磁盘，如下图所示。

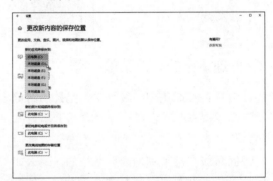

第 4 步 选择后返回界面，单击【应用】按钮，即可看到设置后的位置。使用同样方法，也可以对其他类型文件的存储位置进行更改，如下图所示。

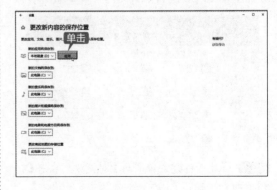

第13章
高手进阶——系统的备份与还原

本章导读

电脑用久了，总会出现这样或者那样的问题，例如，系统遭受病毒与木马的攻击，系统文件丢失，或者有时会不小心删除系统文件等，都有可能导致系统崩溃或无法进入操作系统，这时用户就不得不重装系统。但是如果系统进行了备份，那么就可以直接将其还原，以节省时间。本章就来介绍如何对系统进行备份、还原和重装。

思维导图

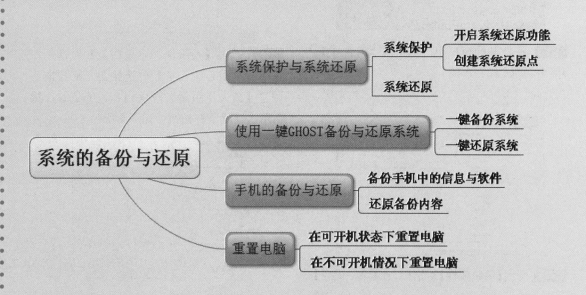

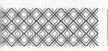
13.1 实战 1：系统保护与系统还原

　　Windows 10 操作系统内置了系统保护功能，并默认打开保护系统文件和设置的相关信息，当系统出现问题时，就可以方便地恢复到创建还原点时的状态。

13.1.1 系统保护

　　保护系统前，需要开启系统的还原功能，然后再创建还原点。

1. 开启系统还原功能

　　开启系统还原功能的具体操作步骤如下。

第1步 右击电脑桌面上的【此电脑】图标，在弹出的快捷菜单中，选择【属性】选项，如下图所示。

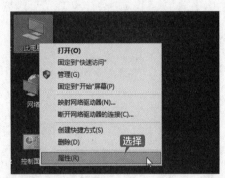

第2步 在打开的窗口中，单击【系统保护】超链接，如下图所示。

第3步 弹出【系统属性】对话框，在【保护设置】列表框中选择系统所在的分区，并单击【配置】按钮，如下图所示。

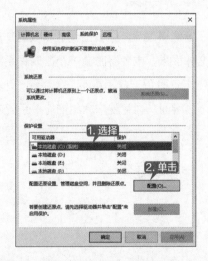

第4步 弹出【系统保护本地磁盘】对话框，选中【启用系统保护】单选按钮，鼠标拖动调整【最大使用量】滑块到合适的位置，然后单击【确定】按钮，如下图所示。

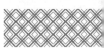
2. 创建系统还原点

用户开启系统还原功能后，默认打开保护系统文件和设置的相关信息，保护系统。用户也可以创建系统还原点，当系统出现问题时，就可以方便地恢复到创建还原点时的状态，具体操作步骤如下。

第1步 在上面打开的【系统属性】对话框中，选择【系统保护】选项卡，然后选择系统所在的分区，再单击【创建】按钮，如下图所示。

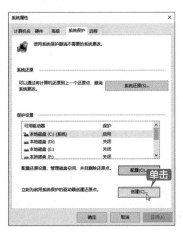

第2步 弹出【系统保护】对话框，在文本框中输入还原点的描述性信息，再单击【创建】按钮，如下图所示。

第3步 即可开始创建还原点，如下图所示。

第4步 创建还原点的时间比较短，稍等片刻就可以了。创建完毕后，将打开"已成功创建还原点"提示信息，单击【关闭】按钮即可，如下图所示。

13.1.2 系统还原

在为系统创建好还原点之后，一旦系统遭到病毒或木马的攻击，致使系统不能正常运行，这时就可以将系统恢复到指定还原点。下面介绍如何还原到创建的还原点，具体操作步骤如下。

第1步 打开【系统属性】对话框，在【系统保护】选项卡下，单击【系统还原】按钮，如下图所示。

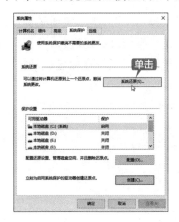

第2步 即可弹出【还原系统文件和设置】对话框，单击【下一步】按钮，如下图所示。

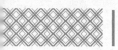
第3步 弹出【将计算机还原到所选事件之前的状态】对话框，选择合适的还原点，一般选择距离出现故障时间最近的还原点即可，单击【扫描受影响的程序】按钮，如下图所示。

第4步 弹出【正在扫描受影响的程序和驱动程序】对话框，如下图所示。

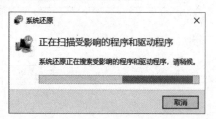

第5步 稍等片刻，扫描完成后打开被删除的程序和驱动信息，用户可以查看所选择的还原点是否正确，如果不正确可以返回重新操作，如下图所示。

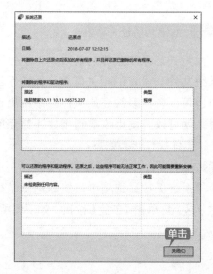

第6步 单击【关闭】按钮，返回【将计算机还原到所选事件之前的状态】对话框，确认还原点选择是否正确。如果还原点选择正确，则单击【下一步】按钮，弹出【确认还原点】对话框，如下图所示。

第7步 如果确认操作正确，则单击【完成】按钮，弹出提示框提示"启动后，系统还原不能中断。你希望继续吗？"，单击【是】按钮。电脑自动重启后，还原操作会自动进行，还原完成后再次自动重启电脑，登录到桌面后，将会打开系统还原提示框提示"系统还原已成功完成。"，单击【关闭】按钮，即可完成将系统恢复到指定还原点的操作，如下图所示。

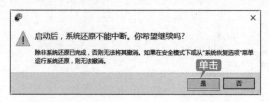

13.2 实战 2：使用一键 GHOST 备份与还原系统

使用一键 GHOST 的一键备份和一键还原功能来备份和还原系统是非常便利的，本节将学习这些知识。

13.2.1 重点：一键备份系统

使用一键 GHOST 备份系统的具体操作步骤如下。

第 1 步 下载并安装一键 GHOST 后，即可弹出【一键备份系统】对话框，此时一键 GHOST 开始初始化。初始化完毕后，将自动选中【一键备份系统】单选按钮，单击【备份】按钮，如下图所示。

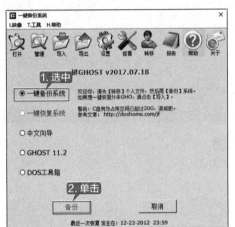

第 2 步 弹出【一键 GHOST】提示框，单击【确定】按钮，如下图所示。

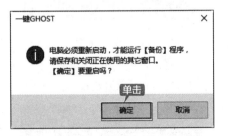

第 3 步 系统开始重新启动，并自动打开 GRUB4DOS 菜单，在其中选择第一个选项，表示启动一键 GHOST，如下图所示。

第 4 步 系统自动选择完毕后，接下来会弹出【MS-DOS 一级菜单】界面，在其中选择第一个选项，表示在 DOS 安全模式下运行 GHOST 11.2，如下图所示。

第 5 步 选择完毕后，接下来会弹出【MS-DOS 二级菜单】界面，在其中选择第一个选项，表示支持 IDE/SATA 兼容模式，如下图所示。

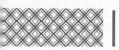
第6步 弹出【一键备份系统】警告窗口，提示用户开始备份系统，单击【备份】按钮，如下图所示。

第7步 此时，开始备份系统如下图所示。

13.2.2 重点：一键还原系统

使用一键 GHOST 还原系统的具体操作步骤如下。

第1步 打开【一键备份系统】界面，单击【恢复】按钮，如下图所示。

第2步 弹出【一键 GHOST】对话框，提示用户电脑必须重新启动，才能运行【恢复】程序，单击【确定】按钮，如下图所示。

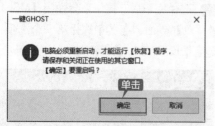

第3步 系统开始重新启动，并自动打开GRUB4DOS 菜单，在其中选择第一个选项，表示启动一键 GHOST，如下图所示。

第4步 系统自动选择完毕后，接下来会弹出【MS-DOS 一级菜单】界面，在其中选择第一个选项，表示在 DOS 安全模式下运行GHOST 11.2，如下图所示。

第5步 选择完毕后，接下来会弹出【MS-DOS二级菜单】界面，在其中选择第一个选项，表示支持 IDE/SATA 兼容模式，如下图所示。

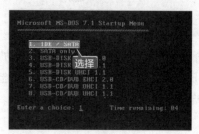

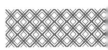

第6步 根据磁盘是否存在映像文件，将会从主窗口自动进入【一键恢复系统】警告窗口，提示用户开始恢复系统。选择【恢复】按钮，即可开始恢复系统，如下图所示。

第7步 此时，开始恢复系统，如下图所示。

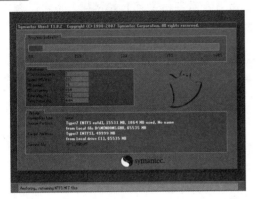

第8步 在系统还原完毕后，将打开一个信息提示框，提示用户恢复成功，单击【Reset Computer】按钮重启电脑，然后选择从硬盘启动，即可将系统恢复到以前的系统。至此，就完成了使用 GHOST 工具还原系统的操作，如下图所示。

13.3 实战3：手机的备份与还原

有时用户需要对手机进行恢复到出厂设置状态，就意味着手机里所有的资料都将会被删除，此时用户可以提前将手机的内容进行备份操作，需要恢复时再进行还原操作即可。

13.3.1 备份手机中信息与软件

利用 360 手机助手，可以备份手机中联系人、短信、通话记录及应用，具体操作步骤如下。

第1步 启动 360 手机助手，将手机用数据线和电脑正确连接好，连接成功后，在窗口中可以看到手机中部分信息，然后单击【还未备份过】图标 ⓘ，如下图所示。

| 提示 |

　　要使用 360 手机助手管理助手，需要将手机中的 USB 调试打开，才能正常连接。

第2步　弹出如下图所示的对话框，选中要备份的项目，单击【一键备份】按钮。

第3步　360 手机助手，即会进入备份状态，如下图所示。

第4步　备份完成后，单击【完成】按钮即可。单击【查看备份文件】超链接，也可以查看备份的文件，如下图所示。

13.3.2 还原备份内容

　　手机备份后，如果需要还原备份内容，可以执行以下操作步骤。

第1步　在 360 手机助手主界面中，单击【上次备份】图标 ，如下图所示。

第2步　弹出【360 手机助手 - 备份恢复】对话框，选择需要还原的内容，单击【一键恢复】按钮，如下图所示。

第3步　备份内容还原成功后，提示信息"恭喜您，恢复成功"，单击【完成】按钮，如下图所示。

13.4 实战 4：重置电脑

重置电脑可以在电脑出现问题时方便地将系统恢复到初始状态，而不需要重装系统。

13.4.1 新功能：在可开机状态下重置电脑

在可以正常开机并进入 Windows 10 操作系统后重置电脑的具体操作步骤如下。

第1步 按【Windows+R】组合键，进入【设置】面板，选择【更新和安全】选项，如下图所示。

第2步 弹出【更新和安全】界面，在左侧列表中选择【恢复】选项，在右侧窗口中单击【开始】按钮，如下图所示。

第3步 弹出【选择一个选项】界面，选择【保留我的文件】选项，如下图所示。

第4步 弹出【将会删除你的应用】界面，单击【下一步】按钮，如下图所示。

第5步 弹出【准备就绪，可以初始化这台电脑】界面，单击【重置】按钮，如下图所示。

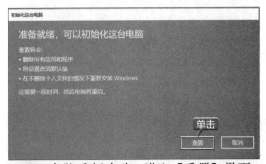

第6步 电脑重新启动，进入【重置】界面，如下图所示。

第7步 重置完成后会进入 Windows 安装界面，如下图所示。

第8步 安装完成后自动进入 Windows 10 桌面，以及看到恢复电脑时删除的应用列表，如下图所示。

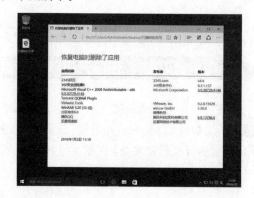

13.4.2 在不可开机情况下重置电脑

如果 Windows 10 操作系统出现错误，开机后无法进入系统，此时可以在不开机的情况下重置电脑，具体操作步骤如下。

第1步 在开机界面中单击【更改默认值或选择其他选项】按钮，如下图所示。

第2步 进入【选项】界面，单击【选择其他选项】按钮，如下图所示。

第3步 进入【选择一个选项】界面，单击【疑难解答】按钮，如下图所示。

第4步 在打开的【疑难解答】界面中单击【重置此电脑】按钮即可。其后的操作与在可开机的状态下重置电脑操作相同，这里不再赘述。

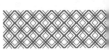

制作 U 盘系统启动盘

如果必须使用 U 盘安装系统，读者首先就要制作 U 盘系统启动盘，制作 U 盘启动盘的工具有多种，下面将介绍目前最为简单的 U 盘制作工具——U 启动，该工具最大的优势是不需要任何技术基础，一键制作，自动完成制作，平时当 U 盘使用，需要的时候就是修复盘，完全不需要光驱和光盘，携带方便。

制作 U 盘系统启动盘的具体操作步骤如下。

第1步 把准备好的 U 盘插在电脑 USB 接口上，打开 U 启动 6.8 版 U 盘启动盘制作工具，在弹出的工具主界面中，选择【默认模式（隐藏启动）】选项，在【请选择】中选择需要制作启动盘的 U 盘，其他采用默认设置，单击【一键制作启动 U 盘】按钮，如下图所示。

第2步 弹出【信息提示】对话框，单击【确定】按钮，在制作启动盘之前，读者需要把 U 盘上的资料备份一份，因为在制作的过程中会删除 U 盘上的所有数据，如下图所示。

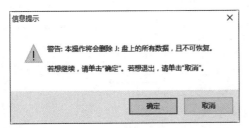

第3步 开始写入启动的相关数据，并显示写入进度，如下图所示。

第4步 制作完成后，弹出【信息提示】对话框，提示 U 盘已经制作完成，如果需要在模拟器中测试，可以单击【是】按钮，如下图所示。

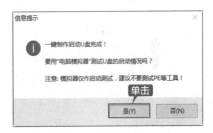

第5步 弹出 U 启动软件的系统安装的模拟器，可以模拟操作一遍，从而验证 U 盘启动盘是否制作成功，如下图所示。

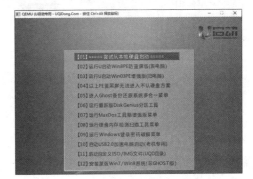

第6步 在电脑中打开 U 盘启动盘，可以看到其中有【GHO】和【ISO】两个文件夹，如果安装的系统文件为 GHO 文件，则将其放入【GHO】文件夹中；如果安装的系统文件为 ISO 文件，则将其放入【ISO】文件夹中。至此，U 盘启动盘已经制作完毕，如下图所示。

◇ 修复重装系统启动菜单

修复重装系统启动菜单的具体操作步骤如下。

第1步 进入 Windows 10 操作系统，下载并运行 EasyBCD 软件，如下图所示。

第2步 在EasyBCD软件左侧单击【添加新条目】按钮，在本界面右侧，选择"Windows"选项，将类型、名称、驱动器选择和填写完成，单击【添加条目】按钮，将 Windows 7操作系统安装的位置添加到启动菜单中，如下图所示。

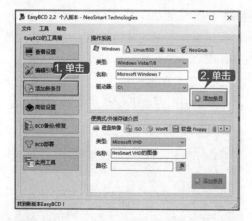

第3步 然后单击左侧【编辑引导菜单】按钮，

在右侧可以修改默认启动项、重命名修改条目名称，设置引导菜单停留时间等选项，设置完后点击【保存设置】按钮，如下图所示。

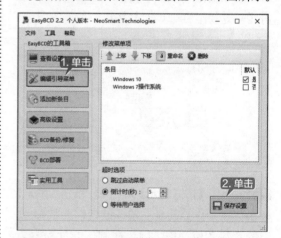

第4步 修复重装系统启动菜单完成，如下图所示。

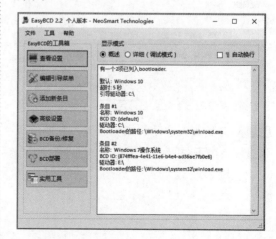

第**4**篇

高手秘籍篇

　　本篇主要介绍高手秘籍，通过本篇内容的学习，读者可以掌握电脑硬件的保养与维护，以及数据的维护与跨平台同步等操作。

第14章
电脑硬件的保养与维护

本章导读

　　电脑在使用一段时间后，显示器表面和主机内部都会积附一些灰尘或污垢，这些灰尘或污垢不仅不美观，还会对敏感的元器件造成损害，特别是灰尘或污垢中包含的金属元素，甚至可能对电脑零件造成永久性伤害。因此，需要定期为电脑硬件做清洁保养的工作，以延长电脑的使用寿命。

思维导图

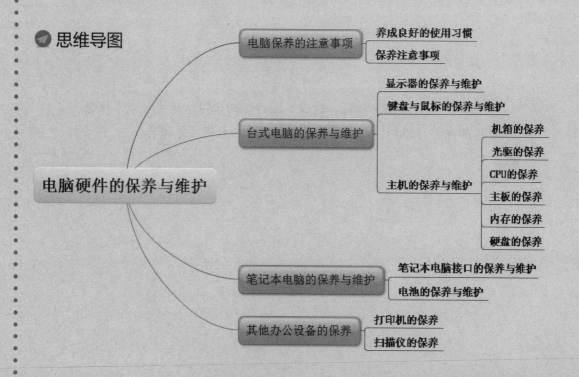

14.1 电脑保养的注意事项

电脑保养首先要从养成良好的使用习惯开始，这样才能避免电脑硬件的损坏。需要注意以下几点。

（1）电脑不宜放在灰尘较多、潮湿或者是有强烈光照的位置。

（2）电脑专用电源插座上应严禁使用其他电器。

（3）电脑工作时避免搬动或晃动。

（4）电脑工作时切勿频繁开关机器或插拔各接口（USB 接口除外）。

（5）要防静电、防烟尘、防水。

（6）发现问题要及时报修，使机器始终工作于较好状态。

（7）预防计算机病毒，安装杀毒软件，定期升级并且查杀病毒。

在电脑灰尘较多或出现问题需要保养时，首先需要注意用户自己的安全，需要拆卸维护电脑时必须做到以下几点。

（1）断开所有电源。

（2）打开机箱之前，双手应触摸一下地面或者与地面接触的金属，释放静电。不要穿容易与地板、地毯摩擦产生静电的胶鞋在各类地面上行走。

（3）保持一定的湿度，空气干燥也容易产生静电，理想湿度应为 40%~60%。

（4）拿硬盘或各卡类部件时，要轻拿轻放，特别是硬盘，拿各类板卡时尽量拿板卡的边缘，不要用手接触板卡的集成电路。如果一定要接触内部线路，最好戴上接地指环。

（5）注意各插接线的方位，如硬盘线、电源线等，以便正确还原。

（6）用电烙铁、电风扇时应接好接地线。

（7）清洗各个部件时要注意防水，电脑的任何部件（部件表面除外）都不能受潮或者进水。

（8）还原固定各部件时，应先对准部件的位置，再上紧螺丝。尤其是主板，略有位置偏差就可能导致插卡接触不良，甚至会因接触不良造成短路，引发电脑故障。

（9）可以购买电脑清洁套装清洁电脑，主要包括清洁液（可清洁屏幕）、防静电刷子（可快速去除灰尘污垢和缝隙浮尘）、擦拭布（用于去除指纹和油渍）、气吹（用于清除电源、风扇、主板等硬件上的灰尘）等。

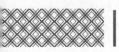

有些原装和品牌电脑不允许用户自己打开机箱，如擅自打开机箱可能会失去一些由厂商提供的保修权利。因此，在保修期内最好不要随便打开。

14.2 台式电脑的保养与维护

台式电脑的保养与维护主要包括显示器、键盘与鼠标，以及主机的保养与维护等，下面分别介绍台式电脑各部件保养与维护的方法。

14.2.1 重点：显示器的保养与维护

据有关资料统计，显示器故障大多数是由于使用环境条件差引起的，操作不当或管理不善导致的故障占 30%，由于质量差或元件老化自然损坏的故障只占很少一部分。因此，用户必须了解和掌握显示器的使用环境及一般维护常识。

1. 显示器对环境的要求

在适合显示器的环境中使用显示器，能够有效地延长显示器的使用寿命，影响显示器的环境因素包括温度、湿度、灰尘等。

（1）保持合适温度和湿度。

一般液晶显示器的正常工作温度为 0 ~ 40℃（具体产品参照其使用说明书）。环境温度过低时，显示器内部液晶分子会凝结，造成显示器画面不正常。环境温度过高时，显示器自身电路产生的高温不容易发散出去，散热不良将导致电路元件热击穿而引起显示器损坏。

一般湿度保持在 30% ~ 80% 显示器都能正常工作，但一旦室内湿度高于 80%，显示器内部就会产生结露现象。其内部的电源变压器和其他线圈受潮后也易产生漏电，甚至有可能造成连线短路。湿度过低，容易产生静电，造成电击现象，使人体受伤或电路损坏。

（2）防止灰尘、烟尘。

显示器内部的阳极高压极易吸引空气中的尘埃或者是烟尘粒子。过量烟尘的沉积将会影响电子元器件的热量散发，腐蚀电子线路造成故障。

（3）避免光线直射。

显示器荧光屏绝对不能受阳光直射或其他强光照射，否则会加速显示器荧光粉的老化。另外，在强光的照射下，使用者的眼睛也容易疲劳，降低劳动者的工作效率。

（4）避免在有腐蚀性空气环境下工作。

显示器不能放在酸性、腐蚀性、煤气等气体含量过高的环境中，否则会导致显示器电路元件过早老化而损坏。

（5）保证稳定的电源。

一般显示器的工作电压为交流 100 ~ 240V。必须使用接触良好，能够提供 5A 以上电流的电源插座。

（6）放置位置要平稳。

显示器屏幕十分脆弱，使用过程中要避免强烈的冲击和震动，以免造成意外损坏。此外，在显示器的使用说明书中一般都会提到海拔高度，不超过 10000 英尺（大约 3000 米）。平原地区的用户可以不用关心这个问题，但在高原地区使用，就需要向销售商家咨询。

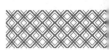

2. 正确使用显示器

使用显示器不仅要注意环境问题，用户还需要考虑如何正确地使用，正确使用液晶显示器要注意以下几个方面。

（1）分辨率的设置。

在分辨率设置方面，最好使用产品所推荐的分辨率。

（2）避免用手或尖锐物品触摸屏幕。

液晶显示器的面板由许多液晶体构成，很脆弱，如果经常用手对屏幕指指点点，面板上会留下指纹，而尖锐的物品则会导致屏幕损坏，致使屏幕显示不正常。

（3）适度使用，注意休眠。

长时间不间断地使用很可能会加速液晶体的老化，而一旦液晶体老化，形成暗点的可能性会大大增加，而这同样不可修复。特别是长时间显示一个固定的画面，有可能使液晶显示器内部烧坏或者老化。

（4）尽量不使用屏保程序。

液晶显示器的成像需要液晶体的不停运动，运行屏保不但不会保护屏幕，还会持续它的老化过程，很不可取。

（5）避免强烈的冲击和震动。

显示屏在强烈的冲击和震动中会被损坏，同时，还有可能破坏显示器内部的液晶分子，使显示效果大打折扣。所以，使用时要尽量小心一点。

（6）不要随意拆卸。

显示器的内部会产生高电压，在关机很长时间后，依然可能带有高达 1000V 的电压，因此对非专业人士是非常危险的。所以，要避免私自拆卸。

（7）正确清洁污渍。

如果发现显示屏表面有污渍，可用蘸有少许水或专业清洁剂的软布轻轻地将其擦去，不要将水或清洁剂直接洒到显示屏表面上，避免水进入显示屏导致屏幕短路。但不能太频繁地擦拭，防止过犹不及。

3. 显示器的清洁

（1）常用工具。

显示器专用清洁液、擦拭布（干净的绒布、干面纸均可）和毛刷等。

（2）注意事项。

① 关闭显示器，切断电源，并拔掉电源线和显示信号线。

② 切勿将清洁剂喷洒在屏幕上。

③ 切勿用力擦拭。

（3）清洁方法。

① 先使用毛刷轻轻扫除显示器外壳上的灰尘。

② 屏幕上的一般灰尘、指纹和油渍，使用擦拭布轻轻擦去即可。而对于不易清除的污垢，可以用擦拭布蘸少许专用的清洁液轻轻将其擦拭。

14.2.2 重点：键盘与鼠标的保养与维护

键盘和鼠标是电脑部件中重要的输入设备，使用最频繁，一旦出现问题，将严重影响工作效率。因此，需要注重键盘和鼠标的保养和清洁。

1. 键盘的保养和维护

键盘是最常用的输入设备之一，使用键盘时切勿用力过大，以防按键的机械部件受损而失效。键盘底座和各按键之间有较大的间隙，灰尘非常容易侵入。因此，定期对键盘作清洁维护是十分必要的。

（1）常用工具。

毛刷或废牙刷、绒布、酒精（消毒液、双氧水均可）、棉签、迷你吹风机等。

（2）注意事项。

① 在键盘清洁前，拔掉连接线，断开与电脑的连接。

② 避免将大量水渗入键盘内部，防水键盘也要避免。

③ 不懂键盘内部构造的用户不要强拆键盘。

（3）清洁方法。

① 将键盘翻过来轻轻拍打，让其内部的灰尘、头发丝、零食碎屑等落出。

② 对于不能完全落出的杂质，可平放键盘，用毛刷清扫，再将键盘翻过来轻轻拍打；也可以用迷你吹风机等对按键缝隙吹风，如果使用家用吹风机，切勿使用热风挡。

③ 使用绒布对键盘的外壳进行擦拭，清除污垢。对于顽固污渍，可以使用棉签蘸少量酒精擦拭，最后用干布擦干键盘。

2. 鼠标的保养

鼠标也是电脑不可或缺的输入设备，当在屏幕上发现鼠标指针移动不灵时，就应当为鼠标除尘了。

（1）常用工具。

绒布、硬毛刷（最好是废弃牙刷）、酒精等。

（2）注意事项。

清洁鼠标时也需要注意：① 断电；② 勿进水；③ 勿强拆卸。

（3）清洁方法。

使用布片，蘸少许水，将鼠标表面及底部擦拭干净。若鼠标垫脚处的污渍无法擦除，可以使用硬纸片刮除后，再进行擦拭。

鼠标的缝隙不易用布擦除，可使用硬毛刷对缝隙的污垢进行清除。

14.2.3 重点：主机的保养与维护

主机包含机箱、光驱、CPU、主板、内存及硬盘等组件，下面分别介绍各组件的保养方法。

1. 机箱的保养

机箱是容易吸附灰尘的部件，尤其是风扇和风扇下的散热片上更容易积聚灰尘，这样会直接影响风扇的转速和整体散热效果。建议经常使用的电脑，每隔半年进行一次除尘操作。

（1）常用工具。

毛刷（毛笔、软毛刷、废弃牙刷均可）、绒布、吹风机（家用吹风机即可）、气吹。

（2）注意事项。

机箱外壳可直接用绒布蘸水擦拭，切忌蘸水太多，以免水滴落到机箱内部，造成主板损坏。

（3）清洁方法。

① 用干布将浮尘清除掉。

② 用蘸了清洗剂的布蘸水，将机箱外壳上的顽渍擦掉。

③ 用毛刷轻轻刷掉或者使用吹风机吹掉机箱后部各种接口表层的灰尘。

2. 光驱的保养

光驱是比较容易损耗的配件，要使光驱保持良好的运行状态、延长使用寿命，可以注重光驱日常的保养和维护。

（1）常用工具。

回形针、棉签、酒精、擦拭布（干净的绒布、干面纸均可）、气囊。

（2）注意事项。

不能使用酒精和其他清洁剂擦拭激光头。

（3）清洁方法。

① 将回形针展开，插入光驱前面板上的应急弹出孔。稍稍用力将光驱托盘打开，用擦拭布将托盘轻轻擦拭干净。

② 将光驱拆开，使用蘸酒精的棉签擦拭光驱机械部件。

③ 用气囊对准激光头，吹掉激光头位置

处的灰尘。

3. CPU 的保养

CPU 在保养中增加散热性能是最关键的，高温容易使 CPU 内部线路发生电子迁移，导致电脑经常死机，缩短 CPU 的寿命；高电压更是危险，很容易烧毁 CPU。

CPU 的使用和维护要注意以下几点。

（1）要保证良好的散热。

CPU 的正常工作温度为 50℃以下，具体工作温度根据不同的 CPU 的主频而定。散热片质量要够好，这样有利于主动散热，保证机箱内外的空气流通顺畅。

（2）超频要合理。

现在主流的台式机 CPU 频率都在 3GHz 以上，能满足大多数用户需求，因此要以延长 CPU 的寿命为主。

（3）要用好硅脂。

硅脂在使用时要涂于 CPU 表面内核上，薄薄的一层就可以，过量会有可能渗透到 CPU 表面接口处。硅脂在使用一段时间后会干燥，这时可以除净后再重新涂上。

4. 主板的保养

电脑主板所使用的元件和布线都非常精密，灰尘在主板中积累过多时，会吸收空气中的水分，使灰尘具有一定的导电性，容易造成信号传输错误或主机工作不稳或不启动。

电脑使用中遇到的主机频繁死机、重启、找不到键盘鼠标、开机报警等情况，多数都是由于主板上积累了大量灰尘导致的，可以通过清扫机箱内的灰尘解除故障。

可以打开机箱后用毛刷轻轻刷去主板上的灰尘。而主板上的一些插卡、芯片则采用插脚形式，常会因为引脚氧化而接触不良，可用橡皮擦去表面氧化层并重新插接。

5. 内存的保养

内存的主要作用是临时存放数据，出现问题将会导致电脑系统的稳定性下降、黑屏、死机和开机报警等故障。

内存条和各种适配卡的清洁包括除尘和清洁电路板上的金手指，除尘用油画笔即可。

金手指是电路板和插槽之间的连接点，如果有灰尘、油污或者被氧化均会造成其接触不良。可用橡皮擦来擦除金手指表面的灰尘、油污或氧化层，切不可用砂纸类东西来擦拭金手指，否则会损伤极薄的镀层。而高级电路板的金手指是镀金的，不容易氧化。

6. 硬盘的保养

硬盘是电脑中较容易损坏的配件，但其中有相当一部分的原因是用户操作不当所致。在日常使用中掌握一些使用技巧，即可减少硬盘出故障的可能性，从而延长其使用寿命。

（1）硬盘是十分精密的存储设备，进行读写操作时，磁头在盘片表面的浮动高度只有几微米。硬盘在工作时，一旦发生较大的震动，就容易造成磁头与资料区相撞击，导致盘片资料区损坏或刮伤硬盘，丢失硬盘内所储存的文件数据。因此，在工作时或关机后主轴电机尚未停顿之前，千万不要搬动电脑或拆卸硬盘。此外，在硬盘的安装、拆卸过程中也要加倍小心，防止过分摇晃或与机箱铁板剧烈碰撞。

（2）硬盘的转速大都是 7200 转，在进行读写时，整个盘片处于高速旋转状态中，

如果忽然切断电源，将使得磁头与盘片猛烈摩擦，从而导致硬盘出现坏道甚至损坏。所以在关机时，可以先查看机箱面板上的硬盘指示灯是否闪烁，最好硬盘已经完成读写操作之后，指示灯不闪烁时按照正常的程序关闭电脑。硬盘指示灯闪烁时，一定不可切断电源。

（3）现在的硬盘容量越来越大，使得很多用户节约空间的概念消失，就会忽视经常整理硬盘中文件的必要性，导致垃圾文件（无用文件）过多而侵占了硬盘空间。这就是有人会觉得剩余空间莫名其妙变少了的缘故。垃圾文件过多，还会导致系统寻找文件的时间变长。

（4）为了更好地使用硬盘，有必要进行一些系统的软件优化，如回收硬盘浪费的空间，提高硬盘的读、写速度等。硬盘中的内容可能经常发生变化，从而会产生硬盘空间使用不连续的情况。而且，经常性地删除、增加文件也会产生很多的文件碎片。文件碎片多了会影响到硬盘的读、写速度，引起簇的连接错误和丢失文件等情况的发生。

（5）经常整理硬盘，如两个星期或一个月一次。当硬盘的使用空间连续分布时，其工作效率会大大提高。如果一次删除了 100MB 以上的文件，建议在删除后马上整理硬盘，可以使用 Windows 自带的磁盘检测整理工具，也可以使用第三方磁盘整理工具。

14.3 笔记本电脑的保养与维护

笔记本电脑由于集成度很高、面积有限，这就会导致某一个部件出现问题时很可能引起整体无法工作。因此，掌握笔记本电脑的保养与维护操作就显得尤为重要。

| 提示 |

笔记本电脑其他设备，如显示器、键盘等保养方法与台式电脑类似，这里不再赘述。

14.3.1 重点：笔记本电脑接口的保养与维护

使用笔记本电脑的过程中，用户经常接触的部位除了键盘、触控板、电源开关及触控屏幕

之外，接口也是经常用到的部位。在保养与维护笔记本电脑的过程中，屏幕和键盘是需要经常保养的对象，但接口却经常被忽略，下面就介绍笔记本接口的保养方法。

1. 笔记本接口的保养

笔记本电脑接口占据的位置不大，但是保养必不可少。接口的保养可以总结为"防水、防尘、防静电；轻插、轻拔、多遮盖"。

（1）接口进水如果处理不及时可能引起接口生锈，导致接口接触不良。所以在日常使用中，一定要将饮料、茶水等尽量远离笔记本电脑，取放时也要加倍小心。

（2）灰尘也会引起接口故障，一些机型的端口设计有橡胶外套，可以防尘；而对于没有这些设备的机型来说，笔记本电脑接口除尘就十分重要。

（3）如果身上带静电，在接触笔记本电脑前最好先洗手，以免把静电传递给笔记本电脑，特别是 U 盘等电子产品，如果这些设备带有很大的静电，不但容易损坏 U 盘，还容易损坏笔记本接口。

（4）不正确的插拔方式也是造成笔记本接口损坏的罪魁祸首。插拔动作一定要平稳、固定。平稳是指在插接接头的时候禁止乱摇，这样会造成接头松动，如果是针式接头还可能造成断针。固定主要是针对螺栓固定的接口而言，如果固定不牢，在使用中出现松动很有可能发生烧掉接口的危险。

（5）接口的针脚损坏一般是由于插入时用力过度或接错设备引起的，所以在接入设备的时候最好先看清楚接口是否匹配，若在接入的过程中感觉到明显阻力，则需查看针脚是否弯曲，以免进一步弯曲而使针脚断裂。如果针脚已经明显弯曲，则可以在关机的状态下用镊子将其拨正，切记要先关机，否则针脚的短路会引起接口电路的烧毁。

（6）可以通过遮盖的方式保护接口。如果笔记本设计了接口保护装置，平时不用的时候可以遮盖起来。如果笔记本电脑的接口裸露在外，可以采取必要的防锈措施，如在表面涂一点汽车蜡，需要注意的是，蜡只能涂在接口表面的金属部分，不要涂到接口的针脚上面。当然，如果可以找到专用的接口保护套更好。

2. 笔记本电脑接口的清理

保养笔记本电脑的接口可以有效地防止接口的损坏，但掌握清理笔记本接口的方法也是十分必要的。

（1）常用工具。

迷你吸尘器、脱脂棉签、清洁液、竹签等。

（2）注意事项。

清理接口时主要注意 3 点：断电、勿进水和勿强拆卸。

（3）清洁方法。

① 使用迷你吸尘器吸去接口周围的灰尘。

② 如果灰尘比较顽固或者接口较小，可以使用脱脂棉签蘸少许清洁液在接口的连接孔内慢慢擦拭就行了，如果有些接口长期不用，造成接口的孔道堵塞，可以用竹牙签通一下，然后使用吸尘器将灰尘吸出，再用棉签蘸清洁液擦拭。

③ 清洁完成之后，建议再次使用脱脂棉签擦拭接口，避免接口有过多的残留。

14.3.2 重点：电池的保养与维护

笔记本电脑最大的优势是移动性与便携性，笔记本电脑的电池是移动性的保证，正确地使用和维护电池能大大延长其使用寿命。

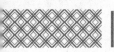
1. 新电池的充电

新电池在开始使用时，前3次充电时间应该在10~12小时，这样做是为了充分激活电池。不过现在笔记本电脑制造商在笔记本电脑出厂前就已充分激活了电池，而且笔记本电脑电池都有断电保护程序，也就是说电池充满后就充不进去了。

 提示

笔记本电脑电池是一种消耗性产品，随着充电次数的增加，使用时间也会相应降低，因此使用时要注意以下两点。

（1）以适当电流充放电。不要在过高或者过低的电流下充电，尤其忌讳在电压不稳定的情况下充电。

（2）尽量避免放电不足就充电或过度放电。

2. 充放电的技巧

在使用电池供电时，尽量用完电量后再充电。最好每隔几个月就对电池充分充放电一次，以保证电池的性能。

3. 减少充放电次数

笔记本电脑电池的使用次数一般为600~800次，电池的充电次数直接影响其使用寿命。因此，使用时要尽量减少电池和外接电源的切换次数。

4. 使用外接电源时不用拔下电池

日常使用时，只有当电池电量低于95%时才会进行自动充电。因此一般情况下应将电池装在笔记本电脑上，这样可以保护用户的资料不会因为突然停电而丢失。

5. 最适宜室温

在室内，电池最适宜的工作温度为20~30℃，过高或过低的温度环境都将减少电池的使用时间。

提示

使用电源适配器（AC Adapter）时应参考国际电压说明。

14.4 其他办公设备的保养

除了需要掌握电脑硬件设备的保养外，还需要掌握常用办公设备，如打印机、扫描仪等外部设备的保养。

14.4.1 打印机的保养

打印机是常见的外部硬件输出设备，现在办公中经常需要使用打印机，因此加强打印机的保养和维护工作，才可以使打印机高效、长期地为自己服务。

无论用户使用哪种类型的打印机，都必须严格遵守以下几点注意事项。

（1）使用环境不要温度过高或过于潮湿，也不要把打印机暴露在阳光下，打印机工作时会产生大量的热量及异味，所以室内要保持通风良好。

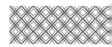

（2）放置要平稳，并且不要将打印机直接放在地面。

（3）不在打印机上放置任何东西，尤其是液体。

（4）不使用打印机时，要将打印机盖上，以防灰尘进入，影响打印机的性能和打印质量。

（5）在插拔电源线或信号线前，应先关闭打印机电源，以免电流损坏打印机。

（6）不使用质量太差的纸张，如太薄、有纸屑或含滑石粉太多的纸张。

此外，下面再介绍一些针对不同类型的打印机的注意事项。

1. 针式打印机的保养与维护

针式打印机是通过打印针击打色带来完成打印的，因此保证打印针的安全就很重要。针式打印机在日常维护中应注意以下事项。

（1）保证打印机正常工作的环境。针式打印机工作的正常温度范围为 10 ~ 35℃，正常湿度范围为 30% ~ 80%，工作环境应保持相当的清洁度，打印机应远离电磁场振源和噪声。

（2）要保持清洁。要经常用在稀释的中性洗涤剂中浸泡过的软布擦拭打印机机壳，以保证良好的清洁度；定期用真空吸尘器清除机内的纸屑、灰尘等脏物。

（3）定期清洗打印头。打印头是打印机的关键部件，因此使用者要加倍爱护。一般来说，打印头每打印 5 万字或使用 3 个月以上就清洗一次。

（4）应尽量减少打印机空转，因此用户最好在需要打印时再打开打印机。

（5）要尽量避免打印蜡纸。因为蜡纸上的石蜡会与打印胶辊上的橡胶发生化学反应，使橡胶膨胀变形。另外石蜡也会进入打印针导孔，易造成断针。

（6）装纸时要平稳端正，否则就会形成褶皱，轻则浪费纸张，重则造成断针。

（7）打印不同厚度的纸张时，要调整纸张厚度的调节杆，使打印头与胶辊的距离与纸张相适应。

（8）长时间不使用打印机时，要将色带盒（架）从打印机中取下，放在密封的地方，以免色带上的墨水蒸发，缩短色带寿命。

（9）更换色带时，一定要将色带理顺，不要让色带在色带盒中扭劲，否则就会造成色带无法转动，甚至损坏打印机。

2. 喷墨打印机的保养与维护

在使用喷墨打印机时，要注意以下事项。

（1）确保使用环境清洁。使用环境灰尘太多，容易引起打印位置不准确或撞击机械框架，造成死机。

（2）在刚开启喷墨打印机电源开关后，电源指示灯或联机指示灯将会闪烁，这表示喷墨打印机正在预热。在此期间，用户不要进行任何操作，待预热完毕后指示灯不再闪烁时用户方可操作。

（3）选用质量较好的打印纸。喷墨打印机对纸张的要求比较严，如果纸的质量太差，不但打印效果差，而且会影响打印头的寿命。

（4）正确设置打印纸张幅面。若使用的纸张比设置值小，则有可能打印到打印平台上而弄脏了下一张打印纸。如果出现打印平台弄脏的情况，要及时用柔布擦拭干净，以免影响打印效果。

（5）正确选择及使用打印墨水，墨水是有有效期的，从墨水盒中取出的墨水应立即装在打印机上，放置太久会影响打印质量。

（6）不得随便拆卸墨盒。为保证打印质量，墨盒不要随便拆卸，更不要打开墨盒，这样可能损坏打印头，影响打印质量。墨盒未使用完时，最好不要取下，以免造成墨水浪费或打印机对墨水的计量失误。

（7）通过打印机开关来关闭打印机，而不是直接切断电源，以便使打印头回到初始位置。因为打印头在初始位置可以受到保护罩的密封，使喷头不易堵塞，并且还可以避免下次开机时打印机重新进行清洗打印头操作而浪费墨水。

（8）更换墨盒时，一定要按照正确步骤进行，并且在打印机开机的状态下进行。因为重新更换墨盒后，打印机将对墨水输送系统进行充墨，而充墨过程无法在关机状态下进行。有些喷墨打印机是通过打印机内部的电子计数器来计算墨水容量的（特别是对彩色墨水使用量的统计），当该计数器达到一定值时，打印机就会判断墨水用尽。而在更换墨盒的过程中，打印机将对内部的电子计数器进行复位，从而确认安装了新的墨盒。

（9）不要在喷墨打印机的顶盖、送纸器或接纸器上放置重物。

3. 激光打印机的保养与维护

在使用激光打印机时，要注意以下事项。

（1）激光打印机自身吸附灰尘的能力很强，在打印工作时不可避免地会有一些粉尘残留在机内的一些部件上。因此，激光打印机要在干净的环境中使用，并且应适时清理电极丝、激光扫描系统、定影器部分、分离爪及硒鼓等部件的灰尘。此外，也不要使用尘粉较多和质量不好的纸张。

（2）激光打印机在每隔 2 ~ 4 个月或每打印完 4000 页时进行一次维护，也可在每次更换硒鼓时进行维护。

（3）在清洁维护激光打印机之前，应关闭打印机电源，切断与 PC 的连接电缆，等打印机内部的热辊冷却后方可进行。

（4）最好利用专用的清洁维护工具，不仅可以更有效地完成清洁维护工作，还能避免清洁维护时对机器的伤害。

（5）激光打印机的感光鼓、定影鼓在一般情况下不宜经常清洁。在更换碳粉盒或清除夹纸的过程中，不要用手触及感光鼓的表面，对其表面灰尘只能轻轻扫除，如不小心印上手印或油污，应用高级镜头纸蘸无水酒精顺着一个方向擦除。

（6）每次更换粉盒后，应使用酒精棉签清洁电晕丝。可以使用柔软的纱布清洁内壁沾染上的碳粉颗粒。

（7）如果废粉堆积太多，就会出现"漏粉"现象，即在输出的样稿上出现不规则的黑点、黑块，所以在更换墨粉时要把废粉收集仓中的废粉清理干净，以免影响输出效果。如不及时清理最终还会损伤硒鼓表面。

（8）维护清理完毕后，即可重新启动打印机进行自检，如一切正常，再连接打印电缆，使打印机进入正常工作状态。

14.4.2 扫描仪的保养

扫描仪中的平板玻璃、反光镜片、镜头上落有灰尘或者别的多数杂质，就会使扫描仪的反射光线变弱，影响到扫描质量。所以，应尽量在没有灰尘或者灰尘极少的环境下使用，使用完毕后，最好用防尘罩把扫描仪盖好。

清洁扫描仪可以按照以下的步骤进行。

（1）用软布把扫描仪的外壳擦一遍，扫除表面的灰尘。

（2）用一块湿布再把外壳仔细擦一遍，但是注意布不可以水分过大，防止擦拭的过程中有水流出，渗入机器内部损坏电路。积垢比较厚的地方，可以在湿布上蘸取少量清洁剂擦拭。

（3）再用干净的湿布把用清洁剂擦过的地方再擦一遍，以免残留的清洁剂导致外壳变色。

（4）打开扫描仪的外壳，可以用吹气球吹吹灰尘积得比较厚的地方，取一个蘸了水的脱脂棉，在发光管和反光镜上擦拭，擦拭的时候注意动作必须要轻，千万不可以改变光学配件的位置。

（5）最后清洗平板玻璃，可以先用玻璃清洁剂擦拭一遍，接着再用软干布将其擦干擦净。

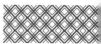

| 提示 |

在扫描仪的使用过程中，不要轻易地改动这些光学装置的位置，尽量不要有大的震动。遇到扫描仪出现故障时，非专业人士不要擅自拆修，一定要送到厂家或者指定的维修站。在运送扫描仪时，一定要把扫描仪背面的安全锁锁上，避免改变光学配件的位置。

◇ 手机的日常保养

手机的使用频率越来越高，不少人手机用不了多长时间就出现问题了。如何才能更好地保养手机，使手机使用得更长久呢？下面就为大家介绍手机的日常保养常识。

（1）使用手机皮套或者保护壳，选择适合的保护套，可以减少手机外壳的摩擦，在遇到硬物剐蹭或者是掉在地上时，可以多一层保护。

（2）勿将手机置于潮湿环境中，切勿将手机长期在潮湿地方使用，如浴室、洗衣槽、潮湿的地下室、游泳池等，否则会使湿气渗入手机里面侵蚀内部的电路板。

| 提示 |

手机一旦进水应立即关机，并送至专业维修点让专业人员拆机做进水处理，如掉到污水或腐蚀性液体中还要用超声波清洗后，烘干，方可进行下一步维修处理。

（3）保护好充电口，充电口需要及时除尘或除潮，避免充电口接触不良，无法充电。

（4）远离磁场环境，手机通过无线信号传播声音，本身具有磁性，因此勿让手机经常接触多粉尘，以免手机喇叭出声孔吸入多多的灰尘，造成手机听筒声音变小，甚至听不到。

（5）尽量不要使用非原装充电器或充电头，一个不稳定的电流会极大地损害电子元件的寿命，甚至会引发事故，因此，充电时要尽量使用原装充电器。

（6）SIM 卡清洁，SIM 卡上的金属触点都是非常重要的，触点防尘及时清洁，能够延缓它的氧化，避免出现找不到 SIM 卡，网络中断或屏幕显示混乱等现象。

（7）注意随身携带方法，应避免直接将手机放在裤子或上衣口袋内，防止手机从口袋滑落或挤压造成手机破损，可以放在随身携带的包里面，或者是宽松的口袋里面，但应注意不要与钥匙、指甲刀等尖锐物品同放。

| 提示 |

如果手机屏幕有刮痕，可以把牙膏适量挤在湿抹布上后用力在手机屏幕刮伤处前后左右来回用力涂匀，即可消除屏幕刮痕。

◇ 优化手机电池的使用性能

智能手机的电池大多是锂电池，而不是镍镉电池，因此不存在电池需要激活的问题。下面就介绍一些手机电池的保养方法及如何优化手机电池的使用性能。

1. 手机电池的保养

正确保养手机电池，可以让手机更长时间地为用户服务。

（1）锂电池前 3 次充电要充 12 小时以上，是不正确的，只需要按照手机说明书上介绍的充电时间充电，才是适合的标准充电时间。

（2）电池充电时，应采用原厂原配的充电器。

（3）不能等到电量用完后再充电，过度

放电可能造成锂电池的永久性损失，严重的可能导致无法正常开机，因此看到电量报警一定要及时充电。

（4）如果电池长期不用，可将电池电极用胶带粘贴，存放于干燥、阴暗处，切勿将手机电池放在高温下（超过 60℃）。

（5）手机充电时，尽量不要对手机进行操作，一边充电一边玩容易损耗电池，缩短电池的使用寿命，锂电池可以多次中断充电，做到随用随充。

2. 优化手机电池使用性能

优化手机电池使用性能也是保养电池的常用方法，并且还可以降低手机耗电量，延长电池的寿命。优化手机电池可以借助电池管理应用优化电池，下面以电池优化卫士为例介绍，具体操作步骤如下。

第 1 步 下载、安装并打开电池优化卫士应用，即可查看当前的电池电量及电量使用时间，点击【基本省电模式】按钮，如下图所示。

第 2 步 打开【模式切换】界面，用户即可根据需要选择省电模式，选择【智能省电模式】选项，如下图所示。

第 3 步 即可切换至智能省电模式，点击【一键优化】按钮，即可对手机电池进行优化操作，如下图所示。

第 4 步 点击底部的【耗电监测】按钮，即可监测手机的耗电情况，如下图所示。

第15章

数据的维护与跨平台同步

本章导读

　　加密电脑中的数据可以有效地保护个人隐私不被侵犯，也能保证重要文档数据不被窃取。此外，用户还可以使用 Windows 10 操作系统自带的 OneDrive，甚至使用第三方——云盘同步电脑中的重要数据。本章就来介绍电脑中数据的维护与跨平台同步数据的方法。

思维导图

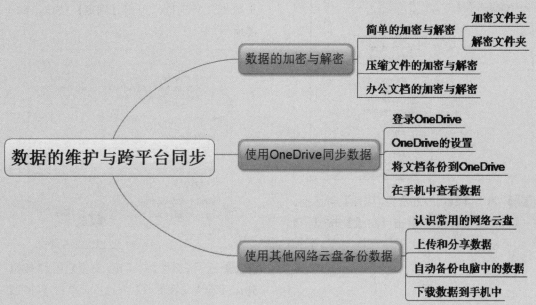

15.1 数据的加密与解密

要想成为 Windows 10 操作系统高手，就必须要保证电脑中重要或隐私数据不泄露，保证数据安全的常用方法是加密与解密数据。

15.1.1 重点：简单的加密与解密

为重要文件夹加密是保护数据安全最简单的方法，下面介绍在 Windows 10 操作系统中为文件夹加密与解密的方法。

1. 加密文件夹

加密文件夹可以保证文件夹内的数据文件不被他人窃取。为文件夹加密的具体操作步骤如下。

第1步 在要加密的文件夹上右击，在弹出的快捷菜单中选择【属性】选项，如下图所示。

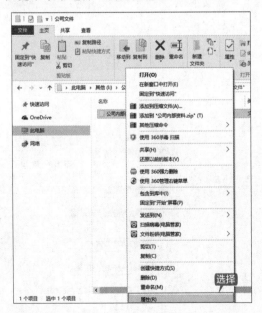

第2步 弹出【公司内部资料 属性】对话框，在【常规】选项卡下单击【高级】按钮，如下图所示。

第3步 弹出【高级属性】对话框，选中【压缩或加密属性】区域下的【加密内容以便保护数据】复选框，单击【确定】按钮，如下图所示。

第4步 返回【属性】对话框，单击【应用】按钮，弹出【确认属性更改】对话框，单击【确定】

按钮，如下图所示。

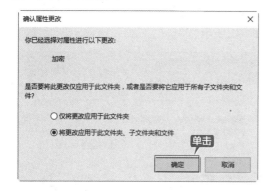

第5步 即可弹出【应用属性】提示框，并显示应用进度，如下图所示。

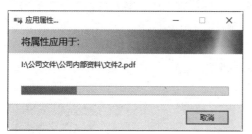

第6步 应用完成后，单击【属性】对话框中的【确定】按钮，即可看到设置加密后的文件夹名称以绿色字体显示。此时，电脑上其他的用户就无法查看该文件夹，如下图所示。

2. 解密文件夹

如果要取消文件夹的加密状态，可以为加密后的文件夹进行解密操作。解密文件夹的具体操作步骤如下。

第1步 重复加密文件夹时的操作。打开【高级属性】对话框，取消选中【压缩或加密属性】栏下的【加密内容以便保护数据】复选框。单击【确定】按钮，如下图所示。

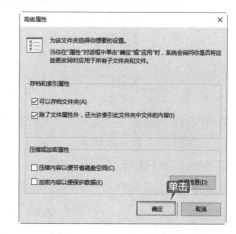

第2步 返回【属性】对话框，单击【确定】按钮，将设置的属性应用至所选文件夹，即可取消文件夹的加密，如下图所示。

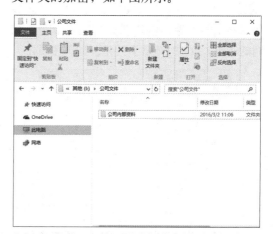

15.1.2　重点：压缩文件的加密与解密

将文件压缩不仅能够减小文件的存储空间，还便于文件的传输。为了防止压缩文件数据被盗用，可以为压缩文件加密。收到加密后的压缩文件，可以向发送者索要密码，然后根据提供的密码解密压缩文件，具体操作步骤如下。

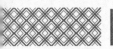

第1步 在要压缩的文件上右击，在弹出的快捷菜单中选择【添加到压缩文件】选项，如下图所示。

第2步 弹出【您将创建一个压缩文件】对话框，设置压缩文件的名称，单击左下角的【添加密码】按钮，如下图所示。

第3步 弹出【添加密码】对话框，在【输入密码】和【再次输入密码以确认】密码框中输入相同的密码，单击【确认】按钮，如下图所示。

第4步 返回【您将创建一个压缩文件】对话框，单击【立即压缩】按钮，即可开始压缩文件，如下图所示。

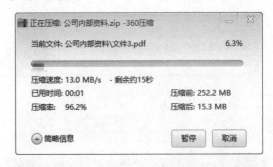

第5步 压缩完成后，双击生成的压缩文件，即可看到压缩文件中的内容。单击【解压到】按钮，在打开的【解压文件】对话框中选择解压到的位置，单击【立即解压】按钮，如下图所示。

第6步 将会弹出【输入密码】对话框，输入正确的密码并单击【确定】按钮，即可完成解压操作，如下图所示。

15.1.3 重点：办公文档的加密与解密

加密数据时需要对整个文件夹进行加密，而不能对单个文件加密。但如 Word、Excel、PowerPoint 等办公文档提供了加密办公文档的功能，可以为单个办公文件进行加密，下面以加密和解密 Word 2016 软件为例介绍办公文档的加密与解密操作。

第1步 打开任意一个电脑中存储的 Word 2016 文档，选择【文件】选项卡，在【信息】区域中单击【保护文档】按钮，在弹出的下拉列表中选择【用密码进行加密】选项，如下图所示。

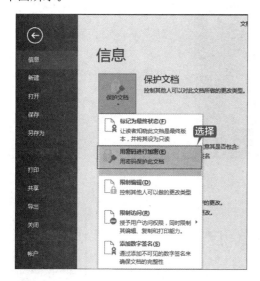

第2步 弹出【加密文档】对话框，在【密码】文本框中输入要设置的密码，单击【确定】按钮，如下图所示。

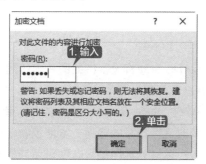

第3步 弹出【确认密码】对话框，在【重新输入密码】文本框中再次输入设置的密码，单击【确定】按钮，如下图所示。

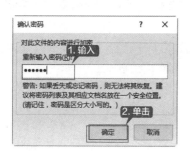

第4步 至此就完成了加密办公文档的操作，在【信息】区域中可以看到提示"必须提供密码才能打开此文档。"，如下图所示。

第5步 保存文档后，并再次打开该文档时，将会打开【密码】对话框，输入正确的密码并单击【确定】按钮，才能打开文档，如下图所示。

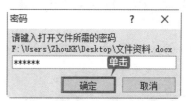

第6步 如果要取消办公文档的加密，打开加密的文档后，选择【文件】选项卡，在【信息】区域中单击【保护文档】按钮，在弹出的下拉列表中选择【用密码进行加密】选项，如下图所示。

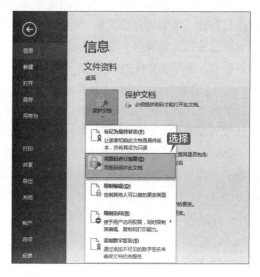

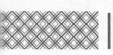

第7步 弹出【加密文档】对话框，在【密码】
文本框中删除设置的密码，单击【确定】按钮，
如下图所示。

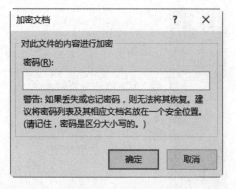

第8步 就完成了解密办公文档的操作，在【信息】
区域中可以看到已经取消了加密状态，如下图所示。

15.2 使用 OneDirve 同步数据

OneDrive 是 Microsoft 账户随附的免费网盘。可将文件保存在 OneDrive 中，便于从任意
PC、平板电脑或手机访问。

15.2.1 登录 OneDrive

OneDrive 是微软的一种云存储服务，提供的功能包括以下几种。

（1）相册的自动备份功能，即无须人工干预，OneDrive 自动将设备中的图片上传到云端
保存，这样的话即使设备出现故障，用户仍然可以从云端获取和查看图片。

（2）在线 Office 功能，微软将千万用户使用的办公软件 Office 与 OneDrive 结合，用户可
以在线创建、编辑和共享文档，而且可以和本地的文档编辑进行任意的切换，本地编辑在线保
存或在线编辑本地保存。在线编辑的文件是实时保存的，可以避免本地编辑时宕机造成的文件
内容丢失，提高了文件的安全性。

（3）分享指定的文件、照片或者整个文件夹，只需提供一个共享内容的访问链接给其他用
户，其他用户就可以且只能访问这些共享内容，无法访问非共享内容。

要在 Windows 10 操作系统中使用 OneDrive，首先需要有一个 Microsoft 账户，并且登录
OneDrive。登录 OneDrive 的具体操作步骤如下。

第1步 单击任务栏中的【OneDrive】图标或者在【此电脑】窗口中选择【OneDrive】选项，将
会弹出【欢迎使用 OneDrive】对话框，单击【开始】按钮，如下图所示。

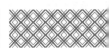

第 2 步 弹出【登录】界面，在【Microsoft 账户】和【密码】文本框中输入账户名称和密码，单击【登录】按钮，如下图所示。

| 提示 |

如果没有 Microsoft 账户，可以单击【登录】界面的【立即注册】按钮进行注册。

第 3 步 登录成功，将弹出【正在引入你的 OneDrive 文件夹】对话框，单击【更改】按钮，可以更改 OneDrive 文件夹的位置，这里选择默认文件夹，单击【下一步】按钮，如下图所示。

| 提示 |

如果需要同步的文件过多，会占用大量的硬盘空间，建议将 OneDrive 文件夹更改至空间较大的磁盘分区中。

第 4 步 弹出【将你的 OneDrive 文件同步到此电脑】对话框，保持默认选项，单击【下一步】按钮，如下图所示。

第 5 步 弹出【从任何位置获取你的文件】对话框，保持默认选项，单击【完成】按钮，

就完成了登录 OneDrive 的操作，如下图所示。

第6步 在【此电脑】窗口中选择【OneDrive】选项，即可进入【OneDrive】文件夹，并显示内容，如下图所示。

15.2.2 OneDrive 的设置

登录 OneDrive 后，就可以根据需要设置 OneDrive，如设置是否自动登录、自动保存及选择同步文件夹等，具体操作步骤如下。

第1步 在任务栏中的【OneDrive】图标上右击，在弹出的快捷菜单中选择【设置】选项，如下图所示。

第2步 弹出【Microsoft OneDrive】对话框，在【设置】选项卡下【常规】区域中可以设置登录 Windows 时是否自动启动 OneDrive，如下图所示。

第3步 选择【账户】选项卡，单击【选择文件夹】按钮，可以设置此电脑上同步的文件夹。在【取消链接 OneDrive】区域中单击【取消链接 OneDrive】按钮，可以取消与 OneDrive 的链接，如下图所示。

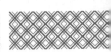

第4步 选择【自动保存】选项卡,在【照片和视频】区域中可以设置照片和视频保存的

位置,在【照片和视频】【屏幕快照】区域中可以选中其中的复选框。设置完成,单击【确定】按钮即可,如下图所示。

15.2.3 重点:将文档备份到 OneDrive

使用 OneDrive 可以同步文件,方便用户在任意位置通过 OneDrive 访问,下面就来介绍将文档上传至 OneDrive 的操作。

用户可以直接打开【OneDrive】窗口上传文档,具体操作步骤如下。

第1步 在【此电脑】窗口中选择【OneDrive】选项,或者在任务栏中的【OneDrive】图标上右击,在弹出的快捷菜单中选择【打开 OneDrive 文件夹】选项,都可以打开【OneDrive】窗口,如下图所示。

第2步 选择要上传的文档"工作报告.docx"

文件,将其复制并粘贴至"文档"文件夹或者直接拖曳文件至"文档"文件夹中,如下图所示。

第3步 在"文档"文件夹图标上即显示刷新图标,表明文档正在同步,如下图所示。

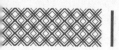
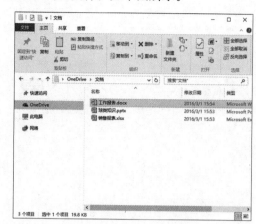

看到上传的文件，如下图所示。

第4步 上传完成后，即可在打开的文件夹中

15.2.4 重点：在手机中查看数据

OneDrive 不仅可以在 Windows Phone 手机中使用，还可以在 iPhone、Android 手机中使用，下面以在 Android 手机中使用 OneDrive 为例介绍在手机上使用 OneDrive 的具体操作步骤如下。

第1步 在手机中下载并登录 OneDrive，即可进入 OneDrive 界面，选择要查看的文件，这里选择【文件】选项，如下图所示。

第2步 即可看到 OneDrive 中的文件，点击【文档】文件夹，如下图所示。

第3步 即可显示所有的内容，点击要下载到手机的文件后的【详细信息】按钮①，在详细信息界面点击【保存】按钮，如下图所示。

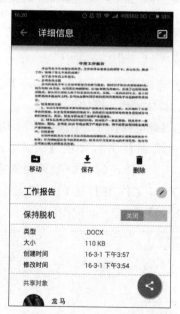

第4步 弹出【下载】界面，选择存储的文件夹位置。点击【保存】按钮，即可完成文件下载，如下图所示。

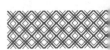

第5步 选择要分享的文件，点击【分享】按钮，在弹出的列表中选择分享方式，这里选择【共享链接】选项，如下图所示。

第6步 在弹出的窗口中选择共享方式，点击【通过以下方式共享此链接】下方的下拉按钮，在下拉列表中可以设置链接的查看或编辑权限，即可在打开的界面中选择共享文件的方式进行文件共享，如下图所示。

15.3 使用其他网络云盘备份数据

云盘是互联网存储工具，通过互联网为企业和个人提供信息的储存、读取、下载等服务。具有安全稳定、海量存储的特点。

15.3.1 重点：上传和分享数据

上传、分享和下载是各类云盘最主要的功能，用户可以将重要数据文件上传到云盘空间，可以将其分享给其他人，也可以在不同的客户端下载云盘空间上的数据，方便了不同用户、不同客户端直接的交互，下面介绍百度云盘如何上传、分享和下载文件，具体操作步骤如下。

第1步 下载并安装【百度云管家】客户端后，在【此电脑】窗口中，双击【百度云管家】图标，打开该软件，如下图所示。

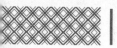

| 提示 |

一般云盘软件均提供网页版，为了有更好的功能体验，建议安装客户端版。

第2步 打开百度云管家客户端，在【我的网盘】界面中，用户可以新建目录，也可以直接上传文件，如这里单击【新建文件夹】按钮，新建一个分类的目录，并命名为"重要数据"，如下图所示。

第3步 打开"重要数据"文件夹，选择要上传的重要资料，拖曳到客户端界面上，如下图所示。

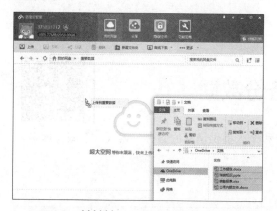

| 提示 |

用户也可以单击【上传】按钮，通过选择路径的方式，上传资料。

第4步 此时资料即会上传至云盘中，如下图所示。

第5步 上传完毕后，当将鼠标指针移动到想要分享的文件后面，就会出现【创建分享】标志，如下图所示。

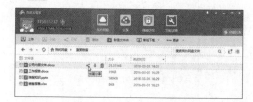

| 提示 |

也可以先选择要分享的文件或文件夹，单击菜单栏中的【分享】按钮。

第6步 单击该标志，显示了分享的3种方式：公开分享、私密分享和发给好友。如果创建公开分享，该文件则会显示在分享主页，其他人都可以下载。如果创建私密分享，系统会自动为每个分享链接生成一个提取密码，只有获取密码的用户才能通过链接查看并下载私密共享的文件。如果发给好友，选择好友并发送即可。这里单击【私密分享】选项卡下的【创建私密链接】按钮，如下图所示。

第7步 即可看到生成的链接和密码，单击【复制链接及密码】按钮，即可将复制的内容发送给好友进行查看，如下图所示。

第8步 在【我的网盘】界面，单击【分类查看】

按钮，并单击左侧弹出的分类菜单【我的分享】选项，弹出【我的分享】对话框，列出了当前分享的文件，带有标识，则表示为私密分享文件，否则为公开分享文件。选中分享的文件，然后单击【取消分享】按钮，即可取消分享的文件，如下图所示。

第9步 返回【我的网盘】界面，当将鼠标指针移动到列表文件后面，会出现【下载】标志，单击该按钮，可将该文件下载到电脑中，如下图所示。

| 提示 |

单击【删除】按钮，可将其从云盘中删除。另外单击【设置】按钮，可在【设置】→【传输】对话框中，设置文件下载的位置和任务数等。

第10步 单击界面右上角的【传输列表】按钮，可查看下载和上传的记录，单击【打开文件】按钮，可查看该文件；单击【打开文件夹】按钮，可打开该文件所在的文件夹；单击【清除记录】按钮，可清除该文件传输的记录，如下图所示。

15.3.2 重点：自动备份电脑中的数据

自动备份就是同步备份用户指定的文件夹，相当于一个本地硬盘的同步备份盘，可以将数据自动上传并存储到云盘，其最大的优点就是可以保证在任何设备都保持完全一致的数据状态，无论是内容还是数量都保持一致。使用自动备份功能，具体操作步骤如下。

第1步 打开百度云管家，单击界面右下角的【自动备份文件夹】按钮，如下图所示。

| 提示 |

如果界面右下角没有，则可单击【设置】按钮，在【设置】→【基本】对话框中，单击【管理】按钮，即可打开【管理自动备份】对话框。

第2步 弹出【管理自动备份】对话框，可以单击【智能扫描】按钮，扫描近几天使用频率最高的文件夹；也可以单击【手动添加文件夹】按钮，手动添加文件路径。这里单击【手动添加文件夹】按钮，如下图所示。

第3步 弹出【选择要备份的文件夹】对话框，在要备份的文件夹前选中复选框，并单击【备

份到云端】按钮，如下图所示。

第4步 弹出【选择云端保存路径】对话框，用户可选择已有的文件夹，也可以新建文件

夹。这里选择【资料】文件夹，然后单击【确定】按钮即可完成自动上传文件夹的添加，软件即会自动同步该文件夹内的所有数据，如下图所示。

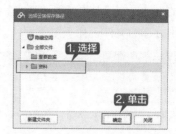

15.3.3 下载数据到手机中

保存至云盘中的数据如果要在手机中使用，可以在手机中下载百度云盘，并使用相同的账号登录，就可以将数据下载到手机中，具体操作步骤如下。

第1步 在手机中下载并登录百度云，即可看到百度云中的文件，单击【重要数据】文件夹，如下图所示。

第2步 在打开的文件夹中选择要下载到手机

中的文件，单击下方的【下载】按钮即可将云盘的数据下载到手机中，如下图所示。

◇ 设置文件夹的访问权限

设置文件夹的访问权限能够控制除管理员外的其他用户对文件夹进行的操作，如可以设置某一用户仅有读取权限，而没有修改文件夹的权限。设置文件夹的访问权限的具体操作步骤如下。

第1步 使用管理员账号登录电脑，在要设置访问权限的文件夹上右击，在弹出的快捷菜单中选择【属性】选项，如下图所示。

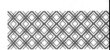

第2步 弹出【公司内部资料 属性】对话框，在【安全】选项卡下单击【编辑】按钮，如下图所示。

第3步 弹出【公司内部资料 的权限】对话框，在【组或用户名】列表框中选择要设置权限的用户，在下方的允许和拒绝区域就可以设置用户的权限，例如这里选中【拒绝】下的【列出文件夹内容】和【写入】复选框，单击【确定】按钮，如下图所示。

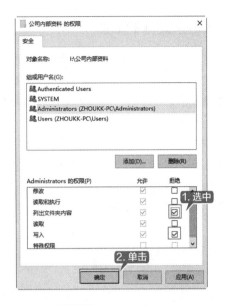

| 提示 |

拒绝【列出文件夹内容】复选框可以拒绝用户打开该文件夹来显示文件夹中的内容。

拒绝【写入】复选框可以拒绝用户更改文件夹中的所有内容。

第4步 弹出【Windows 安全】提示框，单击【是】按钮，返回【属性】对话框，再次单击【确定】按钮，如下图所示。

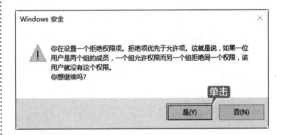

第5步 设置了权限的用户双击该文件夹时将会弹出提示框提示"你当前无权访问该文件夹"，完成设置文件夹的访问权限的操作，如下图所示。

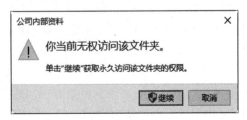

◇ 恢复误删除的数据

当用户不小心将某一文件删除，很有可能只是将其删除到【回收站】中，如果还没有清除【回收站】中的文件，则可以将其从【回收站】中还原出来。

双击桌面上的【回收站】图标，打开【回收站】窗口，即可看到误删除的文件夹，右击该文件夹，在弹出的快捷菜单中选择【还原】选项，即可将【回收站】中的文件夹还原到其原来的位置，如下图所示。

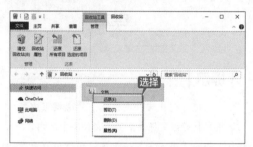

当把回收站中的文件清除后，用户可以使用注册表来恢复清空回收站之后的文件，具体操作步骤如下。

第1步 单击【开始】按钮，在弹出的【开始】面板中选择【所有应用】→【Windows 系统】→【运行】选项。打开【运行】对话框，在【打开】文本框中输入注册表命令"regedit"，单击【确定】按钮，如下图所示。

第2步 即可打开【注册表编辑器】窗口，在窗口的左侧展开【HEKEY LOCAL MACHICHE/SOFTWARE/MICROSOFT/WINDOWS/CURRENTVERSION/EXPLORER/DESKTOP/NAMESPACE】树形结构。在窗口的左侧空白处右击，并在弹出的快捷菜单中选择【新建】→【项】选项，如下图所示。

第3步 即可新建一个项，并将其重命名为【645FFO40-5081-101B-9F08-00AA002F954E】，在窗口的右侧选中系统默认项并右击，在弹出的快捷菜单中选择【修改】选项，如下图所示。

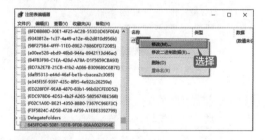

第4步 打开【编辑字符串】对话框，将数值数据设置为"回收站"，单击【确定】按钮，退出注册表，重新启动计算机，即可将清空的文件恢复出来，如下图所示。

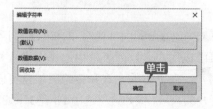

之后即可使用从回收站恢复数据的方法将【回收站】中的文件夹还原到其原来的位置。

> **提示**
> 此外，还经常使用软件恢复数据，常用的数据恢复软件有 Easy Recovery、FinalRecovery、FinalData 及数据恢复大师等。